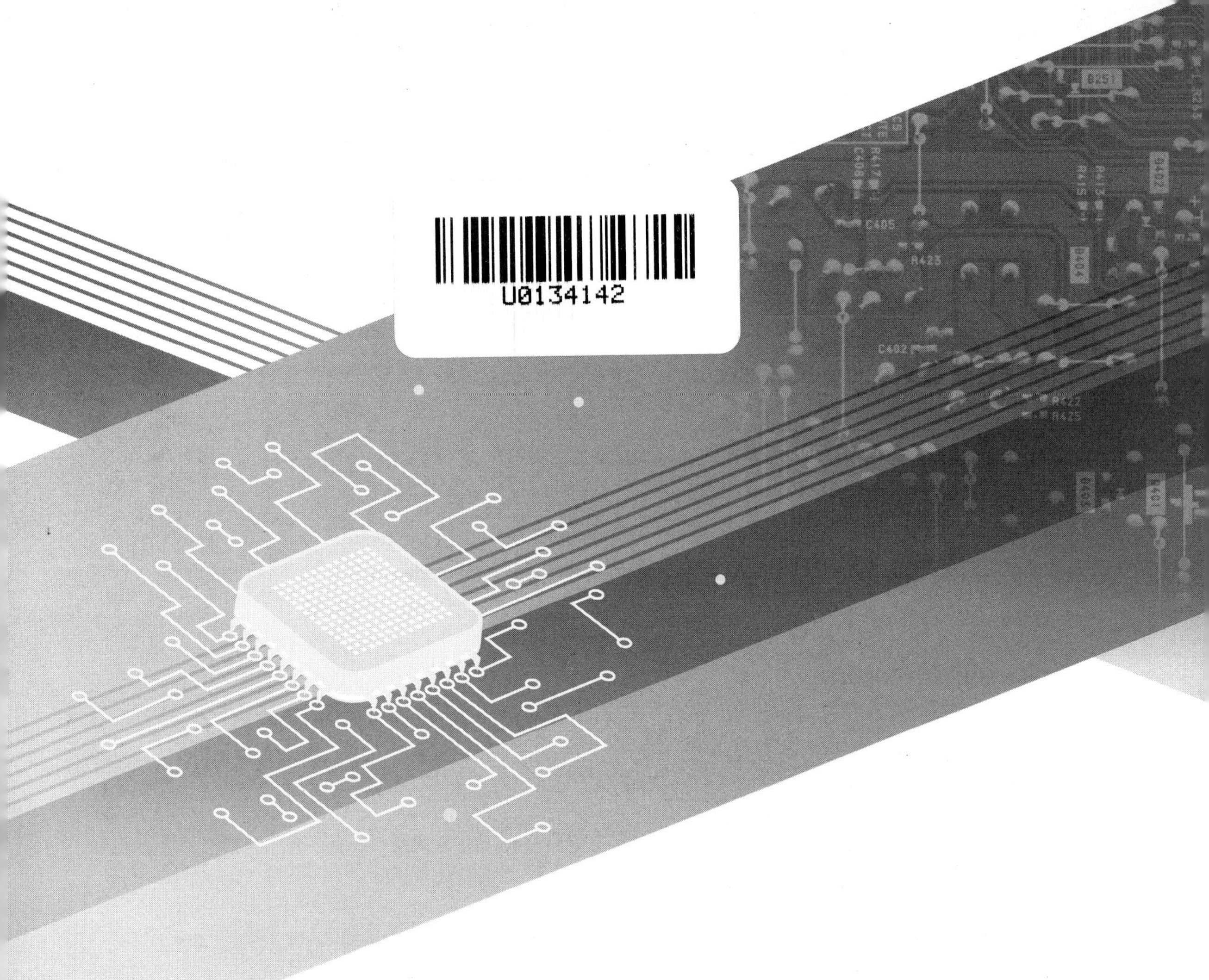

电路分析

王燕锋　于宝琦　于桂君　主　编

李　响　王　静　方　军　汪　浩　霍洪亮　副主编

清華大學出版社

北京

内容简介

本书注重对电路基本理论和基本分析方法的介绍，注重对学习者工程应用能力的培养。学习者学习本书后，将为后续课程的学习打下坚实的基础。全书共11章，主要内容包括电路模型和电路元件、电阻电路的等效变换及分析方法、电路的基本定理、正弦稳态电路、三相交流电路、动态电路的时域分析、非正弦周期稳态电路、磁耦合电路分析、二端口网络、Multisim仿真软件介绍、Multisim虚拟仿真实验。

本书可作为大中专院校电气、自动化、计算机科学与技术、物联网工程等专业电路分析或电路原理课程的教材，也可作为从事电气工作的工程技术人员的参考用书。

图书在版编目(CIP)数据

电路分析/王燕锋，于宝琦，于桂君主编. —北京：清华大学出版社，2024.1
ISBN 978-7-302-65236-6

Ⅰ. ①电… Ⅱ. ①王… ②于… ③于… Ⅲ. ①电路分析－高等学校－教材 Ⅳ. ①TM133

中国国家版本馆CIP数据核字(2024)第011845号

责任编辑：王剑乔
封面设计：刘　键
责任校对：刘　静
责任印制：丛怀宇

出版发行：清华大学出版社
网　　址：https://www.tup.com.cn，https://www.wqxuetang.com
地　　址：北京清华大学学研大厦A座　　**邮　　编**：100084
社 总 机：010-83470000　　**邮　　购**：010-62786544
投稿与读者服务：010-62776969，c-service@tup.tsinghua.edu.cn
质量反馈：010-62772015，zhiliang@tup.tsinghua.edu.cn
课件下载：https://www.tup.com.cn，010-83470410
印 装 者：北京鑫海金澳胶印有限公司
经　　销：全国新华书店
开　　本：185mm×260mm　　**印　　张**：13.25　　**字　　数**：315千字
版　　次：2024年1月第1版　　**印　　次**：2024年1月第1次印刷
定　　价：49.00元

产品编号：093303-01

电路分析是高等院校电气、电子信息类专业重要的专业基础课，在人才培养中起着十分重要的作用，具有很强的实践性。通过本课程的学习，使学生掌握电路分析的基本概念、基本理论、基本分析方法，培养学习者的科学思维能力和理论联系实际的工程理念，为后续课程的学习奠定必要的基础。

本书内容深入浅出，通俗易懂，主要具有以下特点。

(1) 突出应用性。本书强调基本概念的理解和掌握，简化公式推导过程，前后知识衔接紧密，并强调理论知识的实际应用。

(2) 介绍和融入了 Multisim 仿真软件。使用本书，教师可以在课堂上对电路的原理和性能进行仿真分析，在实验室内用仿真结果指导真实实验。让学生在课外作业中仿真分析电路的性能，在工程教育创新活动中利用 Multisim 仿真软件设计电路、分析电路性能等。

本书配套有 PPT 教学课件。为了便于学生自学和复习，每章末尾附有习题，并在配套资源中给出答案。

本书由宿迁学院王燕锋、辽宁科技学院于宝琦和于桂君担任主编；由辽宁科技学院李响、王静，宿迁学院方军、宿迁兴速自动化科技有限公司汪浩及凌源市职教中心霍洪亮担任副主编。王燕锋负责全书的统稿并编写第 8 章；于宝琦编写第 1 章；于桂君编写第 9～11 章；李响编写第 3 章和第 4 章；王静编写第 2 章和第 7 章；方军和汪浩编写第 6 章；霍洪亮编写第 5 章；本书由宿迁学院唐友亮教授担任主审。

本书在编写的过程中，参考和引用了许多业内同仁的优秀成果，在此向相关的作者表示诚挚的感谢！同时，由于编者水平有限，书中难免存在不妥和疏漏之处，恳请广大读者批评和指正。

编　者

2023 年 12 月

本书配套资源

目录

第1章

电路模型和电路元件

本章主要介绍电路及电路模型；电路的电压、电流、电位、功率等基本物理量；电路的欧姆定律、基尔霍夫电压定律和电流定律；电路的有源元件和无源元件。

1.1 电路的组成及电路模型

1.1.1 电路的组成及作用

电路是由电路元件或电工设备按一定方式连接起来，用以满足某种需要的电流通路。

有些实际电路特别复杂，例如，传输、分配电能的电力电路；转换、传输信息的通信电路，它们都是非常庞大且复杂的电路，而有些电路又特别简单。无论电路结构是简单的还是复杂的，都是由电源、负载和中间环节三部分组成的。

(1) 电源是向电路提供电能或电信号的发生器，是电路中电能的提供者。如发电机、蓄电池等均属于电源。

(2) 负载是将电能转化为其他形式能量的元件，是电路中电能的使用者和消耗者。电动机、电炉、白炽灯等均属于负载。

(3) 中间环节包括连接导线和控制设备，如开关、保护装置等，是连接电源和负载的电路组成部分，起传输电能、分配电能、保护或传递信息的作用。

在生产和生活中，实际电路的种类繁多。根据电路的作用，可以大致分为两类：一是实现能量的转换和传输，如电力网络，传输、分配和使用电能；二是实现信号的传递和处理，如由信源、信号处理装置、通信电缆等构成的通信网络，将信号进行传输、变换和处理。

1.1.2 电路模型

为了便于对实际电路进行分析和数学描述，需要在一定条件下对实际元件理想化(或称模型化)，突出实际元件的主要电磁性质，忽略其次要性质。这种将实际电路元件理想化而得到的具有某种确定电磁性质，并具有精确的数学定义的假想元件称为理想电路元件。例如白炽灯，它消耗电能而发光、发热，具有电阻性质，当通有电流时还会产生磁场，具有电感性质。但由于电感微小，可以忽略不计，而将白炽灯视为电阻元件。常用的理想电路元件有电阻元件、电容元件、电感元件和电源元件等。

由理想电路元件相互连接组成的电路称为电路模型。电路模型是实际电路的抽象和近似，模型取得恰当，对电路的分析和计算的结果与实际情况越接近。理想电路元件及其组合虽然与实际电路元件的性能不完全一致，但在一定条件下，工程允许的近似范围内，实际电路完全可以用理想电路元件组成的电路代替，从而使电路的分析和计算得到简化。例如日常使用的手电筒，如图 1-1 (a)所示，其中包括电池、开关、连接导线和灯泡。其对应的电路模型如图 1-1(b)所示。图中电池用电压为 U_S 的电压源和电阻元件 R_0 的串联组合作为模型，电阻元件 R_L 作为灯泡的模型。

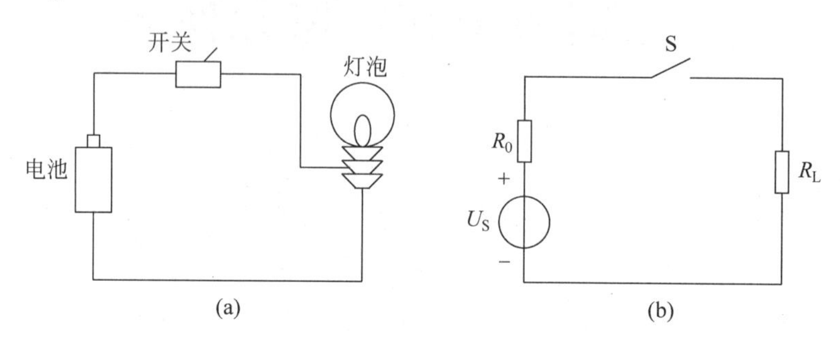

图 1-1 手电筒照明电路及电路模型

无论是产生电能的电源还是产生信号的信号源，都推动电路工作。因此，电源和信号源又称为激励。激励在电路各部分产生的电压和电流称为响应。本书中的电路均指由理想电路元件构成的电路模型，简称电路。在电路图中，理想电路元件简称电路元件。

1.2 电路的基本物理量及参考方向

描述电路的基本物理量有电流、电压、电位、电功率、电能、磁通等，其中电流、电压和电功率等是常用的基本物理量。

1.2.1 电流及其参考方向

带电粒子有规则地定向移动形成了电流，如导体中的自由电子、电解液和电离气体中的自由离子、半导体中的电子和空穴，都属于带电粒子。电流大小用电流强度表示。在工程上，电流强度简称电流，等于单位时间内通过导体横截面的电荷量，即

$$i=\frac{\mathrm{d}q}{\mathrm{d}t} \tag{1-1}$$

大小和方向都不随时间变化的电流称为恒定电流或直流电流，简写为 DC，即

$$I=\frac{Q}{t}$$

大小或方向随时间变化的电流称为变动电流。若变动电流在一个周期内电流的平均值为零，则又称为交变电流，简称交流，简写为 AC。

在国际单位制(SI)中，电流的单位是安培，简称安(A)。此外，电流的单位还有千安(kA)、毫安(mA)、微安(μA)等，它们的换算关系为：$1\mathrm{A}=10^{-3}\mathrm{kA}$，$1\mathrm{A}=10^{3}\mathrm{mA}$，$1\mathrm{mA}=10^{3}\mu\mathrm{A}$。

在物理学中规定，电流的实际方向为正电荷定向移动的方向。但是在分析复杂电路时，往往难以事先判断某支路中电流的实际方向，而对电路进行分析计算时，需要先假设各段电流的方向，才能列出有关电流和电压的方程式，这个假定的方向称为电流的参考方向。

电流的参考方向是人们任意假定的电流方向。引入参考方向后，电流就变成代数量。

当电流的参考方向与实际方向一致，电流为正值($i>0$)；反之，电流为负值($i<0$)，如图 1-2 所示。

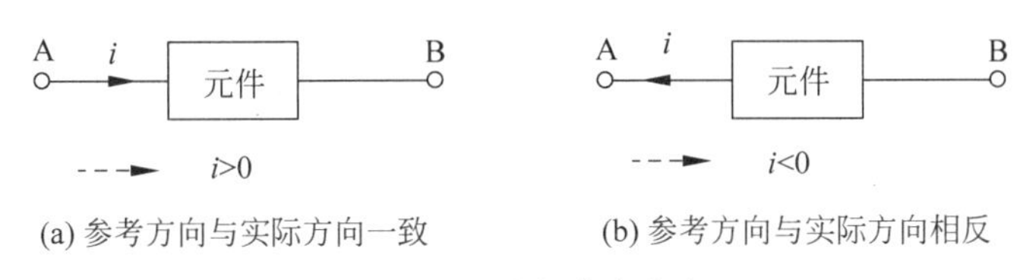

(a) 参考方向与实际方向一致　　(b) 参考方向与实际方向相反

图 1-2　电流的参考方向

电流的方向有两种标定方法，可以用箭头表示，也可以用双下标表示。例如，i_{AB} 表示参考方向是由 A 指向 B；如果参考方向选定由 B 指向 A，可记为 i_{BA}，i_{AB} 与 i_{BA} 两者的关系为

$$i_{AB}=-i_{BA}$$

1.2.2　电压及其参考方向

电路中两点任意两点 a、b 间的电压，在数值上等于电场力将单位正电荷从 a 点经外电路(电源以外的电路)移动到 b 点所做的功，用 u_{ab} 表示。即

$$u_{ab}=\frac{\mathrm{d}W}{\mathrm{d}q} \tag{1-2}$$

直流电压可表示为

$$U=\frac{W}{Q}$$

在 SI 中，电压的单位是伏特，简称伏(V)。此外，电压的单位还有千伏(kV)、毫伏(mV)和微伏(μV)等，它们的换算关系为：$1\mathrm{V}=10^{-3}\mathrm{kV}$，$1\mathrm{V}=10^{3}\mathrm{mV}$，$1\mathrm{mV}=10^{3}\mu\mathrm{V}$。

在分析电路时，电压也需要选取参考方向。电压的参考方向也是任意指定的方向，当电压的参考方向与实际方向一致时，电压为正值($u>0$)；反之，电压为负值($u<0$)。

电压的参考方向有三种标定方法，如图 1-3 所示。

(1) 可用双下标表示。

(2) 用“+”“−”双极性表示。

(3) 用箭头表示。

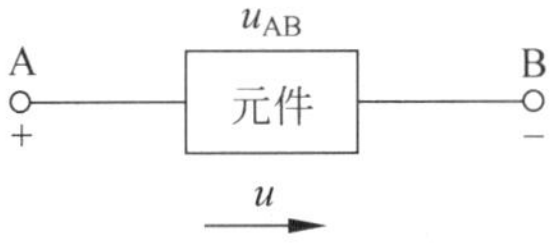

图 1-3　电压参考方向的表示

1.2.3　电压和电流参考方向的关联性

在分析电路时电压和电流的参考方向有着非常重要的作用。在分析电路之前，必须先选定电压和电流的参考方向，一条支路或元件的电压或电流的参考方向可以独立地任意假定。通常情况下，电压和电流的参考方向选择一致，即为关联参考方向，如图 1-4(a)所示；若二者方向相反，则称为非关联参考方向，如图 1-4(b)所示。

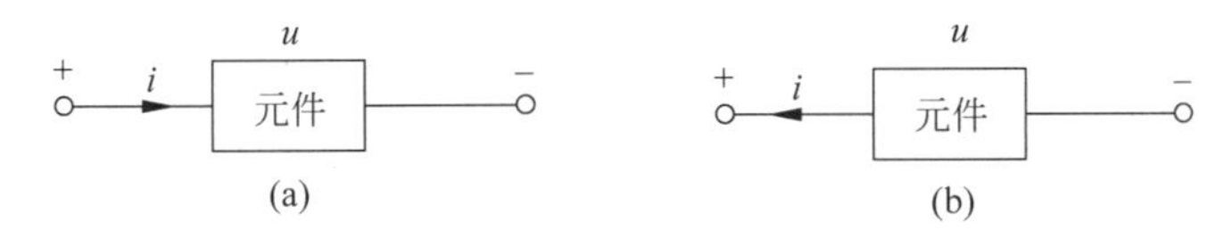

图 1-4　关联和非关联参考方向

参考方向是人为选定的，电压(电流)的正负值都是对应于所选定的参考方向而言，不说明参考方向而谈论电压(电流)为正或负是没有意义的。参考方向的概念同样适用于电动势。

1.2.4 电功率和电能

1. 电功率

在电路分析与计算中，功率和能量是两个十分重要的概念。

电功率简称功率，是指单位时间内电场力做功的大小，用符号 p 表示，是描述电路中电能转换或传递速率的物理量。若在 $\mathrm{d}t$ 时间内，有 $\mathrm{d}q$ 电荷通过电路元件，元件的电压和电流分别为 u、i，则其能量的改变为 $\mathrm{d}W$，有

$$\mathrm{d}W = u\,\mathrm{d}q$$

则电功率 p 的大小为

$$p = \frac{\mathrm{d}W}{\mathrm{d}t} = u\frac{\mathrm{d}q}{\mathrm{d}t} = ui \tag{1-3}$$

上式表明，任一瞬间，电路的功率等于该瞬时电压与电流的乘积。

当元件的电压、电流为关联参考方向时，用式(1-3)所求功率 p 为吸收功率。当 $p>0$ 时，电路实际吸收功率；当 $p<0$ 时，电路实际发出功率。反之，若电压、电流为非关联参考方向时，用式(1-3)所求功率 p 为发出功率。当 $p>0$ 时，电路实际发出功率；当 $p<0$ 时，电路实际吸收功率。一个元件吸收 1kW 功率，也可以认为该元件发出 -1kW 的功率。根据能量守恒定律，整个电路的功率代数和为零，或者说发出的功率和吸收的功率相等，即功率平衡。

功率的单位是瓦特，简称瓦(W)。此外，功率的单位还有千瓦(kW)、兆瓦(MW)等，它们的换算关系为：$1\text{W}=10^{-3}\text{kW}$，$1\text{kW}=10^{-3}\text{MW}$。

【例 1-1】 试求图 1-5 中各元件的功率，并判断哪些元件是电源，哪些元件是负载。已知：(1)$u=3\text{V}$，$i=-5\text{A}$；(2)$u=5\text{V}$，$i=2\text{A}$；(3)$u=15\text{V}$，$i=3\text{A}$。

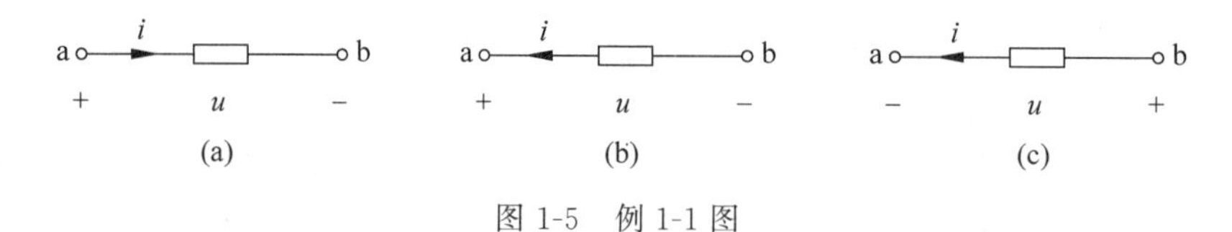

图 1-5 例 1-1 图

解：(1) 电压与电流为关联参考方向，故 $p=ui=3\times(-5)=-15\text{W}$，$p<0$，发出功率，元件为电源。

(2) 电压与电流为非关联参考方向，故 $p=ui=5\times2=10\text{W}$，$p>0$，发出功率，元件为电源。

(3) 电压与电流为关联参考方向，故 $p=ui=15\times3=45\text{W}$，$p>0$，吸收功率，元件为负载。

2. 电能

在 t_0 到 t 的时间内，元件吸收的电能为

$$W = \int_{t_0}^{t} p\,\mathrm{d}t \tag{1-4}$$

电能的单位是焦耳，简称焦(J)，常用单位有千瓦时(kW·h)，简称度。

$$1\text{kW}\cdot\text{h}=10^3\text{W}\times3600\text{s}=3.6\times10^6\text{J}$$

1.3 电路元件

电路元件是电路的基本组成单元，是实际电气元件的理想模型，掌握电路元件的特性是研究电路的基础。常用的电路元件有电阻元件、电容元件、电感元件、理想电压源和理想电流源等。各元件电压、电流间的关系称为伏安关系特性或元件的约束关系，这是本节讨论的重点。

1.3.1 电阻元件

理想电阻元件是从实际电阻器件抽象出来的理想模型，像白炽灯、电炉子、电烙铁等这类实际电阻器件，当忽略其电感、电容作用时，可将它们抽象为只具有消耗电能性质的电阻元件。在任何时刻，它两端的电压和电流关系都符合欧姆定律。

在电压和电流取关联参考方向下，有

$$u=Ri \tag{1-5}$$

在非关联参考方向下，有

$$u=-iR \tag{1-6}$$

电阻元件的单位是欧姆(Ω)，较大的单位有千欧(kΩ)、兆欧(MΩ)，其换算关系为 $1\text{M}\Omega=10^3\text{k}\Omega=10^6\Omega$。电阻元件的图形符号如图1-6(a)所示。

若电阻元件的伏安特性曲线是一条通过坐标原点的直线，如图1-6(b)所示，则称为线性电阻，否则为非线性电阻。电阻 R 既表示电路元件，又表示元件的参数。

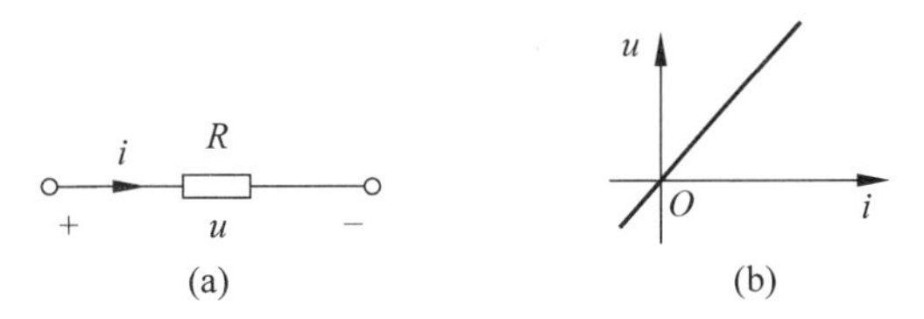

图1-6 线性电阻元件及其伏安特性

电阻的倒数称为电阻元件的电导，其单位是西门子(S)。电导用 G 表示，即

$$G=\frac{1}{R}$$

在非关联参考方向下，式(1-5)可变为

$$i=Gu$$

在非关联参考方向下，式(1-6)可变为

$$i=-Gu$$

G 也是表示电阻元件的参数。

关联参考方向下，电阻元件吸收的功率为

$$p=ui=i^2R=\frac{u^2}{R}$$

或

$$p = ui = Gu^2 = \frac{i^2}{G}$$

上面两式表明：电阻元件的功率 p 总是正值，所以电阻元件总是吸收功率，因此电阻元件既是耗能元件，也是无源元件。

【例 1-2】 有一只额定功率为 75W、额定电压为 220V 的灯泡，求该灯泡的额定电流和电阻。

解： 由 $P = ui = \frac{u^2}{R}$ 得

$$i = \frac{P}{u} = \frac{75}{220} \approx 0.34\text{A}$$

$$R = \frac{u^2}{P} = \frac{220^2}{75} \approx 645.3\Omega$$

1.3.2 电容元件

理想电容元件是从实际电容器中抽象出来的理想化模型。实际电容器加上电压后，两块极板上将出现等量异号电荷，并在两极间形成电场，所以，电容元件是表征电场储能的一种理想电路元件。当忽略电容器的漏电阻和电感时，可将其抽象为只具有储存电磁能性质的电容元件。电容元件的符号为 C，其库伏关系为

$$C = \frac{q}{u} \tag{1-7}$$

上式表明电荷与电压的比值为正常数，称为电容，C 既表示电容元件，又表示元件的参数。其图形符号及其库伏特性曲线如图 1-7 所示。可见，电容元件的库伏特性是 q-u 平面上通过坐标原点的一条直线。

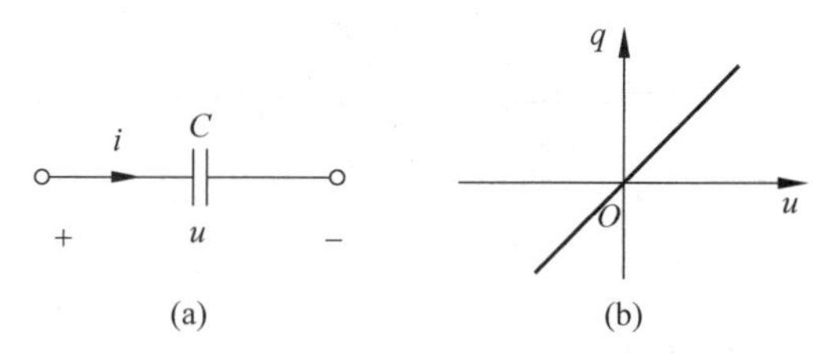

图 1-7　线性电容元件及其库伏特性

电容的基本单位是法拉，简称法(F)。常用的单位还有微法(μF)和皮法(pF)，它们之间的换算关系为：$1\text{F}=10^6\mu\text{F}$，$1\mu\text{F}=10^6\text{pF}$。

关联参考方向下，电容元件的伏安关系为

$$i = \frac{\mathrm{d}q}{\mathrm{d}t} = C\frac{\mathrm{d}u}{\mathrm{d}t} \tag{1-8}$$

上式表明，电容元件电流的大小与其电压的变化率成正比，与电压的大小无关，体现了电容元件的动态特性，所以电容元件也称为动态元件。在直流稳态情况下，电容上电压恒定，则其电流为零，相当于开路。如果某时刻电容的电流为有限值，则其电压变化率必然为有限值，即电压在该时刻必然连续，不能跃变。

关联参考方向下，电容元件的瞬时功率为

$$p = ui = uC\frac{\mathrm{d}u}{\mathrm{d}t}$$

根据式(1-3)，电容元件从 t_1 到 t_2 时间段内存储的能量为

$$W_C = \int_{t_1}^{t_2} p\,\mathrm{d}t = \int_{t_1}^{t_2} uC\frac{\mathrm{d}u}{\mathrm{d}t}\mathrm{d}t = \int_{u(t_1)}^{u(t_2)} Cu\,\mathrm{d}u = \frac{1}{2}Cu^2(t_2) - \frac{1}{2}Cu^2(t_1)$$

若 $u(t_0)=0$，即电容无初始储能，从 t_0 到 t 这段时间内电容吸收的电能即为电容的储能，电容元件也称为储能元件。

1.3.3 电感元件

实际电感线圈是用导线绕制成的。电感元件是从实际电感线圈抽象出来的理想化模型，是表征磁场储能的一种理想电路元件。

当电感线圈中通以电流后，将产生磁通，并在其内部及周围建立磁场，储存能量，当忽略导线电阻及线圈匝与匝之间的电容时，可将其抽象为只具有储存磁场能性质的电感元件。

在线圈中通入电流 i，就会产生磁通 Φ。Φ 与 N 匝线圈交链的总磁通，称为磁通链，磁通链用 Ψ 表示，则 $\Psi=N\Phi$。当电感的电流 i 的参考方向与它产生的磁通的参考方向符合右手螺旋定则时，电感元件的韦安关系为

$$L = \frac{\Psi}{i} \tag{1-9}$$

电感元件的符号为 L，其图形符号及韦安特性曲线如图 1-8 所示。上式表明磁通链 Ψ 与电流 i 的比值为正的常数，称为自感系数或电感系数，简称自感或电感，L 既表示电感元件，又表示元件的参数。

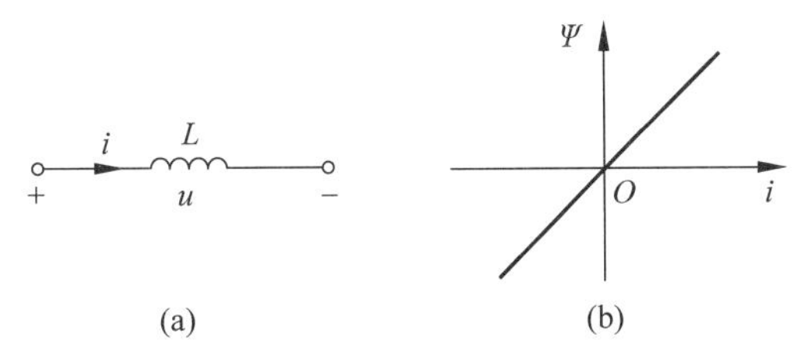

图 1-8 线性电感元件及其韦安特性

电感的基本单位是亨利，简称亨(H)。常用的单位还有毫亨(mH)和微亨(μH)，它们之间的换算关系为：$1\mathrm{H}=10^3\mathrm{mH}$，$1\mathrm{mH}=10^3\mu\mathrm{H}$。

可见，在任一时刻，电感元件的磁通链 Ψ 与通过它的电流 i 之间的韦安关系是一条通过原点的直线，且不随时间变化。

当磁通链 Ψ 发生变化时，在电感两端会产生感应电压。若电压和电流取关联参考方向，电流和磁通的参考方向符合右手螺旋定则，根据电磁感应定律，可得电感元件的伏安关系为

$$u = \frac{\mathrm{d}\Psi}{\mathrm{d}t} = L\frac{\mathrm{d}i}{\mathrm{d}t} \tag{1-10}$$

由式(1-10)可见，电感电压的大小与其电流变化率成正比，与电流大小无关，体现了电

感元件的动态特性，所以电感元件也称为动态元件。在直流稳态情况下，电感中的电流恒定，则其电压为零，相当于短路。如果某时刻电感的电压为有限值，则其电流变化率必然为有限值，即电流在该时刻必然连续，不能跃变。

关联参考方向下，电感元件的瞬时功率为

$$p = ui = L\frac{\mathrm{d}i}{\mathrm{d}t}i$$

根据式(1-3)，电感元件从 t_1 到 t_2 时间段内存储的能量为

$$W_{\mathrm{L}} = \int_{t_1}^{t_2} p\,\mathrm{d}t = \int_{t_1}^{t_2} L\frac{\mathrm{d}i}{\mathrm{d}t}i\,\mathrm{d}t = \int_{i(t_1)}^{i(t_2)} Li\,\mathrm{d}i = \frac{1}{2}Li^2(t_2) - \frac{1}{2}Li^2(t_1)$$

若 $i(t_0)=0$，即电感无初始储能，从 t_0 到 t 这段时间内电感吸收的电能即为电感的储能，电感元件也称为储能元件。

1.3.4 独立电源

独立电源简称独立源，它包括理想电压源和理想电流源。

1. 理想电压源

理想电压源是实际电压源的理想化模型，它是能够向外电路提供恒定或按规律变化的电压的元件，其符号及参数如图 1-9(a)所示。其中“+”“−”号表示电压源电压的参考极性，u_S 称为电压源的参数。当电压源的电压为恒定值时，称为恒压源或直流电压源，其伏安特性如图 1-9(b)所示，为平行于 i 轴的直线，表明其端电压与电流的大小及方向无关。

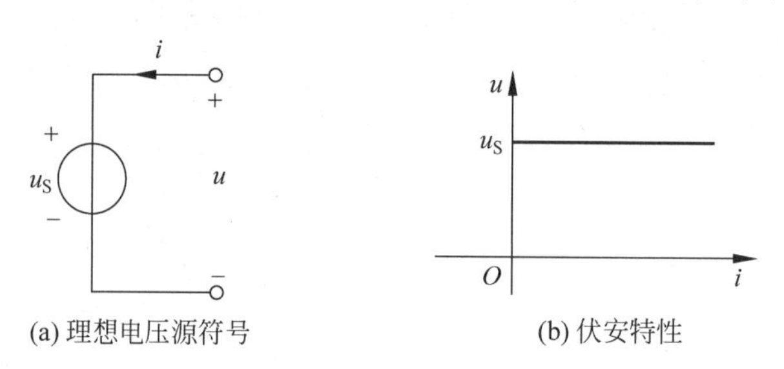

(a) 理想电压源符号　　(b) 伏安特性

图 1-9　理想电压源符号与伏安特性

理想电压源具有两个基本性质：

(1) 电压源的电压恒定或是一定的时间函数，而与通过它的电流无关；

(2) 电压源的电流取决于与它相连接的外电路。

当电压源 $u_S=0$ 时，电压源的伏安特性曲线与电流轴重合，相当于短路；当电压源不接外电路时，流过其的电流为零，相当于开路。电压源作为一个电路元件，可以向外电路发出功率，也可以从外电路吸收功率。

2. 理想电流源

理想电流源是实际电流源的理想化模型，它是能够向外电路提供恒定或按规律变化的电流的元件，其符号及其参数如图 1-10(a)所示。其中箭头表示电流源电流的方向，i_S 称为电流源的参数。当电流源的电流为恒定值时，则称为恒流源或直流电流源，其伏安特性如图 1-10(b)所示，为平行于 u 轴的直线，表明电流与其端电压的大小及方向无关。

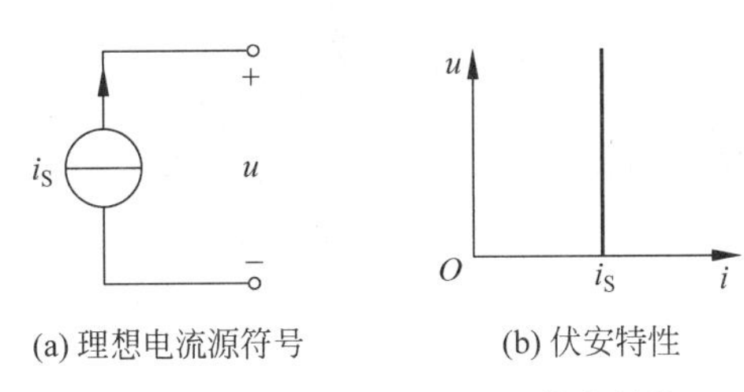

图 1-10　理想电流源符号与伏安特性

理想电流源具有两个基本性质：

(1) 电流源的电流恒定或是一定的时间函数，而与其两端的电压无关；

(2) 电流源的电压取决于与它相连接的外电路。

当电流源 $i_S=0$ 时，电流源的伏安特性曲线与电压轴重合，相当于开路；当电流源两端短接时，其端电压为零，而流过电流为 i_S。同样，电流源作为一个电路元件，可以向外电路发出功率，也可以从外电路吸收功率。

【例 1-3】 如图 1-11 所示电路中，已知 $I=0.5\text{A}$，$R=6\Omega$，试求 I_S 及 U。

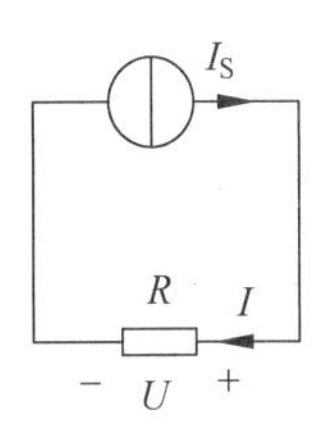

图 1-11　例 1-3 图

解：电流源输出恒定电流，即

$$I_S=I=0.5\text{A}$$

电流源的端电压由外特性决定，即

$$U=IR=0.5\times 6=3\text{V}$$

1.3.5　受控源

与独立电源相对应的电源称为受控电源。受控源与独立电源一样也可以提供电压或电流，但该电压或电流不是独立的，而是受电路中某个电压或电流控制的。受控电源还可以表征某些电子元器件，如晶体管、运算放大器等。本节仅讨论线性受控电源。

受控源分为受控电压源和受控电流源，由于控制量有电压和电流，所以受控源有四种，分别是电压控制的电压源(VCVS)、电流控制的电压源(CCVS)、电压控制的电流源(VCCS)和电流控制的电流源(CCCS)，如图 1-12 所示。图中 U_1 和 I_1 分别表示控制电压和控制电

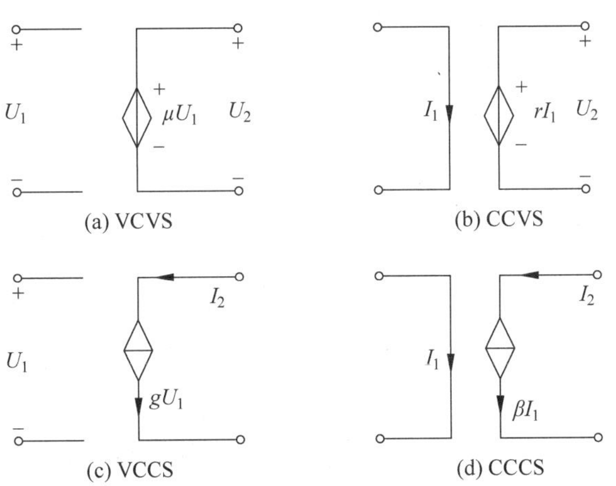

图 1-12　受控源

流,μ、r、g 和 β 是控制系数,其中 μ 和 β 没有量纲,r 具有电阻的量纲,g 具有电导的量纲。这些系数为常数时,被控制量和控制量成正比,这种受控电源即为线性受控源。

受控源与独立源在电路中的作用是不同的,独立源在电路中可以起激励作用,产生响应;而受控源不能脱离控制量独立存在,它不能作为激励,更不能产生响应。

【例 1-4】 电路如图 1-13 所示,$I_S=5A$,$U_2=0.3U_1$,求电流 I。

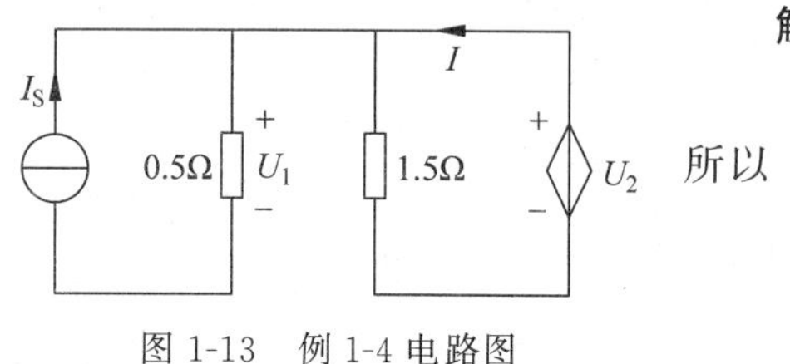

图 1-13 例 1-4 电路图

解:控制电压:

$$U_1=0.5I_S=0.5\times5=2.5V$$

所以

$$U_2=0.3U_1=0.3\times2.5=0.75V$$

$$I=\frac{U_2}{1.5}=\frac{0.75}{1.5}=0.5A$$

1.4 基尔霍夫定律

基尔霍夫定律是电路的基本定律,包括基尔霍夫电流定律(KCL)和基尔霍夫电压定律(KVL)。该定律是电路分析计算的基础和依据。基尔霍夫电流定律描述了针对电路中某节点的各支路电流之间的关系,基尔霍夫电压定律描述了针对电路中某回路的各部分电压之间的关系。在介绍基尔霍夫定律之前,先了解电路的一些基本术语,电路如图 1-14 所示。

(1) 支路:把电路中流过同一电流的几个元件构成的分支称为一条支路,用 b 表示。图 1-14 中有 6 条支路,即 $b=6$。

(2) 节点:三条或三条以上支路的连接点称为节点,用 n 表示。图 1-14 中有 4 个节点,即 $n=4$。

(3) 回路:由若干条支路所组成的闭合路径称为回路,用 l 表示。图 1-14 所示电路中有 ABCA、BADB、BDCB 等 7 个回路。

(4) 网孔:平面电路中,内部不包含其他支路的回路称为网孔,用 m 表示。图 1-14 所示电路中有 3 个网孔:ADBA、BDCB、ABCA。

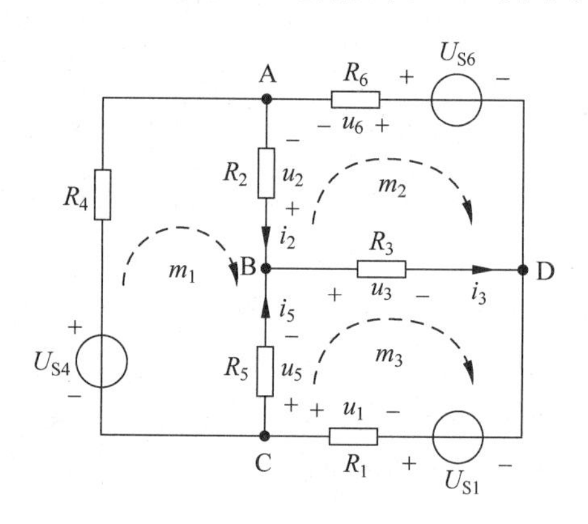

图 1-14 基本术语

1.4.1 基尔霍夫电流定律及推广

1. 基尔霍夫电流定律

基尔霍夫电流定律(Kirchhoff's Current Law,简称 KCL)也称为基尔霍夫第一定律。其内容是:任一时刻,对任一节点,所有支路电流的代数和恒等于零,即

$$\sum_{k=1}^{n}i_k=0 \tag{1-11}$$

式(1-11)称为 KCL 方程或节点电流方程。建立 KCL 方程时,首先要设定各支路电流的参考方向,根据参考方向取符号,若流入节点的电流取"+",则流出该节点的电流取"−";反之亦然。

在图 1-14 所示电路中，根据 KCL，对节点 B，有

$$i_5 + i_2 - i_3 = 0$$

即

$$i_5 + i_2 = i_3$$

即对节点 B，流入节点的电流等于流出节点的电流。推广到任一节点，还可以写成

$$\sum i_{入} = \sum i_{出} \tag{1-12}$$

2. 基尔霍夫电流定律推广

基尔霍夫电流定律不仅适用于节点，也可以推广应用于包围几个节点的闭合面。例如在图 1-15(a)所示三极管中，对虚线所示的闭合面来说，3 个电极电流关系满足 $i_B + i_C - i_E = 0$；再如图 1-15(b)所示，对于封闭面(图中虚线框)，有 $i_A + i_C - i_B = 0$。

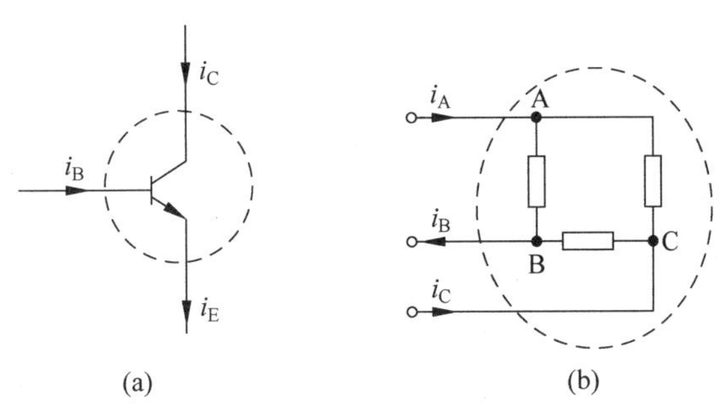

图 1-15　KCL 的推广应用

【例 1-5】　电路如图 1-16 所示，求电流 I_1、I_2。

解：根据 KCL，对节点 A，有

$$I_1 + 2 + 7 = (-1) + 5$$

解得

$$I_1 = -5\text{A}$$

同理，对节点 B，有

$$I_1 + 3 = I_2 + (-4)$$

解得

$$I_2 = 2\text{A}$$

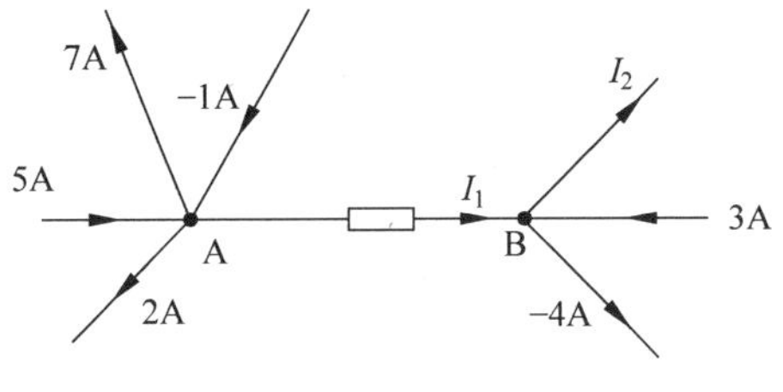

图 1-16　例 1-5 图

1.4.2　基尔霍夫电压定律及推广

1. 基尔霍夫电压定律

基尔霍夫电压定律(Kirchhoff's Voltage Law，简称 KVL)又称为基尔霍夫第二定律，其内容是：任一时刻，沿任一闭合回路绕行一周，各部分元件电压的代数和等于零，即

$$\sum_{k=1}^{n} u_k = 0 \tag{1-13}$$

式(1-13)称为 KVL 方程或回路电压方程。建立 KVL 方程时，首先要设定各支路或元件电压的参考方向，然后规定回路的绕行方向(顺时针或逆时针)，在绕行方向上，当元件电压方向与回路绕行方向一致时取"＋"号，相反时取"－"号，最后列写 KVL 方程。

例如图 1-14 所示电路中，选择回路 m_3，设回路绕行方向为顺时针，根据 KVL，有

$$u_5+u_3-U_{S1}-u_1=0$$

整理上式，有

$$u_5+u_3=U_{S1}+u_1$$

对于回路 m_3，支路电压降之和等于支路电压升之和。推广到任一回路，可以写成

$$\sum u_{升}=\sum u_{降} \tag{1-14}$$

2. 基尔霍夫电压定律推广

基尔霍夫电压定律不仅适用于闭合电路，也可以推广应用于虚拟回路（开口电路）。即电路中任一虚拟回路各电压的代数和恒等于零。电路如图 1-17 所示，设回路绕行方向为顺时针，根据 KVL 列方程

$$U-U_{S2}-u_1+U_{S1}=0$$

整理可得

$$U=U_{S2}+u_1-U_{S1}$$

总而言之，基尔霍夫定律与构成电路的元件性质无关，只与电路的连接方式有关。

【例 1-6】 电路如图 1-18 所示，已知 $U_1=5\text{V}$，$U_3=-7\text{V}$，$U_4=-3\text{V}$，试求电压 U_2 及 U_{13}。

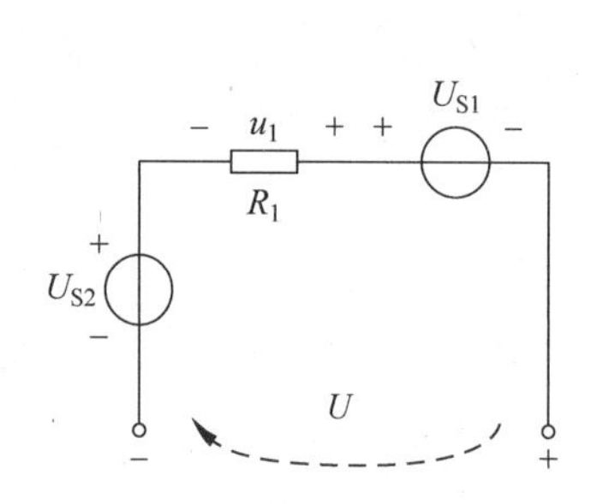

图 1-17　KVL 定律的推广应用

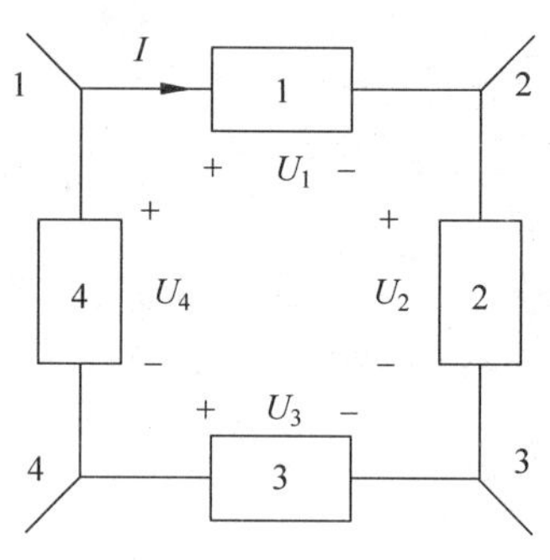

图 1-18　例 1-6 图

解：回路方向选择顺时针，根据 KVL，有

$$U_1+U_2-U_3-U_4=0$$

解得

$$U_2=U_3+U_4-U_1=-15\text{V}$$

选择虚拟回路（1341），根据 KVL，有

$$U_{13}-U_3-U_4=0$$

解得

$$U_{13}=U_3+U_4=-10\text{V}$$

1.5 电位及其计算

在电场中，某一点电位等于电场力把单位正电荷从某一点移到参考点所做的功，用符号 V 表示，单位为伏特（V）。对于 a 点的电位可以记为 V_a，b 点的电位可以记为 V_b。电位是

对某一参考点而言的，规定参考点电位值为零。a、b 两点间的电压等于 a 点与 b 点的电位之差。即

$$U_{ab}=V_a-V_b \tag{1-15}$$

电位具有两个重要性质：电位的相对性和单值性。

电位的相对性是指电位值是相对于某一参考点而言的。参考点不同，即使是电路中的同一点，其电位值也不同。

电位的单值性是指当一个电路的参考点一旦选定，电路中各点的电位就有唯一确定的数值。

一个电路只能选定一个参考点。通常当电路中有接地点时，选择地为零电位点。若没有接地点，选择较多导线的汇集点或设备外壳作为参考点。

【例 1-7】 求图 1-19 所示电路中各点的电位。分别求以下两种情况下，b、c 两点的电压 U_{bc}：(1)取 a 为参考点；(2)取 d 为参考点。

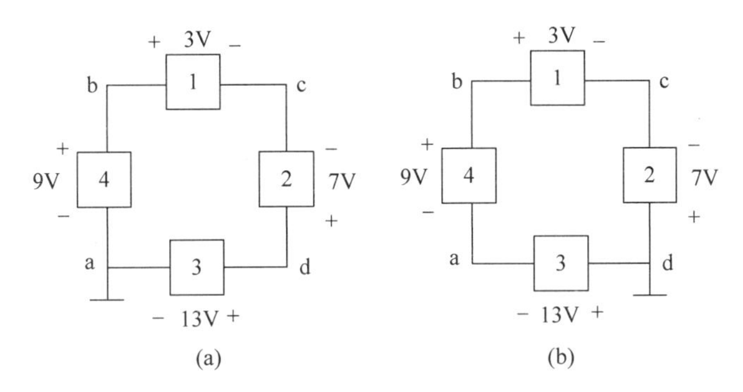

图 1-19 例 1-7 图

解：(1) 取 a 为参考点，如图 1-19(a)所示，则有

$$V_a=0\text{V},\quad V_b=9\text{V},\quad V_c=9-3=6\text{V},\quad V_d=13\text{V}$$

$$U_{bc}=V_b-V_c=9-6=3\text{V}$$

(2) 取 d 为参考点，如图 1-19(b)所示，则有

$$V_d=0\text{V},\quad V_a=-13\text{V},\quad V_b=-13+9=-4\text{V},\quad V_c=-7\text{V}$$

$$U_{bc}=V_b-V_c=-4-(-7)=3\text{V}$$

从例 1-7 可以看出，电位参考点改变了，电路中各点的电位值也发生了改变，但是任意两点间的电压不变。

本章小结

(1) 电路模型是对实际电路的电磁性质进行科学抽象的结果，是理想电路元件的组合。

(2) 在对电路进行分析时，首先标出电压、电流的参考方向，才能对电路进行分析计算。在规定参考方向的条件下，功率有正负之分。任一时刻，整个电路功率平衡。

(3) 基尔霍夫定律是电路分析的基本定律。

(4) 独立电源是忽略实际电源内阻损耗的结果。电压源的电压为给定的时间函数，其

电流由外电路决定；而电流源的电流也为给定的时间函数，其电压由外电路决定。

（5）受控电源的电压或电流受到其他支路的电压或电流控制，通常有 4 种类型：VCVS、VCCS、CCVS 和 CCCS。

习 题 1

1-1 电路如图 1-20 所示，求各元件的端电压或通过的电流。

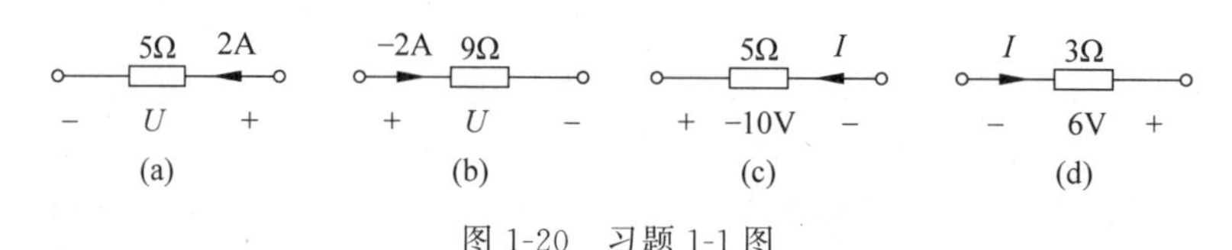

图 1-20 习题 1-1 图

1-2 根据图 1-21 所示参考方向，判断元件是吸收还是发出功率，其功率各为多少？

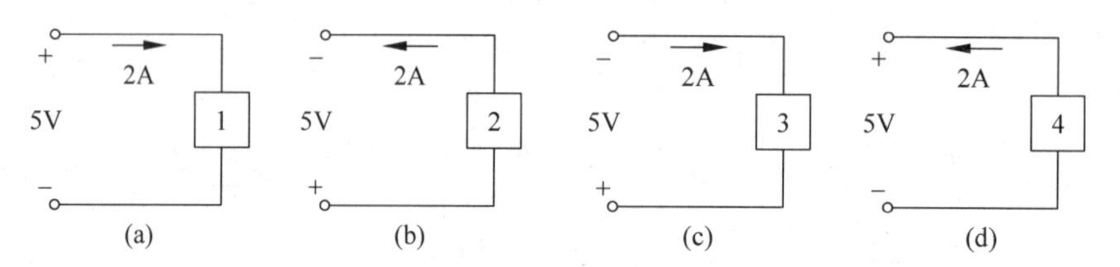

图 1-21 习题 1-2 图

1-3 在图 1-22 中，已知 $u_1=-6\text{V}$，$u_2=4\text{V}$。(1)求电压 u_{ab}；(2)试问 a、b 两点哪点电位高？

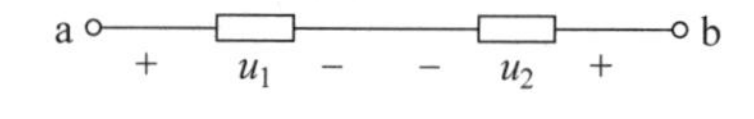

图 1-22 习题 1-3 图

1-4 电压电流的参考方向如图 1-23 所示，写出各元件 u 和 i 的约束方程。

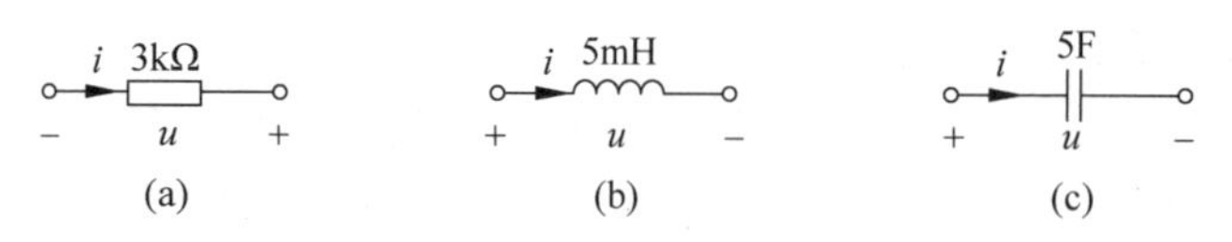

图 1-23 习题 1-4 图

1-5 电路如图 1-24 所示，分别计算图(a)和(b)电路的电压 U。当电阻 R 的阻值变化时，电压 U 变不变？为什么？

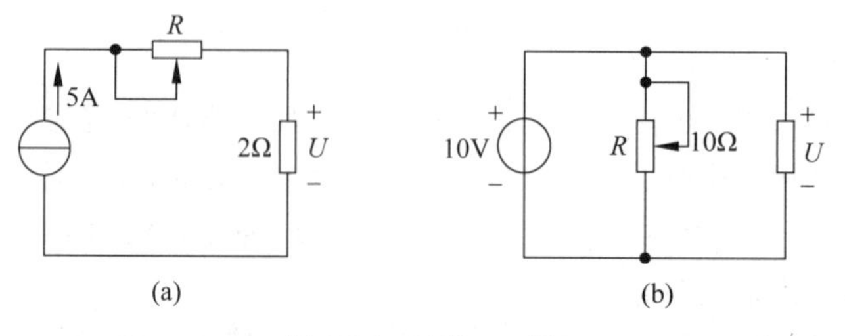

图 1-24 习题 1-5 图

1-6 如图 1-25 所示电路中的电流 I 和电压 U 是多少？

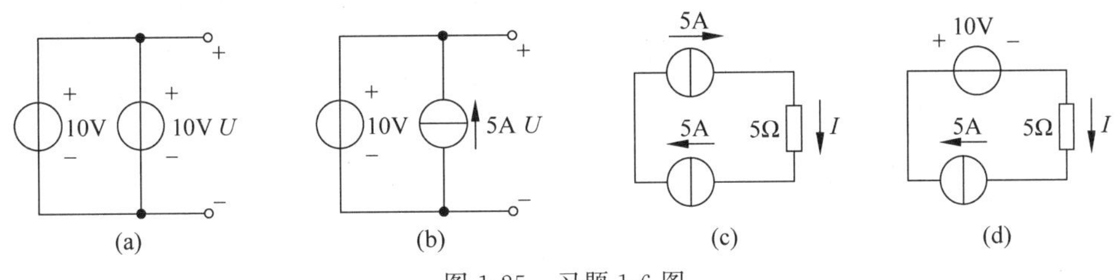

图 1-25 习题 1-6 图

1-7 某电路的一部分如图 1-26 所示。已知 $I_1=-4\text{A}$，$I_2=3.5\text{A}$，$I_3=1\text{A}$，$I_4=-8\text{A}$，计算流过电阻 R 的电流 I_R 和汇交于节点 B 另一条支路的电流。

1-8 在图 1-27 所示电路中，电流 $I=10\text{mA}$，$I_1=6\text{mA}$，$R_1=3\text{k}\Omega$，$R_2=1\text{k}\Omega$，$R_3=2\text{k}\Omega$。求 I_4、I_5。

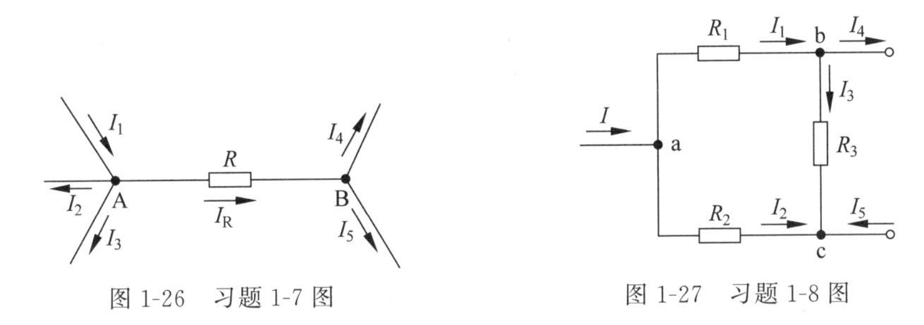

图 1-26 习题 1-7 图

图 1-27 习题 1-8 图

1-9 试用基尔霍夫电压定律写出图 1-28 所示电路各支路中电压与电流的关系。

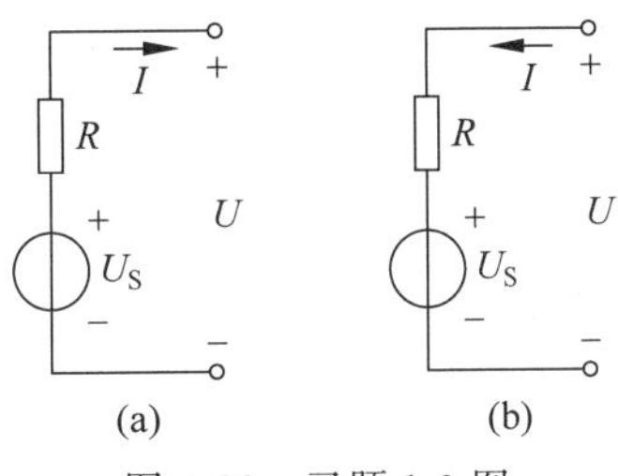

图 1-28 习题 1-9 图

1-10 求图 1-29 所示电路中的电压 U_{ab}。

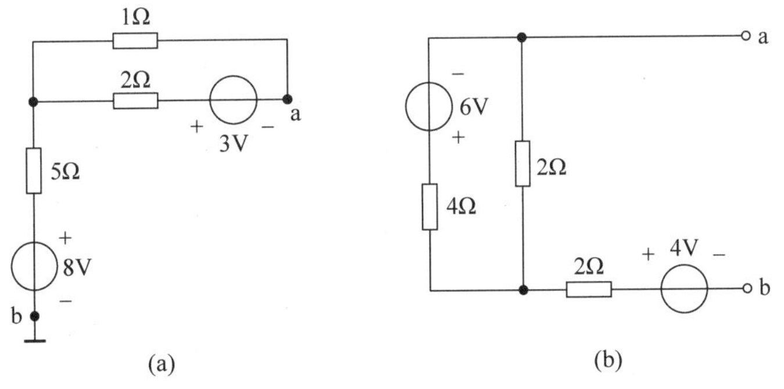

图 1-29 习题 1-10 图

1-11　如图 1-30 所示电路中，已知：$I_S=2\text{A}$，$U_S=12\text{V}$，$R_1=R_2=4\Omega$，$R_3=16\Omega$。分别求 S 断开和闭合后 A 点电位 V_A。

1-12　电路如图 1-31 所示，求电压 U。

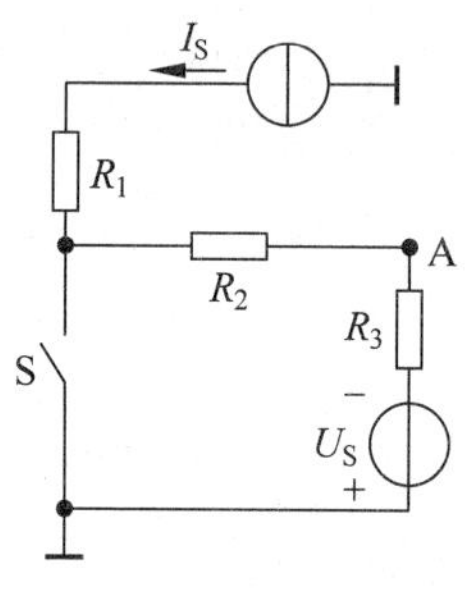

图 1-30　习题 1-11 图

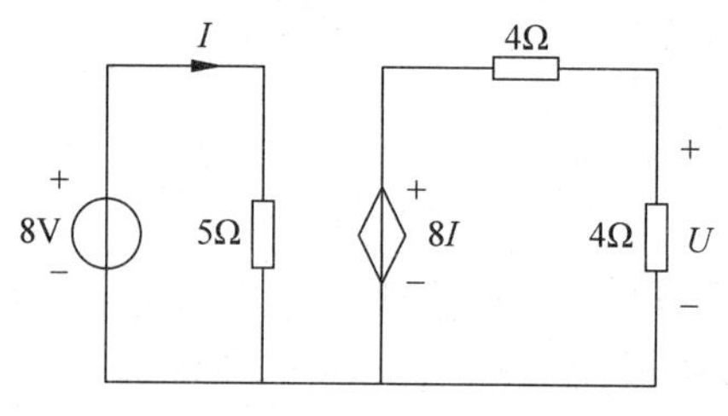

图 1-31　习题 1-12 图

第 2 章

电阻电路的等效变换及分析方法

由线性电阻、线性受控源和独立电源可组成线性电阻电路。理论上讲,掌握了欧姆定律和基尔霍夫定律后,就可以对线性电阻电路进行分析了。为了简化电阻电路的分析计算,本章介绍了等效变换的概念,内容包括电阻的串联、并联与混联,Y形联结与△形联结的等效变换,电源的串联、并联和等效变换以及一端口输入电阻的计算。本章还以线性电阻电路为对象,以电路的基本定律为基础,介绍了电路的系统化分析法。系统化分析法包括支路分析法、网孔电流法、节点电压法。这类方法的主要特点是求解一组变量,且一般不改变电路的结构。其基本思路是:选取一组适当的变量,依据 KCL、KVL 和元件的 VAR 建立电路方程,求得这组变量后再确定所求的电流或电压。系统化分析法不仅适用于手工计算,更被广泛应用于电路的计算机辅助分析。

2.1 电路的等效变换

对电路进行分析计算时,有时可以把电路中的某一部分简化,即用一个较为简单的电路代替该电路。在图 2-1(a)中,右方虚线框中由几个电阻构成的电路可以用一个电阻 R_{eq}(见图 2-1(b))代替,从而使整个电路得以简化。进行代替的条件是使图 2-1(a)和(b)中端子 a-b 以右的部分有相同的伏安特性,即相同的电压和电流。电阻 R_{eq} 称为等效电阻,其值取决于被代替的原电路中各电阻的阻值以及它们的连接方式。

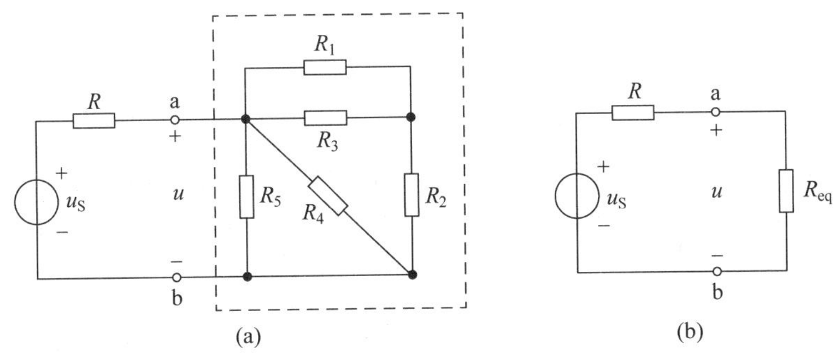

图 2-1 等效电阻

另外,当图 2-1(a)中端子 a-b 以右的电路被 R_{eq} 代替后,端子 a-b 以左的电路的任何电压和电流都将维持与原电路相同。这就是电路的"等效概念"。所谓两个结构和元件参数完全不同的电路"等效",是指它们对外电路的作用效果完全相同,即它们对外端子上的电压和电流的关系完全相同。因此,将电路中的某部分用另一种电路结构与元件参数代替后,不会影响原电路中留下来未做变换的任何一条支路中的电压和电流。也就是说，等效电路是被代替部分的简化或结构变形，但其内部并不等效。例如，把图 2-1(a)所示电路中虚线框部分用图 2-1(b)中电阻 R_{eq} 等效后，不难算出端子 a-b 以左部分的电流 i 和端子 a-b 之间的电压 u。如果要计算 2-1(a)中虚线框内各电阻的电流或电压时，就必须回到原电路，根据已经求得的电流 i 和电压 u 来求解。可见“等效”是“对外等效”也就是其外部特性等效。

等效是电路分析中一种很重要的思维方法。根据电路等效的概念，可将一个结构较复杂的电路变换成结构简单的电路，使电路的分析简化。

2.2 电阻的串联与并联

电阻的连接形式多种多样，其中最简单、最基本的连接方式是串联和并联。

2.2.1 电阻的串联

将几个电阻一个接一个地依次首尾连接成一串接在端子 a 和端子 b 之间，各电阻流过的电流相同，这种连接形式称为电阻的串联。图 2-2(a)中给出了 n 个电阻串联的电路。

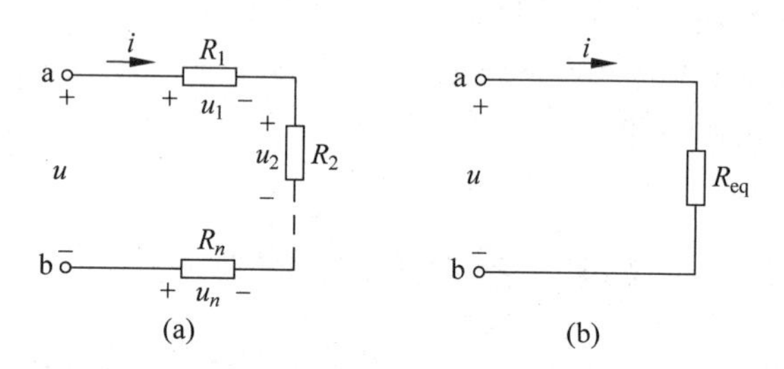

图 2-2 电阻的串联

应用 KVL，有

$$u = u_1 + u_2 + \cdots + u_n$$

由于每个电阻的电流均为 i，有 $u_1 = R_1 i, u_2 = R_2 i, \cdots, u_n = R_n i$，代入上式得

$$u = (R_1 + R_2 + \cdots + R_n) i = R_{eq} i$$

其中，

$$R_{eq} = R_1 + R_2 + \cdots + R_n = \sum_{k=1}^{n} R_k \tag{2-1}$$

电阻 R_{eq} 是这些串联电阻的等效电阻。显然，串联电阻的等效电阻为各电阻之和，且等效电阻必然大于任一个串联的电阻。图 2-2(b)为图 2-2(a)所示电阻串联电路的等效电路。

串联电阻电路中的各个电阻有分压的作用，各个电阻分担的电压为

$$\begin{cases} u_1 = iR_1 = \dfrac{u}{R_{eq}} R_1 = \dfrac{R_1}{R_{eq}} u \\ u_2 = iR_2 = \dfrac{u}{R_{eq}} R_2 = \dfrac{R_2}{R_{eq}} u \\ \quad \vdots \\ u_n = iR_n = \dfrac{u}{R_{eq}} R_n = \dfrac{R_n}{R_{eq}} u \end{cases} \tag{2-2}$$

上面的公式表明，串联电路中各电阻的电压与电阻阻值成正比。也就是说，大电阻分到大电压，小电阻分到小电压。式(2-2)称为电压分配公式，也称分压公式。

2.2.2 电阻的并联

将所有电阻的一端连在一起接端子 a，另一端连在一起接端子 b，各电阻上的电压相同，这种连接形式称为电阻的并联。图 2-3(a)中给出了 n 个电阻并联的电路。

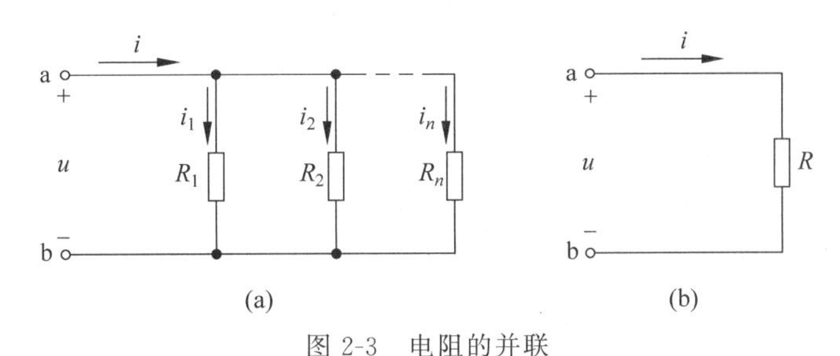

图 2-3 电阻的并联

应用 KCL，有

$$i=i_1+i_2+\cdots+i_n=\frac{u}{R_1}+\frac{u}{R_2}+\cdots+\frac{u}{R_n}=\frac{u}{R_{\text{eq}}}$$

其中，

$$\frac{1}{R_{\text{eq}}}=\frac{1}{R_1}+\frac{1}{R_2}+\cdots+\frac{1}{R_n}=\sum_{k=1}^{n}\frac{1}{R_k} \tag{2-3}$$

电阻 R_{eq} 是这些并联电阻的等效电阻。并联等效电阻 R_{eq} 的倒数等于各并联电阻倒数之和。图 2-3(b)为图 2-3(a)所示电阻并联电路的等效电路。不难看出，等效电阻小于任一个并联的电阻。

并联电阻电路中的各个电阻有分流的作用，各个电阻分担的电流为

$$\begin{cases} i_1=\dfrac{u}{R_1}=\dfrac{iR_{\text{eq}}}{R_1}=\dfrac{R_{\text{eq}}}{R_1}i \\ i_2=\dfrac{u}{R_2}=\dfrac{iR_{\text{eq}}}{R_2}=\dfrac{R_{\text{eq}}}{R_2}i \\ \vdots \\ i_n=\dfrac{u}{R_n}=\dfrac{iR_{\text{eq}}}{R_n}=\dfrac{R_{\text{eq}}}{R_n}i \end{cases} \tag{2-4}$$

式(2-4)表明，并联电路中各电阻的电流与电阻阻值成反比。也就是说，大电阻分到小电流，小电阻分到大电流。式(2-4)称为电流分配公式，也称为分流公式。

2.2.3 电阻的混联

有的时候，在电路中既有电阻的串联连接，又有电阻的并联连接，这就是电阻的串并联，也叫电阻的混联。在分析计算的时候，先要根据电路的结构特点，依据电流和电压关系判断电阻的连接方式；再按照先局部后全局的计算步骤，逐步求出电路的等效电阻值。

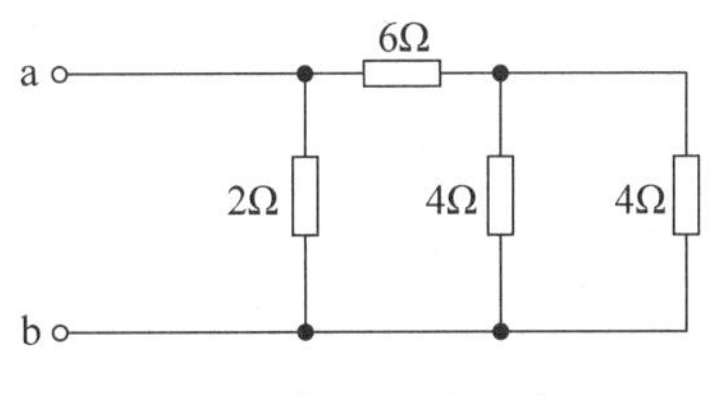

图 2-4 例 2-1 的电路图

【例 2-1】 求图 2-4 所示电阻电路的等效电阻 R_{eq}。

解：本电路中，先算出两个 4Ω 电阻并联后的等效电阻是 2Ω，再计算跟 6Ω 电阻串联后的等效电阻是 8Ω，最后算出跟 2Ω 电阻并联后的等效电阻 R_{eq}，即 $R_{eq}=1.6\Omega$。

2.3 电阻的星形(Y)联结和三角形(△)联结的等效变换

电阻的连接方式，除了简单的串联和并联外，还有更复杂的连接方式。

2.3.1 电阻的Y形联结和△形联结

将三个电阻的一端连在一个节点，另一端分别接到三个不同的节点上，就构成星形联结，又称为Y形联结，如图 2-5(a)所示。将三个电阻分别首尾相连，形成一个三角形，三角形的三个顶点分别与外电路的三个节点相连，就构成三角形联结，又称为△形联结，如图 2-5(b)所示。

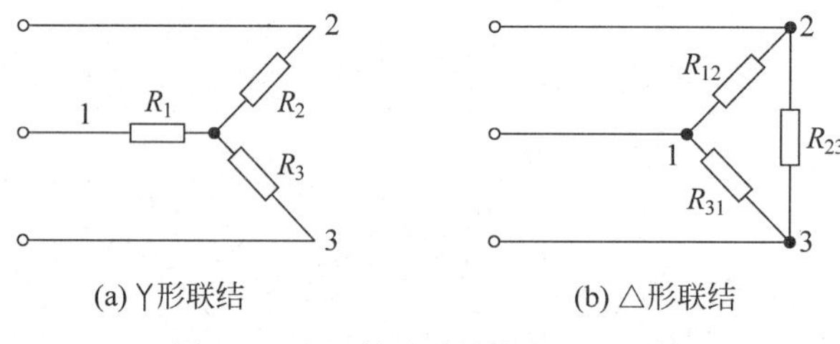

图 2-5 电阻的Y形联结和△形联结

2.3.2 电阻的Y形联结与△形联结的等效变换

在进行电路分析时，可以将星形联结的电阻等效变换为三角形联结的电阻，或者将三角形联结的电阻等效变换为星形联结的电阻，这样就能使电路的分析计算得到简化。

若已知星形联结的三个电阻分别为 R_1、R_2、R_3，则等效变换为三角形联结后的等效电阻 R_{12}、R_{23}、R_{31} 分别为

$$\begin{cases} R_{12}=\dfrac{R_1R_2+R_2R_3+R_3R_1}{R_3} \\ R_{23}=\dfrac{R_1R_2+R_2R_3+R_3R_1}{R_1} \\ R_{31}=\dfrac{R_1R_2+R_2R_3+R_3R_1}{R_2} \end{cases} \tag{2-5}$$

若已知三角形联结的三个电阻分别为 R_{12}、R_{23}、R_{31}，则等效变换为星形联结后的等效电阻 R_1、R_2、R_3 分别为

$$\begin{cases} R_1=\dfrac{R_{12}R_{31}}{R_{12}+R_{23}+R_{31}} \\ R_2=\dfrac{R_{12}R_{23}}{R_{12}+R_{23}+R_{31}} \\ R_3=\dfrac{R_{23}R_{31}}{R_1+R_2+R_3} \end{cases} \tag{2-6}$$

特殊情况下，当星形联结或三角形联结的三个电阻相等时，则星形联结的电阻 R_Y 和三角形联结的电阻 $R_\triangle$ 之间的等效关系为

$$R_\triangle = 3R_Y \tag{2-7}$$

【例 2-2】 求图 2-6(a)所示电阻电路的等效电阻 R。

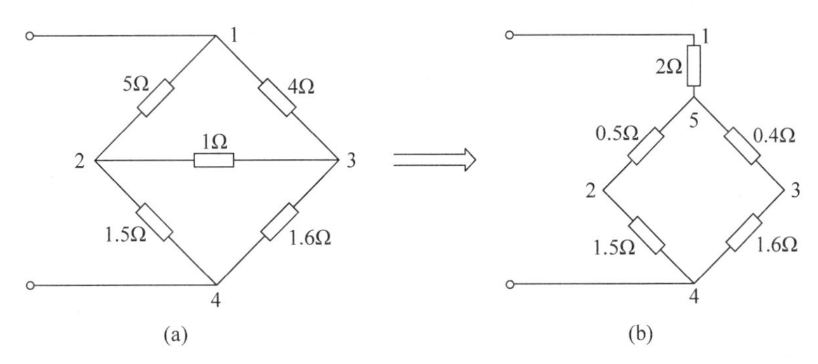

图 2-6 例 2-2 电路图

解：先将图 2-6(a)所示电阻电路等效变换为图 2-6(b)所示电阻电路。

根据式(2-6)，求出电阻分别为

$$R_1 = \frac{5\times 4}{5+4+1} = 2\Omega,\quad R_2 = \frac{5\times 1}{5+4+1} = 0.5\Omega,\quad R_3 = \frac{4\times 1}{5+4+1} = 0.4\Omega$$

再求出等效电阻

$$R_{524} = 0.5 + 1.5 = 2\Omega,\quad R_{534} = 0.4 + 1.6 = 2\Omega$$

$$\frac{1}{R_{54}} = \frac{1}{2} + \frac{1}{2} = 1\Omega,\quad R_{54} = 1\Omega$$

所以

$$R = 1 + 2 = 3\Omega$$

2.4 电源模型及等效变换

2.4.1 理想电源模型及等效变换

由第 1 章对独立电源的分析可知，一个电源可以抽象得到两种电路模型，即理性电压源和理想电流源。如图 2-7(a)所示为 n 个理想电压源的串联，可以用一个电压源等效代替，如图 2-7(b)所示，这个等效的电压源的电压为

$$u_S = u_{S1} + u_{S2} + \cdots + u_{Sn} = \sum_{k=1}^{n} u_{Sk} \tag{2-8}$$

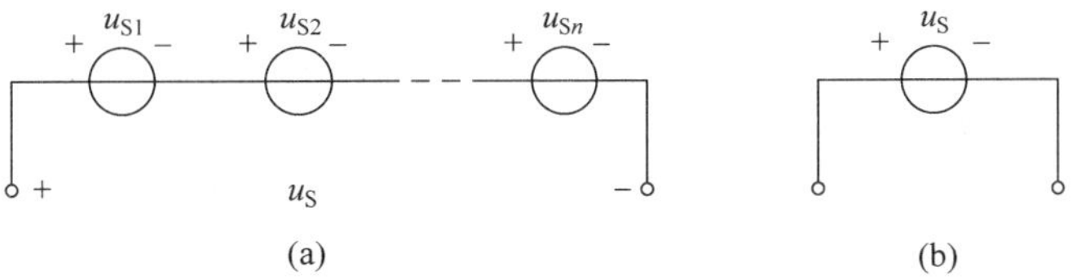

图 2-7 理想电压源的串联

如果 u_{Sk} 的参考方向与图 2-7(b)中 u_S 的参考方向一致时，式中 u_{Sk} 的前面取"+"号，不一致时取"−"号。

如图 2-8(a)所示为 n 个理想电流源的并联，可以用一个电流源等效代替，如图 2-8(b)所示，这个等效的电流源的电流为

$$i_S = i_{S1} + i_{S2} + \cdots + i_{Sn} = \sum_{k=1}^{n} i_{Sk} \tag{2-9}$$

如果 i_{Sk} 的参考方向与图 2-8(b)中 i_S 的参考方向一致时，式中 i_{Sk} 的前面取"+"号，不一致时取"−"号。

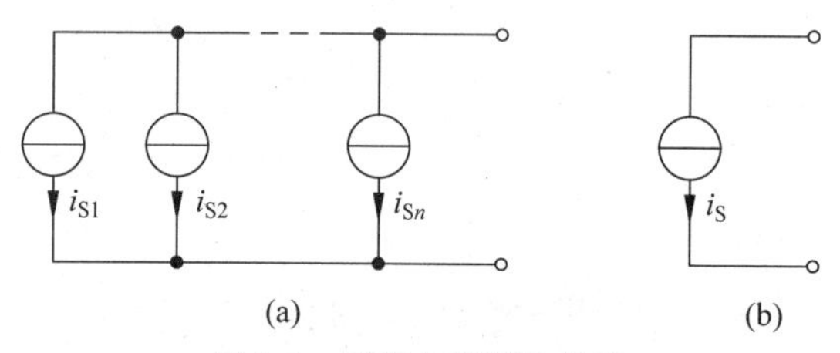

图 2-8　理想电流源的并联

另外，只有理想电压源的电压相等且方向一致时才允许并联，其等效电路为任一电压源，否则违背 KVL。但是，这个并联组合向外电路提供的电流在各个电压源上如何分配则无法确定。只有理想电流源的电流相等且方向一致时才允许串联，其等效电路为任一电流源，否则违背 KCL。但是，这个串联组合的总电压如何在各个电流源之间分配则无法确定。

2.4.2　实际电源的两种模型及其等效变换

一个实际的电源不仅对负载产生电能，而且在能量转换的过程中有功率消耗，即存在内阻，例如干电池、稳压电源和信号源等。因此，可以用理想电压源和电阻串联的组合或者理想电流源与电阻并联的组合表示实际电源的电路模型。

1. 实际电压源

实际电压源模型如图 2-9(a)虚线框内所示。由图可知，电压源的输出电压 u 和输出电流 i 之间的关系为

$$u = u_S - iR_0 \tag{2-10}$$

由式(2-10)可见，当 $i=0$ 时，$u=u_S$，实际电压源的伏安特性是一条始于 u_S 向下倾斜的直线，输出电压随着电流的增大而减小，其伏安特性如图 2-9(b)所示。电压源的内阻 R_0 越大，在一定输出电流的情况下，内阻上的电压降越大，端电压下降越快，伏安特性曲线越陡；

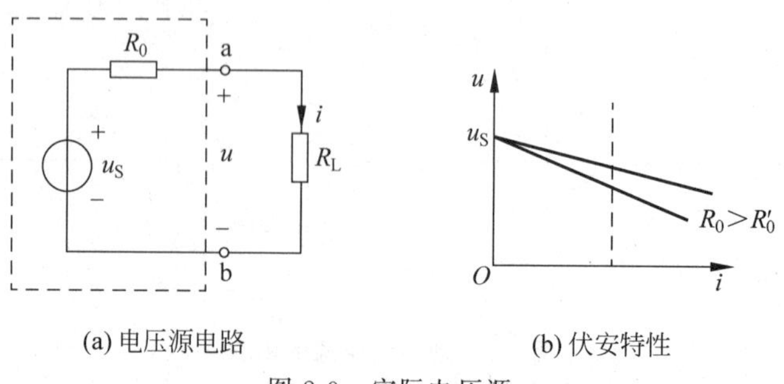

图 2-9　实际电压源

反过来，内阻 R_0 越小，伏安特性曲线越平坦。当内阻 $R_0=0$ 时，内阻上的压降为 0，实际电压源相当于理想电压源。

2. 实际电流源

实际电流源模型如图 2-10(a)虚线框内所示。由图可知，电流源的输出电流 i 和输出电压 u 之间的关系为

$$i=i_S-\frac{u}{R_0} \tag{2-11}$$

由式(2-11)可见，输出电流随着输出电压的增大而减小，其伏安特性如图 2-10(b)所示。电流源的内阻 R_0 越大，在一定输出电压的情况下，内阻上的分流越小，输出电流越大；反过来，内阻 R_0 越小，输出电流越小。当内阻 R_0 趋于无穷时，内阻上的分流为 0，实际电流源相当于理想电流源。

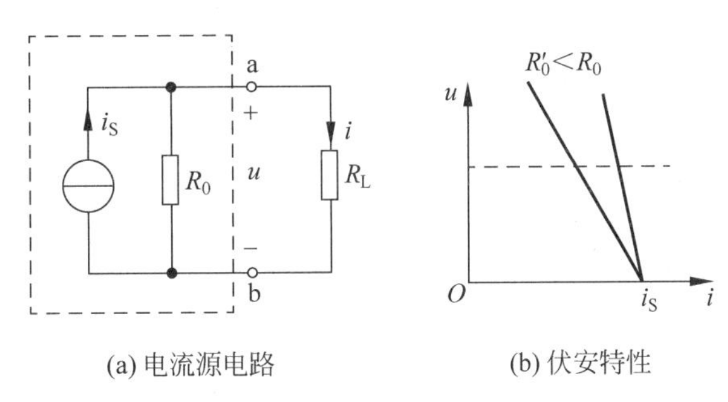

图 2-10 实际电流源

3. 实际电源模型的等效变换

一个实际的电源既可以表示为电压源的形式，也可表示为电流源的形式，它们之间必然存在等效变换的关系。实际电压源和电流源的等效变换是指对任一负载而言，当电压源变换为电流源，或者反过来，当电流源变换为电压源之后，负载上获得的电流和电压的大小和方向均保持与变换前相同，也就是说这种变换对电源以外的电路是等效的。下面通过图 2-11 所示的电压源和电流源向同一负载 R_L 供电的情况找出二者等效变换的关系。

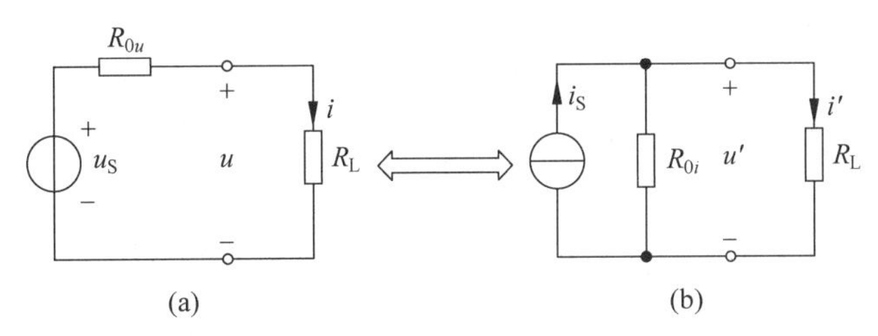

图 2-11 电压源与电流源的等效变换

在图 2-11(a)中电压源的电压为 u_S，内阻为 R_{0u}，向负载 R_L 供电时流过负载的电流为

$$i=\frac{u_S-u}{R_{0u}} \tag{2-12}$$

在图 2-11(b)中电流源的电流为 i_S，内阻为 R_{0i}，向负载 R_L 供电时流过负载的电流为

$$i'=i_S-\frac{u'}{R_{0i}} \tag{2-13}$$

根据电压源和电流源的对外等效关系，负载 R_L 获得相同的电压和电流，即

$$i = i', \quad u = u'$$

若令 $R_0 = R_{0u} = R_{0i}$，则比较式(2-12)和式(2-13)可得

$$i_S = \frac{u_S}{R_0} \tag{2-14}$$

或者

$$u_S = i_S R_0 \tag{2-15}$$

式(2-14)和式(2-15)就是电压源和电流源的等效变换关系式。注意，等效变换后电流源 i_S 的方向总是与 u_S 的正极端对应，这一对应关系保持不变。

下面再计算一下内阻的电压降和电源内部损耗的功率，在图 2-11(a)中内阻上的电压降为 $u_0 = iR_0$，$P_0 = i^2 R_0$，在图 2-11(b)中内阻上的电压降为 $u_0 = (i_S - i)R_0$，$P_0 = (i_S - i)^2 R_0$。因此，电压源和电流源的等效变换关系只是对外电路而言，至于对电源内部，则是不等效的。

【例 2-3】 已知图 2-12(a)中 $U_{S1} = 24V$，$U_{S2} = 6V$，$R_1 = 12\Omega$，$R_2 = 6\Omega$，$R_3 = 2\Omega$。试求 a、b 两端的等效电压模型及其参数。

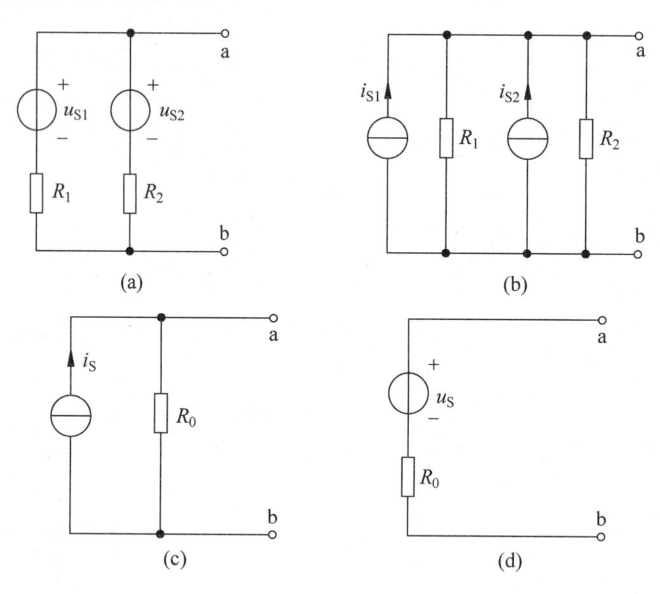

图 2-12 例 2-3 电路图

解：先将两个电压源等效变换为相应的两个电流源，如图 2-12(b)所示，其中

$$i_{S1} = \frac{u_{S1}}{R_1} = \frac{24}{12} = 2A$$

$$i_{S2} = \frac{u_{S2}}{R_2} = \frac{6}{6} = 1A$$

然后将这两个电流源合并为一个电流源，如图 2-12(c)所示，其中，

$$i_S = i_{S1} + i_{S2} = 2 + 1 = 3A$$

$$R_0 = R_1 // R_2 = \frac{12 \times 6}{12 + 6} = 4\Omega$$

最后将得到的电流源再进行一次等效变换，即得到所求的电压源，如图 2-12(d)所示，其中，

$$u_S = i_S R_0 = 3 \times 4 = 12\text{V}$$

$$R_0 = 4\Omega$$

【例 2-4】 利用电源等效变换的方法求如图 2-13(a)所示电路中 4Ω 电阻上的电流 i。

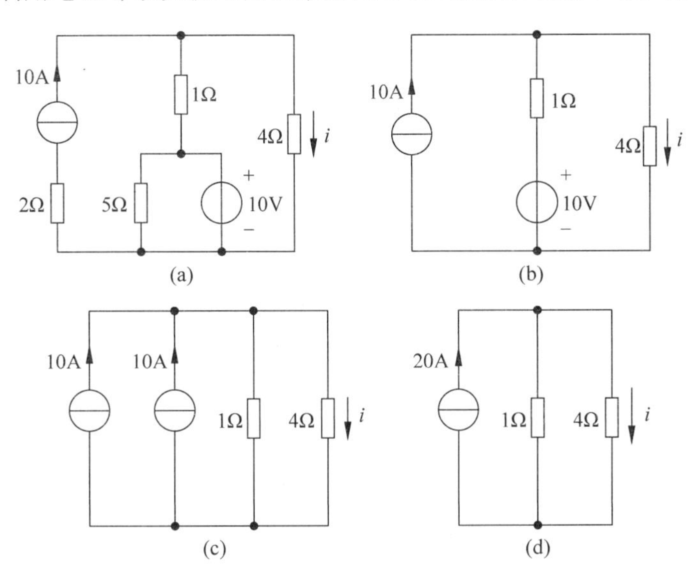

图 2-13　例 2-4 的电路图

解：根据图 2-13 的变化次序，最后化简为 2-13(d)所示电路，由此可得

$$i = \frac{1}{1+4} = 0.2\text{A}$$

另外，等效变换时还需要注意以下几个问题。

(1) 理想电压源和理想电流源本身之间没有等效关系。因为对于理想电压源来说，其内阻为 0，其短路电流为无穷大；对理想电流源来说，其内阻为无穷大，开路电压为无穷大，都不是有限的数值，故两者之间不能等效变换。

(2) 理想电压源向外电路提供的电压恒定不变，所以与理想电压源并联的元件在进行变换时是多余元件，对外电路无影响，做开路处理。

(3) 理想电流源向外电路提供的电流恒定不变，所以与理想电流源串联的元件在进行变换时是多余元件，对外电路无影响，做短路处理。

在例 2-4 的化简过程中，采用此方式。掌握等效变换的方法，在进行复杂电路的分析与计算时，往往会带来很大的方便。

2.4.3　受控源的等效变换

受控电压源和电阻的串联与受控电流源和电阻的并联也可以采用等效变换的方法进行变换，但在变换过程中不能把受控电源的控制量变换掉。

【例 2-5】 利用电源等效变换的方法求如图 2-14(a)所示电路中的电流 i。

解：进行变换后得出 2-14(c)所示电路，应用 KCL 列电流方程：

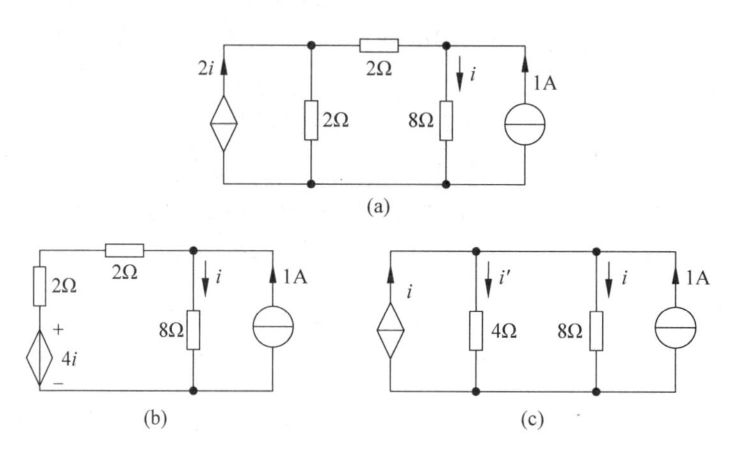

图 2-14　例 2-5 的电路图

$$i+2=i'+i$$

$$i+2=\frac{6i}{4}+i$$

解得

$$i=\frac{4}{3}\text{A}$$

在本例中，切记不可把 8Ω 电阻支路中的电流 i 变换掉。

2.5　输入电阻

电路或网络的一个端口向外引出一对端子，这对端子可以与外部电路相联结。对这个端口来说，如果从它的一个端子流入的电流等于从另一个端子流出的电流，那么这种电路或网络称为一端口网络或二端网络。图 2-15 所示是一个一端口网络。

对于不含独立电源(包含受控电源)的一端口网络，定义端口的电压和电流之比为该端口的输入电阻。计算端口输入电阻的一般方法称为电压、电流法，即在端口加电压源 u_S，求出端口电流 i；或者在端口加电流源 i_S，求出端口电压 u。根据式(2-16)，可求输入电阻。

$$R_i=\frac{u}{i} \tag{2-16}$$

如果一个一端口网络内部仅含电阻，则应用电阻的串、并联和Y-△变换等方法，可以求得它的等效电阻。此时等效电阻的阻值等于输入电阻的数值，但意义不同。

图 2-16 中一端口的输入电阻可通过电阻串、并联化简求得。

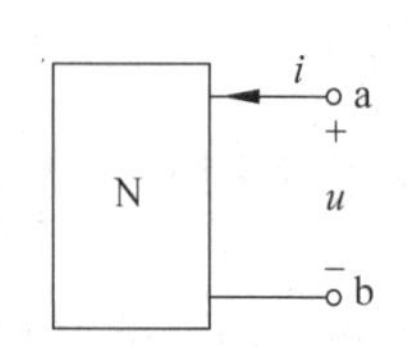

图 2-15　一端口网络

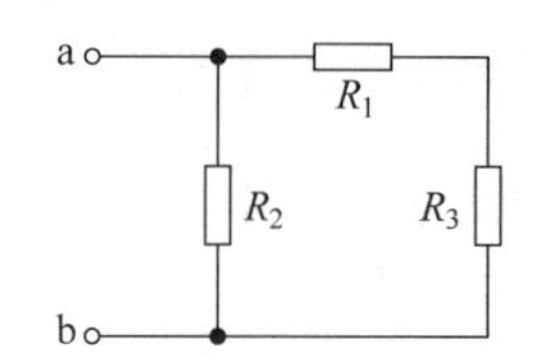

图 2-16　一端口网络的输入电阻

【例 2-6】 求图 2-17(a)所示的一端口网络的输入电阻。

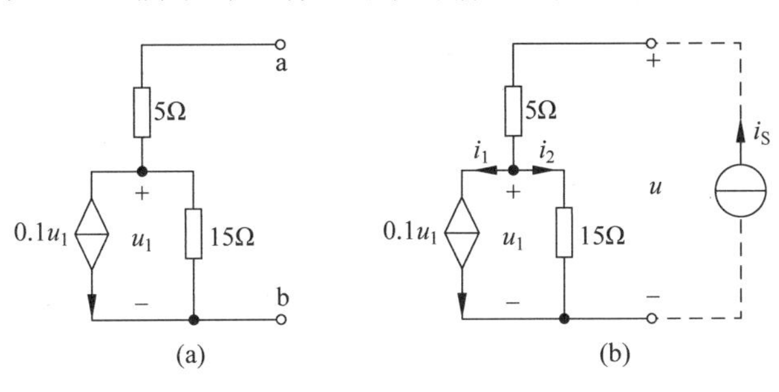

图 2-17 例 2-6 的电路图

解：在端口 ab 处外加电流源 i_S，求 u，电流参考方向如图 2-17(b)所示。

$$u_1=15i_2,\quad i_1=0.1u_1=1.5i_2$$

$$i_S=i_1+i_2=2.5i_2,\quad u=5i+u_1=5\times 2.5i_2+15i_2=27.5i_2$$

$$R_i=\frac{u}{i_S}=\frac{27.5i_2}{2.5i_2}=11\Omega$$

2.6 支路分析法

对于复杂电路来说，我们需要采用另一种分析电路的方法，即不改变电路的结构，而是选择电路变量(电流或电压)，根据基尔霍夫定律列电路方程求解的方法。其中支路分析法是最基本的方法。

在第 1 章中我们知道基尔霍夫定律是分析电路问题的基本定律。但是，盲目地列写 KCL、KVL 方程不一定能完善地解决问题，因为这里涉及 KCL、KVL 方程独立性的问题。下面先研究这个问题。

1. KCL 和 KVL 的独立方程数

在图 2-18 所示电路中，为了简便，这里把电压源 u_{S1} 与电阻 R_1 的串联、电压源 u_{S2} 与电阻 R_2 的串联、电阻 R_3 与电阻 R_4 的串联分别视为一条支路，则该电路有两个节点(a、b)和 3 条支路。对于这两个节点可列出两个电流方程为

节点 a： $i_1-i_2-i_3=0$

节点 b： $i_3+i_2-i_1=0$

以上两个方程中，每一支路电流都出现两次，一次为正，一次为负。因此，这两个方程只有一个是独立的。这个结果可推广到一般情形：在含有 n 个节点的电路中，按 KCL 可列写 $n-1$ 个独立的方程，或者说，电路的独立节点数为 $n-1$ 个。

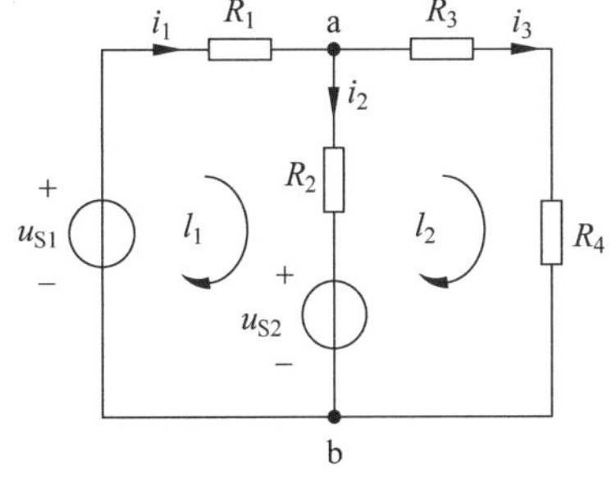

图 2-18 一个简单的电路

观察图 2-18 中的两个回路 l_1 和 l_2，按照所设定的回路巡行方向，可列 KVL 方程为

回路 l_1： $$i_1R_1+i_2R_2+u_{S2}-u_{S1}=0 \tag{2-17}$$

回路 l_2：$$i_3R_2+i_3R_4-i_2R_2-u_{S2}=0 \tag{2-18}$$

该电路还有一个回路，即 u_{S1}、R_1、R_3 与 R_4 构成的大回路，它的 KVL 方程为

$$i_1R_1+i_3R_2+i_3R_4-u_{S1}=0 \tag{2-19}$$

通过观察可知，方程(2-19)由方程(2-17)和方程(2-18)相加得到，所以方程(2-19)不是独立的；而方程(2-17)和方程(2-18)是互相独立的。也就是说，该电路的两个网孔所对应的 KVL 方程是互相独立的。

一般而言，如果电路有 b 条支路、n 个节点，则独立的 KVL 方程数为 $l=b-n+1$ 个。这 $b-n+1$ 个回路称为独立回路。在平面电路中(即可以画在平面上，而没有任何支路相互交叉的电路)，网孔数恰好等于 $b-n+1$ 个，这些网孔也称为独立网孔。

归纳起来，对于有 n 个节点和 b 条支路的电路一定有 $n-1$ 个独立的 KCL 方程，$b-n+1$ 个独立的 KVL 方程。联立求解这些方程，可得各支路电流和电压。

2. 支路电流法

以支路电流作为电路变量，根据 KCL、KVL 建立电路方程，联合求解电路方程，解出各支路电流的电路分析方法，称为支路电流法。现以图 2-18 所示电路为例说明具体方法。

在图 2-18 中选节点 b 为参考点，则对节点 a 有一个独立的 KCL 方程，即

$$i_1-i_2-i_3=0$$

选网孔为独立回路，并按 l_1 和 l_2 的巡行方向可列两个独立的 KVL 方程。注意，电阻上电压与其电流取关联参考方向，当元件电压与巡行方向一致时取正，反之取负。从而有

$$i_1R_1+i_2R_2+u_{S2}-u_{S1}=0$$

$$i_3R_3+i_3R_4-i_2R_2-u_{S2}=0$$

与电流方程联立，得方程组：

$$\begin{cases}i_1-i_2-i_3=0\\ i_1R_1+i_2R_2+u_{S2}-u_{S1}=0\\ i_3R_3+i_3R_4-i_2R_2-u_{S2}=0\end{cases} \tag{2-20}$$

式(2-20)即为以支路电流 i_1、i_2 和 i_3 为求解变量的一组方程，其中电阻上电压按欧姆定律代入。通常电源和电阻参数为已知量，从而可解得各支路电流。各支路电流求解出来后，各支路对应的电压、功率也就迎刃而解了。

由此可得出支路电流法的一般步骤如下。

(1) 选定各支路电流的参考方向和回路的巡行方向。

(2) 根据 KCL，对 $n-1$ 个独立节点列出节点电流方程。

(3) 选取 $b-n+1$ 个独立回路，根据 KVL，对所选定的独立回路列出回路电压方程。

(4) 联立求解上述 b 个独立方程，得待求的支路电流，进而求出其他所需量。

【例 2-7】 如图 2-19 所示，若设 $u_{S1}=130\text{V}$，$u_{S2}=117\text{V}$，$R_1=1\Omega$，$R_2=0.6\Omega$，$R_3=24\Omega$，求各支路电流。

解：此电路有三条支路，两个节点，即 $n=2$，$b=3$。

$$\begin{cases}i_1+i_2=i_3\\ i_1-0.6i_2=13\\ 0.6i_2+24i_3=117\end{cases}$$

解得

$$i_1=10\text{A},\quad i_2=-5\text{A},\quad i_3=5\text{A}$$

【例 2-8】 在图 2-20 中，$i_S=8\text{A}$，$u_S=4\text{V}$，$R_1=R_2=2\Omega$，求 u。

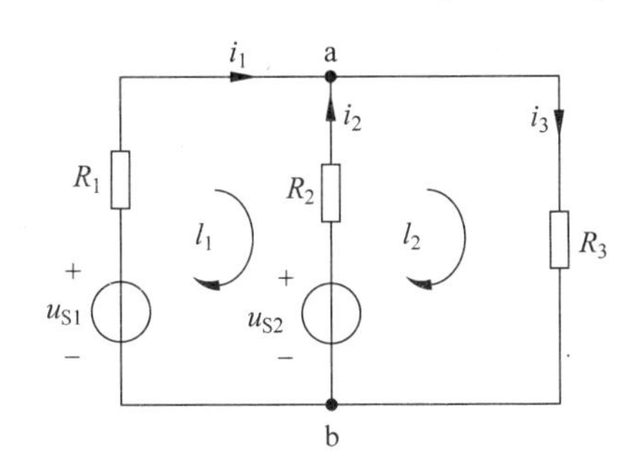

图 2-19 例 2-7 的电路图

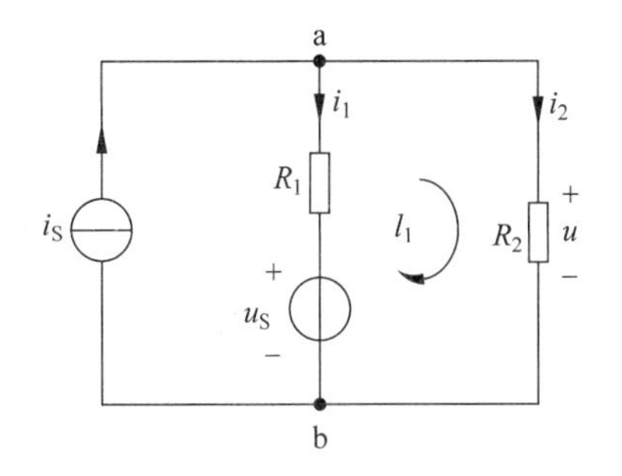

图 2-20 例 2-8 的电路图

解：此电路有三条支路，两个节点，即 $n=2$，$b=3$。

节点 a：
$$i_S+i_1=i_2$$

回路 l_1：
$$u_S=i_1R_1+i_2R_2$$

解方程，得

$$i_1=-3\text{A},\quad i_2=5\text{A}$$

由欧姆定律得

$$u=i_2R_2=10\text{V}$$

由此题可以看出，当电路中某一支路仅含有电流源时，可少列写一个 KVL 方程，且在列写 KVL 方程时要避开电流源。

用支路电流法求解电路时，必须解多元方程，求出每条支路的电流，因此多用于支路数较少并求解全部支路电流的电路。对于支路数较多的电路，或只需求出某一条支路的电流时，支路电流法就显得比较烦琐，这时可选用其他方法。

3. 支路电压法

支路电压法是以支路电压为变量，根据 KVL 列写独立的回路方程，根据 KCL 列写独立的节点方程，然后采用消元法、克莱姆法则、矩阵求逆等方法求解。在图 2-18 中，各支路的电压参考方向如图 2-21 所示。

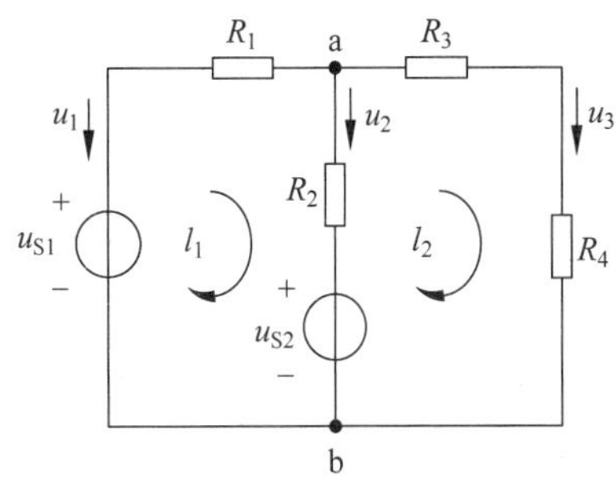

图 2-21 支路电压法举例

根据 KVL，回路的电压方程为

$$u_2-u_1=0$$

$$u_3-u_2=0$$

根据 KCL，节点电流方程为

$$\frac{u_1-u_{S1}}{R_1}+\frac{u_2-u_{S2}}{R_2}+\frac{u_3}{R_3+R_4}=0$$

得方程组：

$$\begin{cases} u_2 - u_1 = 0 \\ u_3 - u_2 = 0 \\ \dfrac{u_1 - u_{S1}}{R_1} + \dfrac{u_2 - u_{S2}}{R_2} + \dfrac{u_3}{R_3 + R_4} = 0 \end{cases} \tag{2-21}$$

式(2-21)即以支路电压 u_1、u_2 和 u_3 为求解变量的一组独立方程。通常电源和电阻参数为已知量,从而可解得各支路电压。各支路电压求解出来后,各支路对应的电流、功率也就可解了。

2.7 网孔电流法

在平面电路中,内部没有任何支路的回路就是网孔,平面电路的网孔是一组独立回路。如何利用这些网孔分析电路是本节讨论的中心问题。

在图 2-22 所示电路中,先不理会支路电流 i_1、i_2、i_3、i_4、i_5,而是假想在网孔中有电流 i_{l1}、i_{l2} 和 i_{l3} 按顺时针方向流动,如图 2-22 所示,那么各支路电流是各网孔电流的代数和,即有

$$i_1 = i_{l1}, \quad i_2 = i_{l1} - i_{l2}, \quad i_3 = i_{l2}, \quad i_4 = i_{l2} - i_{l3}, \quad i_5 = i_{l3}$$

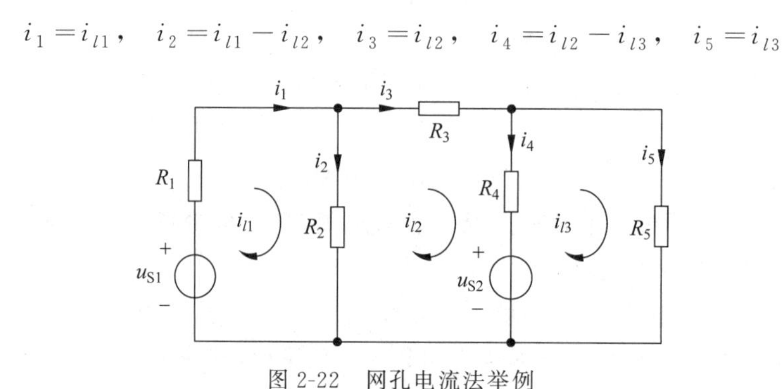

图 2-22　网孔电流法举例

取巡行方向与网孔电流的方向一致,对三个网孔,根据 KVL 列写电压方程:

网孔 m_1:
网孔 m_2:
网孔 m_3:

$$\begin{cases} i_1 R_1 + i_2 R_2 - u_{S1} = 0 \\ i_3 R_3 + i_4 R_4 - i_2 R_2 + u_{S2} = 0 \\ i_5 R_5 - i_4 R_4 - u_{S2} = 0 \end{cases} \tag{2-22}$$

将支路电流与网孔电流之间的关系式代入,整理得

网孔 m_1:
网孔 m_2:
网孔 m_3:

$$\begin{cases} (R_1 + R_2) i_{l1} - R_2 i_{l2} = u_{S1} \\ -R_2 i_{l1} + (R_2 + R_3 + R_4) i_{l2} - R_4 i_{l3} = -u_{S2} \\ -R_4 i_{l2} + (R_5 + R_4) i_{l3} = u_{S2} \end{cases} \tag{2-23}$$

式(2-23)就是以三个网孔电流作为未知量的网孔电流方程。当 R_1、R_2、R_3、R_4、R_5 和 u_{S1}、u_{S2} 已知时,可以解出网孔电流 i_{l1}、i_{l2} 和 i_{l3}。一旦求出电路的网孔电流,则各支路的电流可由网孔电流确定。由于全部网孔是一组独立回路,针对每个网孔列写的网孔电流方程也将是独立的,且独立方程个数与电路变量数均为全部网孔数,因此足以解出网孔电流,这种方法就是网孔电流法。但需要指出的是,网孔电流在相应网孔中环流一周是假想的,网

孔电流的方向可以任意假设。

下面归纳网孔电流法的一般规律如下。

设平面电路有 b 条支路，n 个节点，则网孔数 $l=b-n+1$。以网孔电流为未知量，根据KVL，可以列出 l 个网孔方程（这里不需要再列出节点电流方程，因为对于每一个节点，网孔电流自动满足KCL）。根据式(2-23)的规律，可写出运用网孔电流法列写KVL方程的一般形式为

$$\begin{cases} R_{11}i_{l1}+R_{12}i_{l2}+\cdots+R_{1l}i_{ll}=\sum\limits_{l1}u_{\mathrm{S}} \\ R_{21}i_{l1}+R_{22}i_{l2}+\cdots+R_{2l}i_{ll}=\sum\limits_{l2}u_{\mathrm{S}} \\ \quad\vdots \\ R_{l1}i_{l1}+R_{l2}i_{l2}+\cdots+R_{ll}i_{ll}=\sum\limits_{ll}u_{\mathrm{S}} \end{cases} \tag{2-24}$$

式中，$R_{ii}(i=1,2,\cdots,l)$ 称为网孔 i 的自电阻，等于网孔 i 的各电阻之和，恒为正；$R_{ij}(i、j=1,2,\cdots,l,i\neq j)$ 称为网孔 i、j 之间的互电阻，等于网孔 i、j 公共支路上的电阻之和。当网孔 i、j 的网孔电流流经公共支路时，方向一致，互电阻为正；反之，互电阻为负。式(2-24)的方程右边是各个网孔中电压源电压的代数和，即电压源电压升高的方向与网孔巡行方向一致时取正；反之取负。

由以上分析，可归纳网孔电流法的步骤如下。

(1) 选定一组网孔，并假设各网孔电流的参考方向。

(2) 以网孔电流的方向为网孔的巡行方向，按式(2-24)的形式列写各网孔的KVL方程。

(3) 由网孔方程解出网孔电流。原电路非公共支路的电流等于网孔电流，公共支路的电流等于网孔电流的代数和。

【例 2-9】 如图2-23所示电路，试求各支路电流。

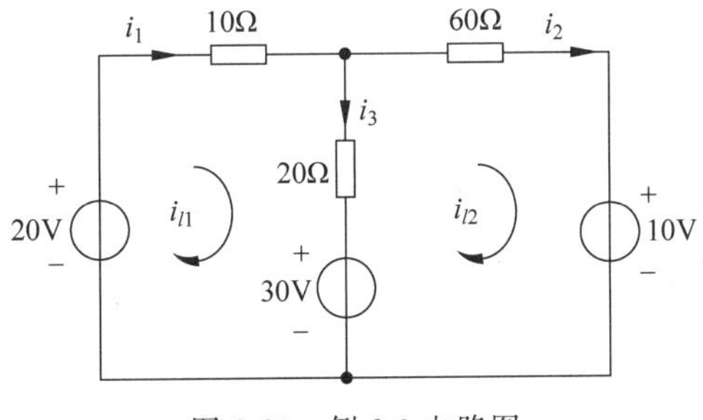

图 2-23　例 2-9 电路图

解：设网孔电流 i_{l1} 和 i_{l2}，由KVL写出网孔方程为

$$\begin{cases} 30i_{l1}-20i_{l2}=20-30 \\ -20i_{l1}+80i_{l2}=30-10 \end{cases}$$

整理，得

$$\begin{cases} 30i_{l1}-20i_{l2}=-10 \\ -20i_{l1}+80i_{l2}=20 \end{cases}$$

解得网孔电流为

$$i_{l1}=-0.2\text{A},\quad i_{l2}=0.2\text{A}$$

支路电流为

$$i_1=i_{l1}=-0.2\text{A},\quad i_2=i_{l2}=0.2\text{A},\quad i_3=i_{l1}-i_{l2}=-0.4\text{A}$$

【例 2-10】 如图 2-24 所示电路，$I_S=6\text{A}$，$U_S=140\text{V}$，$R_1=20\Omega$，$R_2=5\Omega$，$R_3=6\Omega$，试求各支路电流。

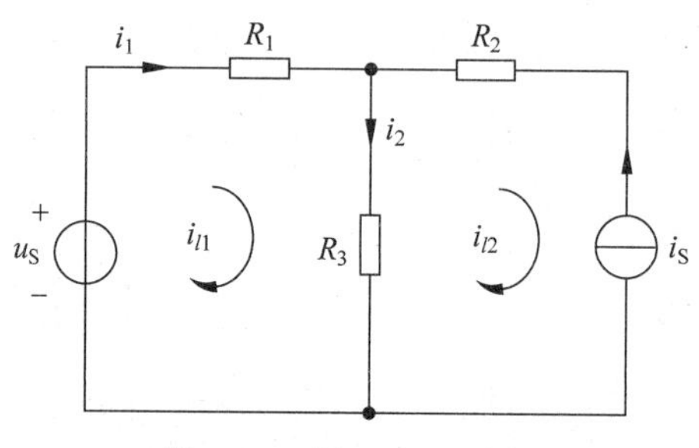

图 2-24 例 2-10 电路图

解：先假设网孔电流 i_{l1} 和 i_{l2} 的方向。因 i_S 在非公共之路，所以网孔电流 $i_{l2}=i_S$ 为已知量。所以只要列写 i_{l1} 所在网孔的方程即可。即

$$(R_1+R_3)i_{l1}+R_3i_{l2}=u_S$$

带入数据，得

$$26i_{l1}+6i_{l2}=140$$

又 $i_S=6\text{A}$，故解得

$$i_{l1}=4\text{A}$$

所以支路电流为

$$i_1=4\text{A},\quad i_2=i_{l1}+i_{l2}=10\text{A}$$

【例 2-11】 如图 2-25 所示电路，$u_{S1}=5\text{V}$，$u_{S2}=10\text{V}$，$R_1=10\Omega$，$R_2=30\Omega$，$R_3=100\Omega$，$u_d=5u_1$，试求各支路电流。

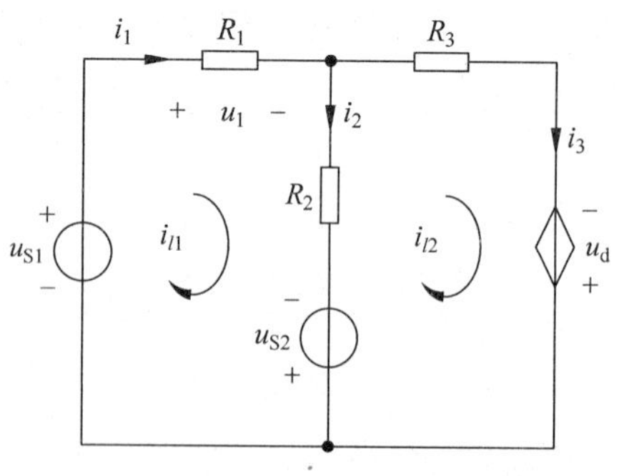

图 2-25 例 2-11 电路图

解：设网孔电流 i_{l1} 和 i_{l2}，并把受控电压源的控制量用网孔电流表示，即

$$u_d=5u_1=5R_1i_{l1}=50i_{l1}$$

列 KVL 方程得

$$\begin{cases}(R_1+R_2)i_{l1}-R_2 i_{l2}=u_{S1}+u_{S2}\\ -R_2 i_{l1}+(R_2+R_3)i_{l2}=u_d-u_{S2}\end{cases}$$

整理，得

$$\begin{cases}8i_{l1}-6i_{l2}=3\\ -8i_{l1}+13i_{l2}=-1\end{cases}$$

解得网孔电流为

$$i_{l1}=\frac{33}{56}\text{A},\quad i_{l2}=\frac{2}{7}\text{A}$$

支路电流为

$$i_1=i_{l1}=\frac{33}{56}\text{A},\quad i_2=i_{l1}-i_{l2}=\frac{17}{56}\text{A},\quad i_3=i_{l2}=\frac{2}{7}\text{A}$$

当回路中含有受控电压源时，先把受控电压源的控制量用网孔电流表示，并暂时将受控电压源视为独立电压源，列写网孔的 KVL 方程。当回路中含有受控电流源时，先把受控电流源的控制量用网孔电流表示，并暂时将受控电流源视为独立电流源，列写网孔的 KVL 方程。若受控电流源并联电阻，也可以把受控电流源先等效成受控电压源，然后按含有受控电压源的方法处理。

2.8 节点电压法

对于比较复杂的电路，求解其支路电流或电压时，为了减少方程的数目，我们可以以网孔电流为独立变量，利用 $b-n+1$ 个网孔的 KVL 方程求解。那么能否仅利用 $n-1$ 个独立节点的 KCL 方程分析电路呢？本节就来介绍节点电压法。

首先介绍节点电压的概念。在电路中，当选取任一节点作为参考节点时，其他节点就是独立节点，这些节点与此参考节点之间的电压称为节点电压。节点电压的参考极性以参考节点为负，其余独立节点为正。在图 2-26 所示电路中，当选择节点 3 作为参考节点时，节点 1 与节点 3 之间的电压 u_{13} 称为节点 1 的节点电压，同理节点 2 的节点电压为 u_{23}，常简写为 u_1、u_2。

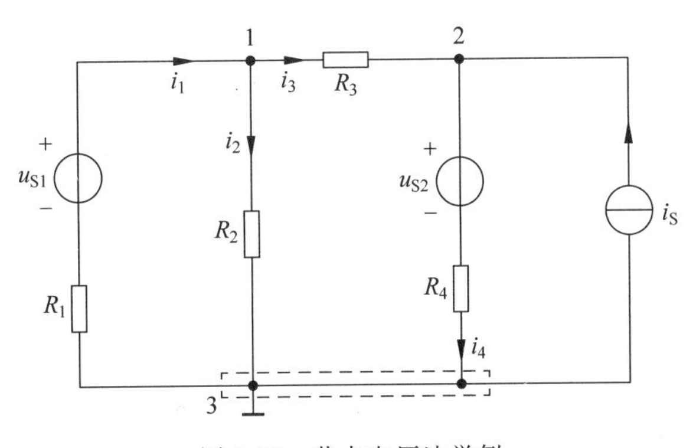

图 2-26 节点电压法举例

在具有 n 个节点的电路中，以节点电压作为未知量，对 $n-1$ 个独立节点列写 KCL 方程，就得到 $n-1$ 个独立方程，称为节点电压方程，最后由这些方程解出节点电压，从而求出所需的电压、电流，这就是节点电压法。

下面以图 2-26 所示电路为例，推导节点电压的一般方程。假设已知 R_1、R_2、R_3、R_4 和 u_{S1}、u_{S2}、i_S，以节点 3 为参考节点，选择各支路电流参考方向如图 2-26 所示，对独立节点 1、2 列写 KCL 方程，得到

节点 1：
$$i_1-i_2-i_3=0 \tag{2-25}$$

节点 2：
$$i_3+i_S-i_4=0 \tag{2-26}$$

其中，

$$i_1=\frac{u_{S1}-u_1}{R_1}=G_1(u_{S1}-u_1) \tag{2-27}$$

$$i_2=\frac{u_1}{R_2}=G_2u_1 \tag{2-28}$$

$$i_3=\frac{u_1-u_2}{R_3}=G_3(u_1-u_2) \tag{2-29}$$

$$i_4=\frac{u_2-u_{S2}}{R_4}=G_4(u_2-u_{S2}) \tag{2-30}$$

将式(2-27)～式(2-30)分别代入式(2-25)和式(2-26)中整理，得

$$\begin{cases}(G_1+G_2+G_3)u_1-G_3u_2=G_1u_{S1}\\ -G_3u_1+(G_3+G_4)u_2=G_4u_{S2}+i_S\end{cases} \tag{2-31}$$

联立求解，可得 u_1、u_2。将 u_1 和 u_2 代入式(2-27)～式(2-30)中，即得到各支路电流。式(2-31)可写成如下形式：

$$\begin{cases}G_{11}u_1+G_{12}u_2=\sum\limits_{1}i_S\\ G_{21}u_1+G_{22}u_2=\sum\limits_{2}i_S\end{cases} \tag{2-32}$$

对照式(2-32)，可以看出节点方程有以下规律。

(1) G_{11} 称为节点 1 的自电导，它等于与节点 1 相连的各支路电导之和，恒取正。

(2) G_{22} 称为节点 2 的自电导，它等于与节点 2 相连的各支路电导之和，恒取正。

(3) $G_{12}(G_{21})$称为节点 1、2 之间(2、1 之间)的互电导，它等于 1、2 两节点间各支路电导之和，恒取负。

(4) 方程右端 $\sum\limits_{1}i_S$ 和 $\sum\limits_{2}i_S$ 分别为流入节点 1 和 2 的电流源代数和，流入取正，流出取负。

对于一个含有 n 个节点、b 条支路的一般电路，可对 $n-1$ 个独立节点列写节点电压方程：

$$\begin{cases}G_{11}u_1+G_{12}u_2+\cdots+G_{1(n-1)}u_{(n-1)}=\sum\limits_{1}i_S\\ G_{21}u_1+G_{22}u_2+\cdots+G_{2(n-1)}u_{(n-1)}=\sum\limits_{2}i_S\\ \qquad\vdots\\ G_{(n-1)1}u_1+G_{(n-1)2}u_2+\cdots+G_{(n-1)(n-1)}u_{(n-1)}=\sum\limits_{n-1}i_S\end{cases} \tag{2-33}$$

利用节点电压法求解电路，既可以分析平面电路，也可以分析非平面电路，只要选定一个参考节点就可以按上述规则写方程进行求解。当电路中独立节点数少于独立回路数时，用节点电压法求解比较方便，特别是当电路中只含两个节点时，如图 2-27 所示。可以选择 b 为参考节点，则 a 点的节点电压方程为

$$\left(\frac{1}{R_1}+\frac{1}{R_2}+\frac{1}{R_3}\right)u_a=\frac{u_{S1}}{R_1}+\frac{u_{S2}}{R_2} \tag{2-34}$$

$$u_a=\frac{\dfrac{u_{S1}}{R_1}+\dfrac{u_{S2}}{R_2}}{\dfrac{1}{R_1}+\dfrac{1}{R_2}+\dfrac{1}{R_3}}=\frac{G_1u_{S1}+G_2u_{S2}}{G_1+G_2+G_3}=\frac{\sum Gu_S}{\sum G} \tag{2-35}$$

此式为弥尔曼公式。

【例 2-12】 如图 2-28 所示电路，试用节点电压法求电流 i 和电压 u。

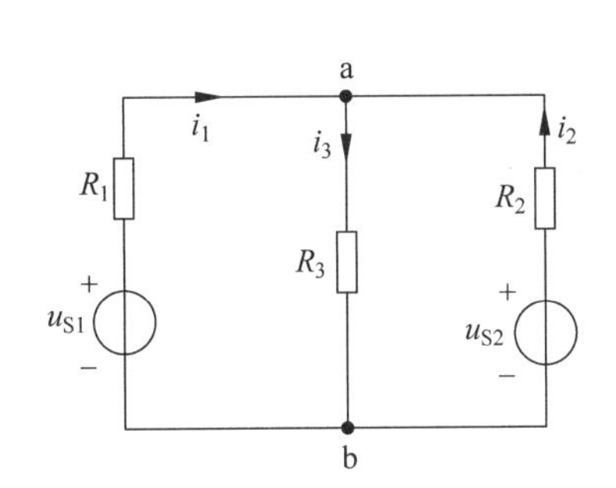

图 2-27 弥尔曼定理举例

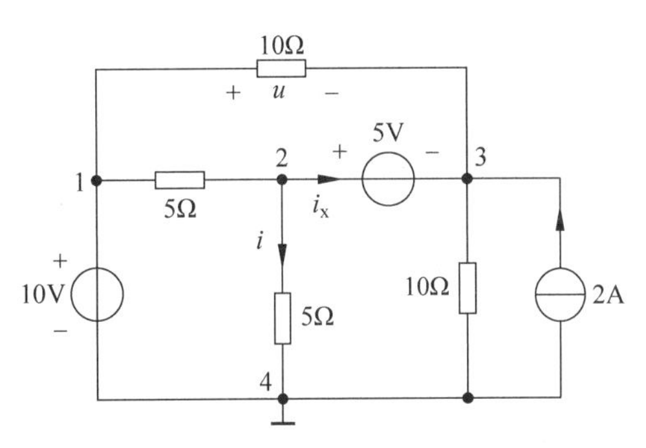

图 2-28 例 2-12 电路图

解：此电路含有两个无伴电压源(没有电阻与之串联)，只能选择其中一个理想电压源的一端为参考点。设节点 4 为参考点，则 $u_1=10\text{V}$ 为已知量，该节点的 KCL 方程可省去。设流过 5V 电压源的电流为 i_x，则列出节点电压方程及辅助方程为

节点 2：
$$-\frac{1}{5}u_1+\left(\frac{1}{5}+\frac{1}{5}\right)u_2=-i_x$$

节点 3：
$$-\frac{1}{10}u_1+\left(\frac{1}{10}+\frac{1}{10}\right)u_3=i_x+2$$

辅助方程：
$$u_2-u_3=5$$

联立求解以上方程可得

$$u_2=10\text{V},\quad u_3=5\text{V}$$

故有

$$u=u_1-u_3=5\text{V},\quad i=\frac{u_2}{5}=2\text{A}$$

综上所述，节点电压法的步骤归纳如下。

(1) 指定参考节点，其余节点与参考节点间的电压就是节点电压，节点电压均以参考节点为“−”极性。

(2) 列出节点电压方程。如果电路中有电压源和电阻串联组合，要先等效变换成电流

源和电阻并联组合；如果电路中含有无伴电压源支路，可将无伴电压源支路的一端设为参考点，则它的另一端的节点电压即为已知量，等于该电压源的电压或差一个符号，此节点的电压方程可省去。

(3) 由节点电压方程解出节点电压，然后求出各支路电压或电流。

【例 2-13】 如图 2-29 所示电路，试用节点电压法求电流 i 和电压 u。

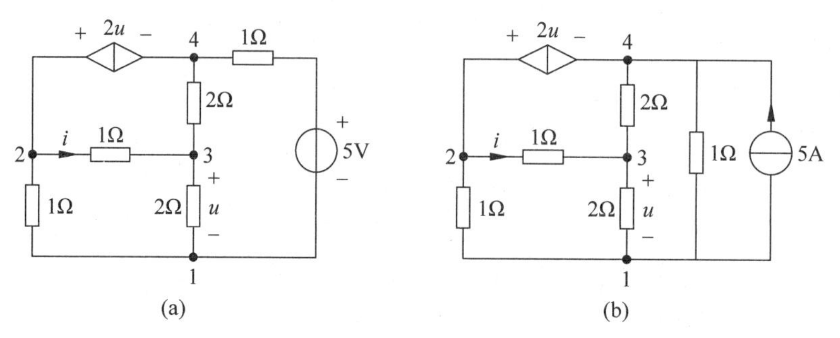

图 2-29　例 2-13 电路图

解：2、4 两节点之间连接有一个无伴受控电压源，设节点 4 为参考节点，则 $u_2=2u$。将原图化成如图 2-29(b)所示，则列出节点电压方程及辅助方程为

节点 1：
$$\left(1+1+\frac{1}{2}\right)u_1-u_2-\frac{1}{2}u_3=-5$$

节点 4：
$$-\frac{1}{2}u_1-u_2+\left(1+\frac{1}{2}+\frac{1}{2}\right)u_3=0$$

辅助方程：
$$u_2=2u$$
$$u=u_3-u_1$$

联立求解以上方程可得

$$u_2=4\text{V},\quad u_3=2\text{V},\quad u_1=0$$

故有

$$u=\frac{u_2}{2}=2\text{V},\quad i=\frac{u_2-u_3}{1}=2\text{A}$$

当电路中含有受控源时，可将受控源按独立电源一样对待，列写节点电压方程，然后再增加相应的辅助方程，即将受控源的控制量用节点电压表示。

本章小结

本章主要讨论了等效变换、支路分析法、网孔电流法和节点电压法等化简和分析电路的方法。一般来说，对于复杂的电路要求计算全部支路电流或电压时，可根据问题的具体情况选用支路分析法、网孔电流法和节点电压法。如果只要计算部分支路电流或电压时，可采用等效化简的方法。

(1) 电源等效变换。电压源与电流源等效变换的关系为

$$i_S=\frac{u_S}{R_0}\quad \text{或者}\quad u_S=i_S R_0$$

电源等效变换可以化简电路。需要注意的是，这种等效变换是对外电路而言的，对电源内部是不等效的，并且两种电源的内阻必须相等。还需要注意，等效变换后电流源 i_S 的方向总是与 u_S 的正极端对应，这一对应关系保持不变。

(2) 当给定电路的结构和元件参数后，由给定的电源和电阻值计算该电路各支路的电流和电压的过程称为网络分析。如果电路具有 n 个节点、b 条支路，那么，该电路就有 b 个支路电流和 b 个支路电压需要求解；又因 b 个支路电流和支路电压具有一定关系，所以只要求解 b 个支路电流或 b 个支路电压之一就可以了。

假若以支路电流为待求量，则根据 KLC 可列写 $n-1$ 个节点电流方程，根据 KVL 可列写 $l=b-n+1$ 个回路电压方程，总共得到以支路电流为待求量的 b 个独立方程，这就是支路电流法。

如果假想在网孔中有电流流动，并设网孔电流为待求量，则对于一个具有 n 个节点、b 条支路的电路，应该有 $l=b-n+1$ 个独立回路电流，由 KVL 可列写 $l=b-n+1$ 个网孔电压方程，这就是网孔电流法。为保证 l 个网孔电压方程各自的独立性，常把网孔电压方程写成如下普遍形式：

$$R_{11}i_{l1}+R_{12}i_{l2}+\cdots+R_{1l}i_{ll}=\sum_{l1}u_S$$

$$R_{21}i_{l1}+R_{22}i_{l2}+\cdots+R_{2l}i_{ll}=\sum_{l2}u_S$$

$$\vdots$$

$$R_{l1}i_{l1}+R_{l2}i_{l2}+\cdots+R_{ll}i_{ll}=\sum_{ll}u_S$$

式中，$R_{ii}(i=1,2,\cdots,l)$ 称为网孔 i 的自电阻，等于网孔 i 的各电阻之和，恒为正；$R_{ij}(i、j=1,2,\cdots,l,i\neq j)$ 称为网孔 i、j 之间的互电阻，等于网孔 i、j 公共支路上的电阻之和。当网孔 i、j 的网孔电流流经公共支路时，方向一致，互电阻为正；反之，互电阻为负。方程右边是各网孔中各电压源电压的代数和，即电压源电压升高的方向与网孔巡行方向一致时取正；反之取负。

如果电路中含有 n 个节点、b 条支路，并设节点电压为待求量，当任取一节点为参考点时，则该电路只有 $n-1$ 个独立的 KCL 方程，这就是节点电压法。常把节点电压方程写成如下普遍形式：

$$G_{11}u_1+G_{12}u_2+\cdots+G_{1(n-1)}u_{(n-1)}=\sum_1 i_S$$

$$G_{21}u_1+G_{22}u_2+\cdots+G_{2(n-1)}u_{(n-1)}=\sum_2 i_S$$

$$\vdots$$

$$G_{(n-1)1}u_1+G_{(n-1)2}u_2+\cdots+G_{(n-1)(n-1)}u_{(n-1)}=\sum_{n-1} i_S$$

式中，相同下标的电导，如 G_{11}、G_{22} 等，称为各节点的自电导，它等于与节点相连的各支路电导之和，恒取正；不同下标的电导，如 G_{12}、G_{13} 等，称为各节点间的互电导，它等于两节点间各支路电导之和，恒取负。方程右端 $\sum_1 i_S$ 和 $\sum_2 i_S$ 分别为各节点电流源的代数和，流入取正，流出取负。

当电路中含有无并联电阻的电流源时，用网孔电流法计算，对电流源做如下处理：①设电流源所在网孔的网孔电流就是电流源的电流，即 $i_1=i_S$，省掉一个 KVL 方程，其他网孔的电压方程列写方法不变；②设电流源的端电压为未知量，同时补充一个方程，即只含电流源的支路电流与有关网孔电流关系的方程。用节点电压法计算，可把电压源所在支路的电流当作未知量，并把电压源负极相邻的节点作为参考点，同时再补充一个方程，即只含电源的电压与有关节点的电压的关系的方程。

若电路中含有受控源，用网孔电流法计算时，先看受控源是不是电流控制电压源，如果不是，则先把它变换成电流控制电压源；然后将其控制电流换成网孔电流，并在列写 KVL 方程时，将电流控制电压源暂时按独立电源处理。用节点电压法计算时，先看受控源是不是电压控制电流源，如果不是，则先把它变换成电压控制电流源；然后将其控制量(电压)换成节点电压，在列写 KCL 方程时，暂时将电压控制电流源按独立源处理，且参考点应取控制电压负极相邻的节点为参考点。

习 题 2

2-1 计算图 2-30(a)、(b)的等效电阻。

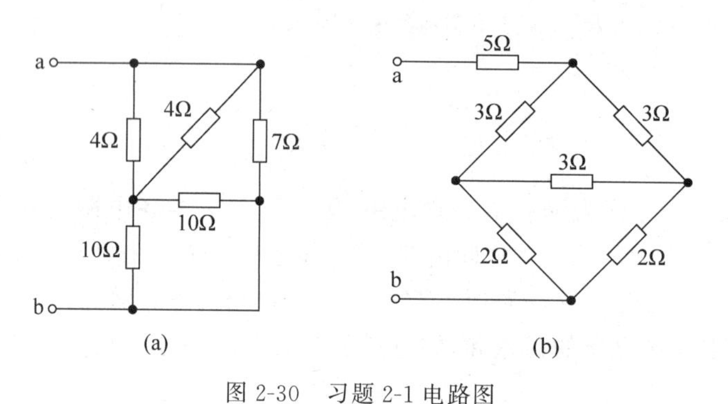

图 2-30 习题 2-1 电路图

2-2 利用电压源与电流源等效变换的方法，化简图 2-31 所示的各电路。

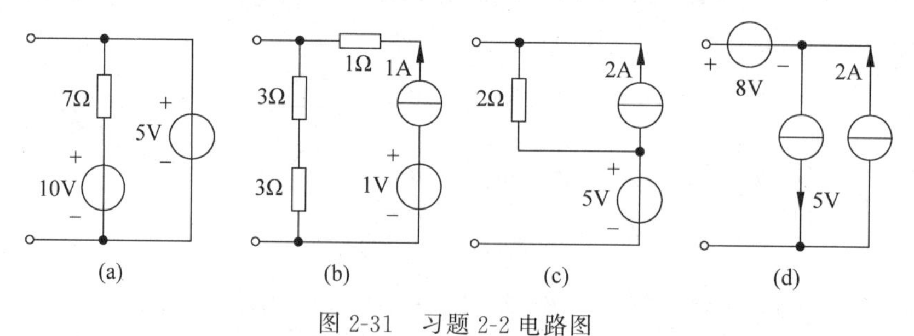

图 2-31 习题 2-2 电路图

2-3 电路如图 2-32 所示，利用电源的等效变换求 8Ω 电阻吸收的功率。

2-4 试用电压源与电流源等效变换的方法，求如图 2-33 所示电路中的电流 i。

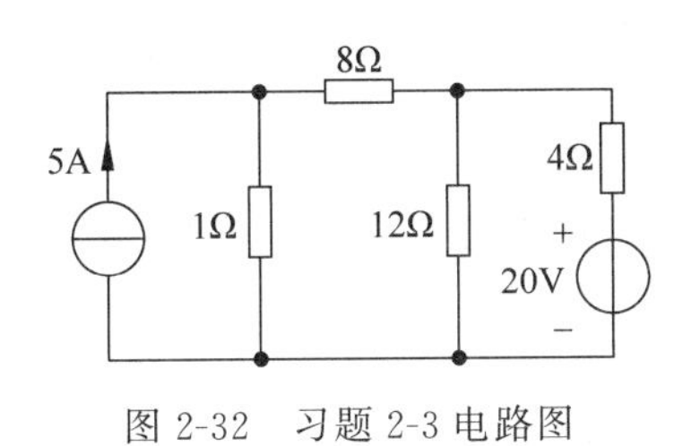

图 2-32 习题 2-3 电路图

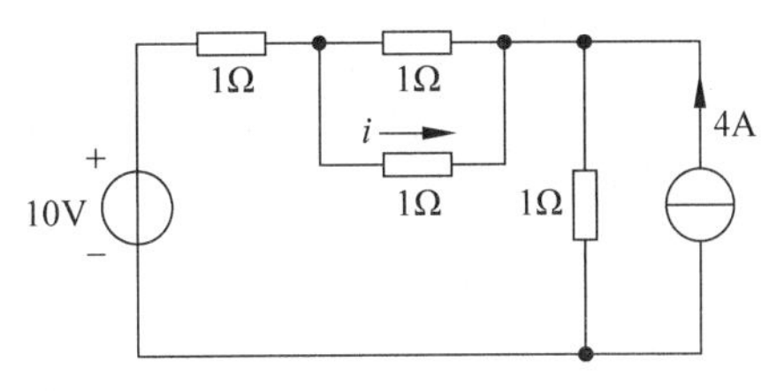

图 2-33 习题 2-4 电路图

2-5 电路如图 2-34(a)、(b)所示，试用支路电流法求各支路电流。

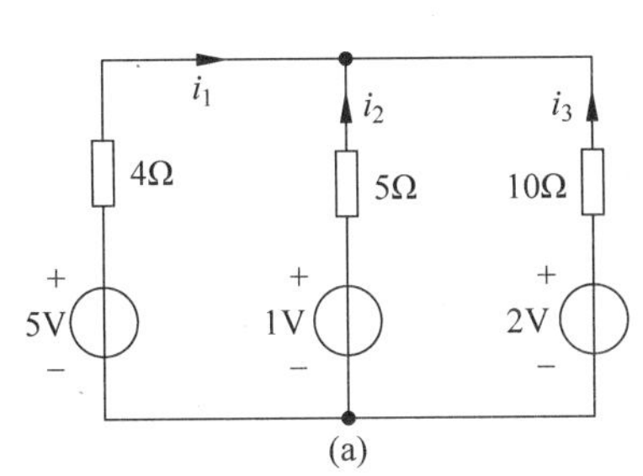

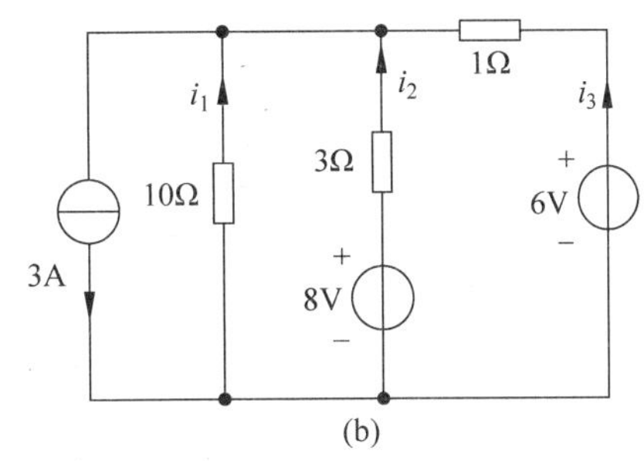

图 2-34 习题 2-5 电路图

2-6 如图 2-35 所示电路，试分别列出网孔方程(不必求解)。

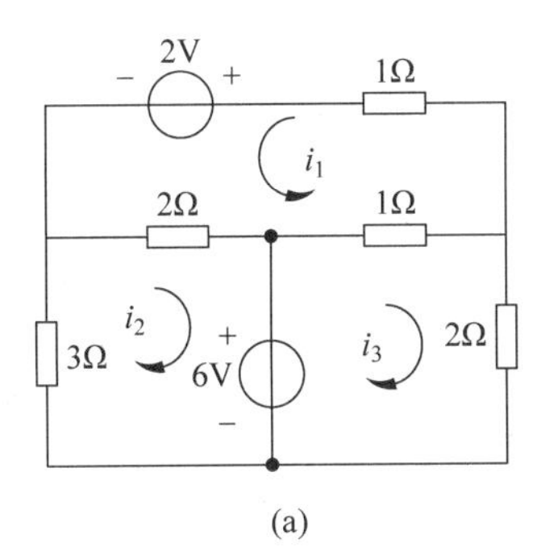

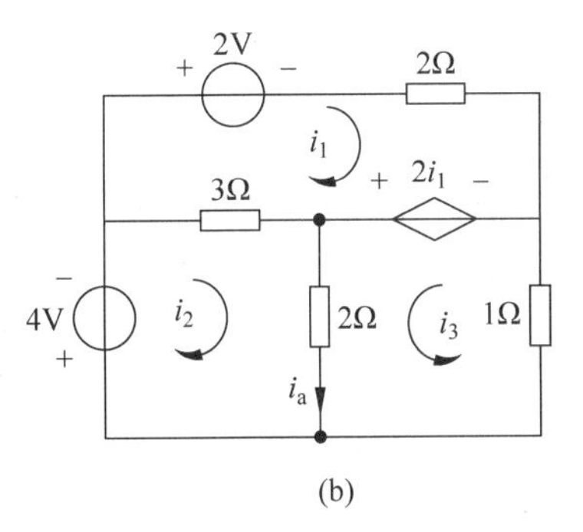

图 2-35 习题 2-7 电路图

2-7 用网孔电流法求图 2-36 所示电路中的 i_x。

2-8 如图 2-37 所示电路，试用网孔电流法和节点电压法求电压 u。

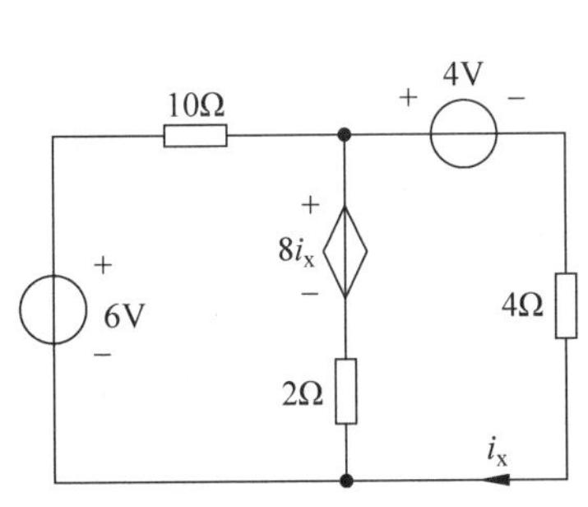

图 2-36 习题 2-7 电路图

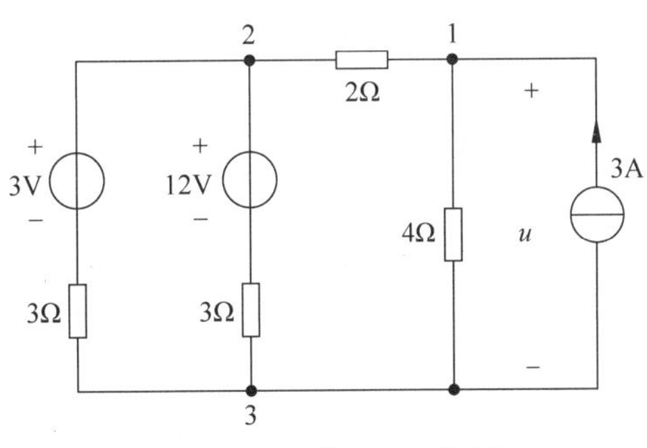

图 2-37 习题 2-8 电路图

2-9 电路如图 2-38 所示，试用节点电压法求电压 u。

2-10 如图 2-39 所示电路，求电压 u 和电流 i。

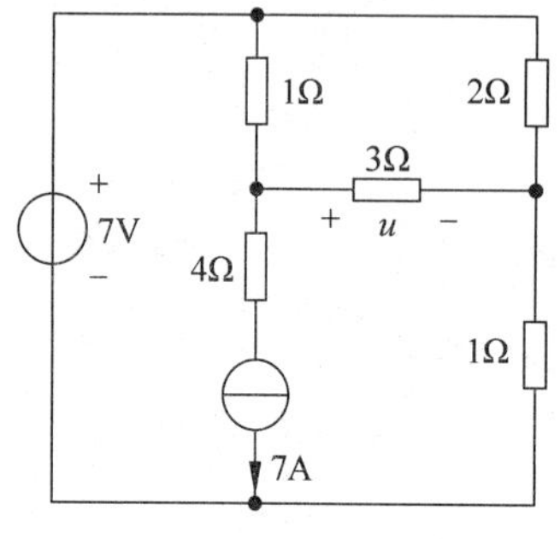

图 2-38 习题 2-9 电路图

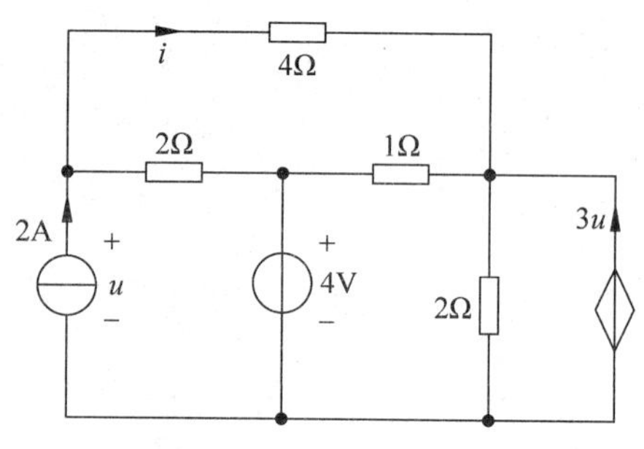

图 2-39 习题 2-10 电路图

2-11 只用一个方程，求图 2-40 所示电路中的电压 u。

2-12 用最少的方程求解图 2-41 所示电路的 u_x。

(1) 若 N 为 12V 的独立电压源，正极在 a 端。

(2) 若 N 为 0.5A 的独立电流源，箭头指向 b 端。

(3) 若 N 为 $6u_x$ 受控电压源，正极在 a 端。

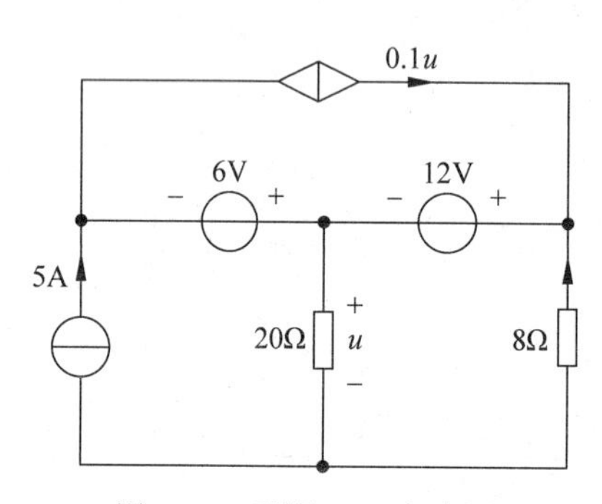

图 2-40 习题 2-11 电路图

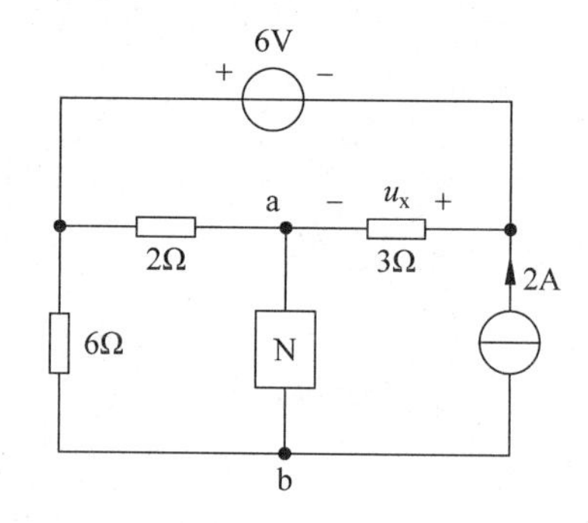

图 2-41 习题 2-12 电路图

第 3 章

电路的基本定理

在电路分析中，对于结构较为简单的电路，可以根据 KCL、KVL 定律和电阻的伏安关系直接列写方程求解。但是对于多个电源、结构复杂的电路，上述方法不再适用。本章介绍的电路分析方法及电路定理就是针对复杂电路常用的一些分析计算方法，其中包括网络的化简、支路电流法、叠加定理和戴维南定理等。

3.1 齐次定理和叠加定理

由线性元件和独立电源组成的电路称为线性电路。独立电源不一定是线性的，但其作为电路的输入，对电路起激励作用。电压源的电压以及电流源的电流，与其他元件的电压、电流相比，前者是激励，后者则是由激励引起的响应。尽管电源未必是线性的，但只要电路的其他元件是线性的，电路的响应与激励之间就存在线性关系。线性关系包含齐次性和叠加性，通常称为齐次定理和叠加原理。

3.1.1 齐次定理

齐次定理：在线性电路中，当输入（或激励）增大 k 倍时，输出（或响应）也增大 k 倍。

对一个电阻元件，欧姆定律约定了电流 i 与电压 u 之间的关系，即

$$u=iR \tag{3-1}$$

假设 i 为输入，u 为输出，则当电流 i 增大 k 倍后，电压 u 也增大 k 倍，即

$$ku=kiR \tag{3-2}$$

由此可知，电阻的电压、电流关系满足齐次性，即比例性。如图 3-1 所示，线性电路中只有电压源 u_S 一个激励，若将经过电阻 R 的电流 i 作为电路的响应，假设当 $u_S=10V$ 时，$i=2A$，则可根据线性电路的齐次性推导出以下结论：当 $u_S=1V$ 时，$i=0.2A$；当 $i=1mA$ 时，$u_S=5mV$。

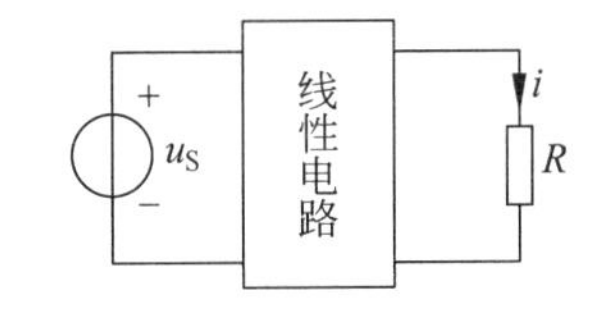

图 3-1 激励为 u_S 的线性电路

【例 3-1】 电路如图 3-2 所示，试求电流 i_0。

解：由图 3-2 可知该电路是由独立电流源与线性电阻元件组成，属于线性电路。假设 $i_0=1A$，则有

$$u_1=(3+5)i_0=(3+5)\times 1=8V$$

$$i_1=\frac{u_1}{4}=\frac{8}{4}=2A$$

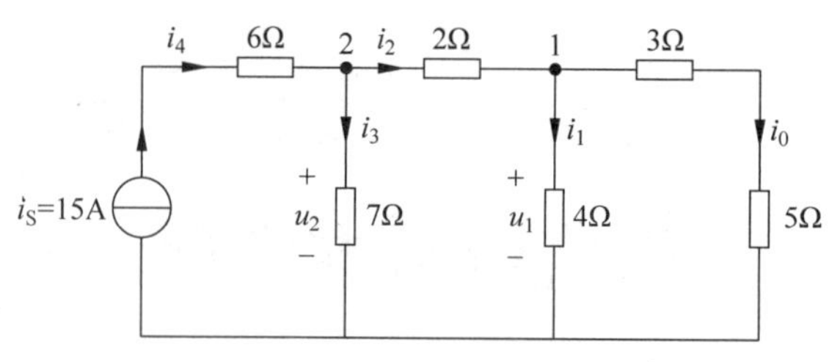

图 3-2 例 3-1 电路图

在节点 1 运用 KCL 定律：

$$i_2 = i_1 + i_0 = 3\text{A}$$

$$u_2 = u_1 + 2i_2 = 8 + 6 = 14\text{V}$$

$$i_3 = \frac{u_2}{7} = \frac{14}{7} = 2\text{A}$$

在节点 2 运用 KCL 定律：

$$i_4 = i_2 + i_3 = 5\text{A}, \quad i_S = i_4 = 5\text{A}$$

即当 $i_0 = 1\text{A}$ 时，有 $i_S = 5\text{A}$，则根据线性电路的齐次性可知：当 $i_S = 15\text{A}$ 时，$i_0 = 3\text{A}$，所以图 3-2 所示电路中的电流 i_0 等于 3A。

3.1.2 叠加定理

叠加定理是线性电路分析的基本方法之一，可描述为：在线性电路中，如果有多个独立电流源同时作用，那么它们在任一支路中产生的电流（或电压）等于各个独立电源分别单独作用时在该支路中产生电流（或电压）的代数和。

叠加定理的分析步骤如下。

(1) 将原电路分解成每个独立电源单独作用的电路，并标出各支路电流、电压的参考方向。

(2) 对各个独立电源单独作用的电路分别进行求解。

(3) 对结果进行叠加（求代数和）。

下面用图 3-3(a)所示的简单线性电路加以说明，电流的参考方向如图所示，求 i。

当 $i_S = 0$ 时，即电流源不作用时，以开路代替，电路中只有电压源 u_S 单独作用，如图 3-3(b)所示，此时通过 R_1 的电流为 $i' = \dfrac{u_S}{R_1 + R_2}$。

当 $u_S = 0$ 时，即电压源不作用时，以短路代替，电路中只有电流源 i_S 单独作用，如图 3-3(c)

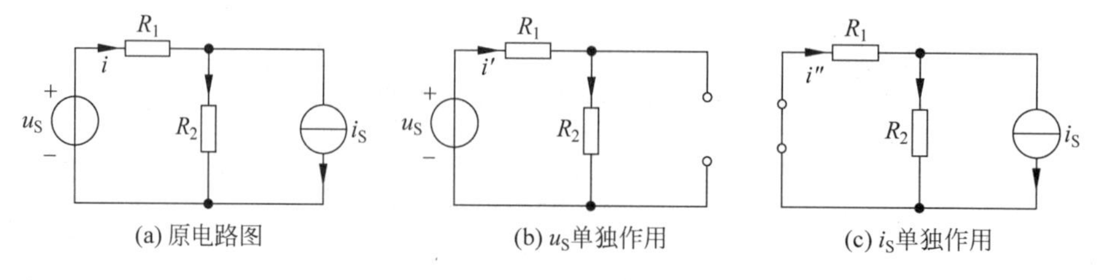

图 3-3 叠加定理

所示，此时通过 R_1 的电流为 $i''=\dfrac{R_2 i_S}{R_1+R_2}$。由此得出：$i=i'+i''$等于 u_S 单独作用时产生的分量与 i_S 单独作用时产生的分量之和。

【例 3-2】 电路如图 3-4(a)所示，$R_1=2\text{k}\Omega$，$R_2=R_3=8\text{k}\Omega$，$U_S=24\text{V}$，$I_S=6\text{mA}$，应用叠加定理求 I。

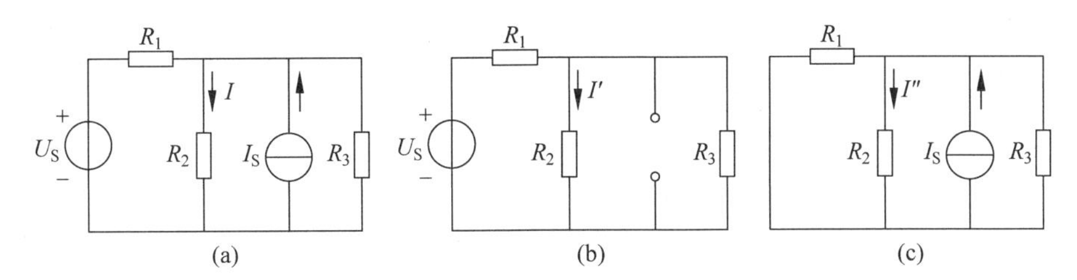

图 3-4 例 3-2 电路图

解：根据叠加定理，先分别求出电压源、电流源分别单独作用时产生的电流，再叠加得到电压源、电流源共同作用时产生的总电流。

电压源单独作用时，将不作用的电流源做开路处理，电路如图 3-4(b)所示。

$$I'=\frac{U_S}{R_1+\dfrac{R_2\times R_3}{R_2+R_3}}\times\frac{R_3}{R_2+R_3}=\frac{24}{2+\dfrac{8\times 8}{8+8}}\times\frac{8}{8+8}=2\text{mA}$$

电流源单独作用时，将不作用的电压源做短路处理，电路如图 3-4(c)所示。

$$I''=\frac{\dfrac{1}{R_2}}{\dfrac{1}{R_1}+\dfrac{1}{R_2}+\dfrac{1}{R_3}}\times I_S=\frac{\dfrac{1}{8}}{\dfrac{1}{2}+\dfrac{1}{8}+\dfrac{1}{8}}\times 6=1\text{mA}$$

根据叠加定理，电压源、电流源共同作用时，电路中的电流：

$$I=I'+I''=2+1=3\text{mA}$$

应用叠加定理时要注意的问题如下。

(1) 叠加定理只适用于线性电路，不适用于非线性电路。

(2) 独立电源可以作为激励源，受控源不能作为激励源。

(3) 在叠加的各分电路中，置零的独立电压源用短路代替，置零的独立电流源用开路代替，受控源保留在各分电路中，但其控制量和被控制量都有所改变。

(4) 功率不是电压或电流的一次函数，因此不能用叠加定理计算。

(5) 叠加(求代数和)时以原电路中电压(或电流)的参考方向为准，若某个独立电压单独作用，电压(或电流)的参考方向与原电路中电压(或电流)的参考方向一致时，取“+”；不一致时，取“−”。

3.2 戴维南定理和诺顿定理

利用前面介绍的几种电路分析方法，可以求出一个复杂电路中的全部未知电流或电压，但在许多实际问题中，往往只需要求出其中一个支路(或元件)的电流或电压，在这种情况下，我们可以考虑等效电源定理。等效电源定理有两种，即戴维南定理和诺顿定理。

3.2.1 戴维南定理

在图 3-5(a)所示电路中，若只求支路电流 I_3，我们可以把这个电路划分为两部分，一部分是待求支路(R_3 支路)，另一部分是有源二端网络，如图 3-5(b)所示。

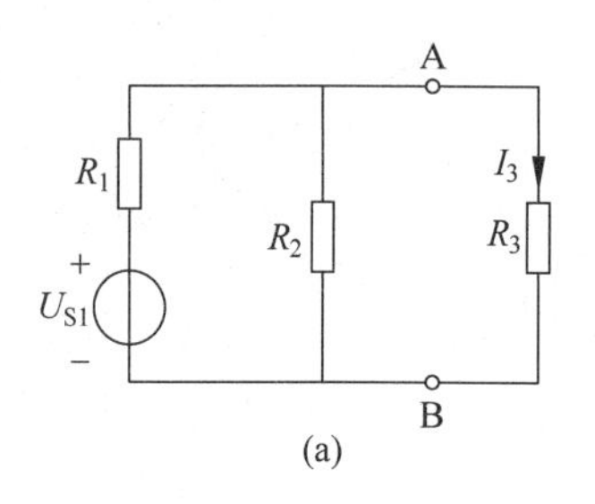

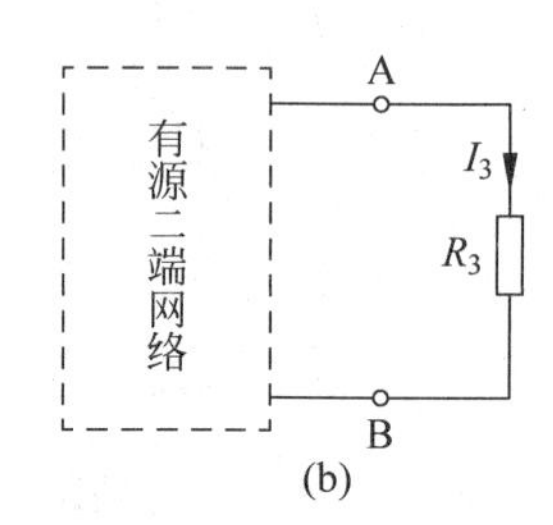

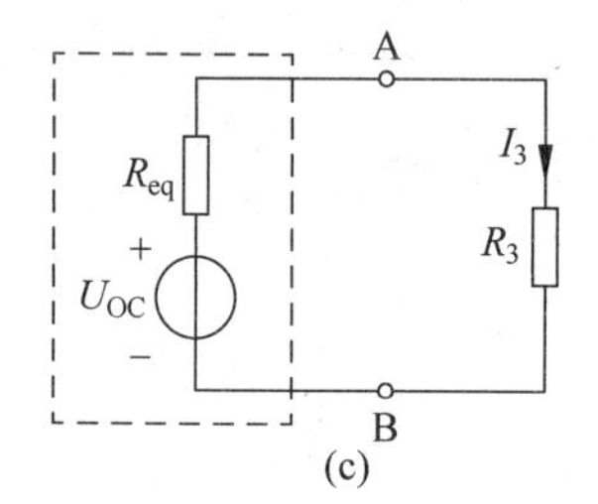

图 3-5 戴维南定理

假如有源二端网络能够化简为一个等值的电压源，即一个恒压源 U_{OC} 和一个内阻 R_{eq} 相串联的电路，则复杂电路就变成一个电压源与待求支路相串联的简单电路，如图 3-5(c)所示，戴维南定理即可解决这个问题。

戴维南定理指出：任何一个线性有源两端网络对外电路的作用都可以用一个理想电压源 U_{OC} 与电阻 R_{eq} 的串联代替，其中 U_{OC} 等于该有源二端网络的开路电压，R_{eq} 等于该有源二端网络中所有独立电源置零后的等效电阻。含源二端网络的电压源和电阻串联的等效电路(等效电源)，称为戴维南等效电路。

应该注意的是，用一个电压源等效代替有源二端网络，只是指它们对外电路的作用等效，它们对内电路的电流、电压、功率一般并不等值。

如果只需要计算复杂电路中某一条支路的电流，应用戴维南定理是很方便的。用戴维南定理求解电路的一般步骤如下。

(1) 将待求支路断开，得到一个有源二端网络。

(2) 求出有源二端网络的开路电压 U_{OC}。

(3) 将有源二端网络中的全部电源置零(电压源视为短路，电流源视为开路)，求出其等效电阻 R_{eq}。

(4) 画出由开路电压、等效电阻及待求支路组成的戴维南等效电路图，计算待求电流。

【例 3-3】 求图 3-6(a)所示电路的戴维南等效电路。

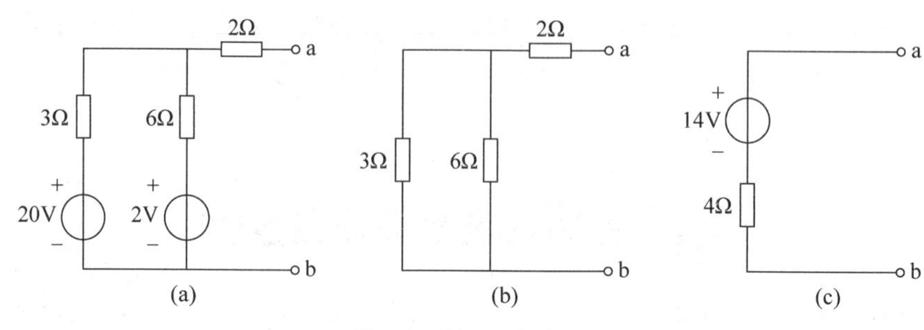

图 3-6 例 3-3 电路图

解：由图 3-6(a)所示电路可得开路电压 u_{OC} 为

$$u_{OC}=\frac{20-2}{3+6}\times 6+2=14\text{V}$$

将图 3-6(a)电路中的所有独立电源置零，得到无源二端网络，如图 3-6(b)所示。从而求得等效电阻为

$$R_{eq}=6//3+2=4\Omega$$

画出戴维南等效电路，如图 3-6(c)所示。

【例 3-4】 应用戴维南定理求图 3-7(a)所示电路的电流 I。

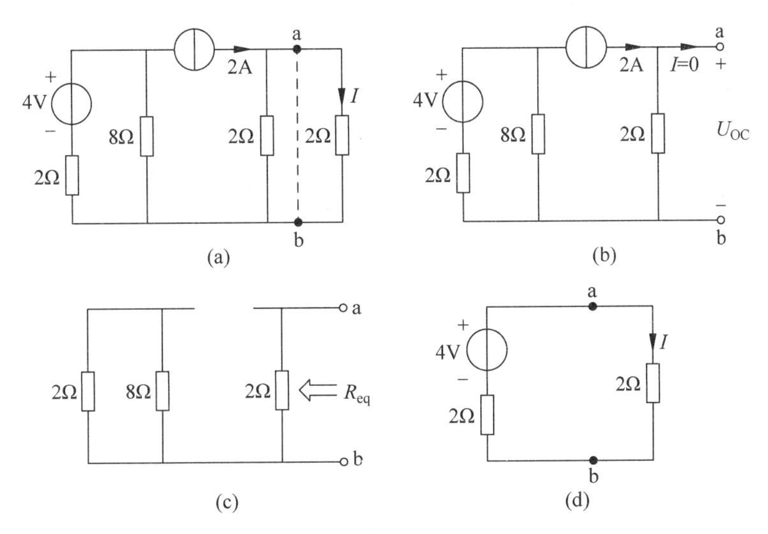

图 3-7　例 3-4 电路图

解：(1) 求开路电压 U_{OC}。

将待求支路从 a、b 两端取出，画出求开路电压 U_{OC} 的电路图，如图 3-7(b)所示，则

$$U_{OC}=2\times 2=4\text{V}$$

(2) 求等效电阻 R_{eq}。

将图 3-7(b)中的电压源和电流源置零，画出求等效电阻 R_{eq} 的电路图，如图 3-7(c)所示，得

$$R_{eq}=2\Omega$$

(3) 求电流 I。

画出如图 3-7(d)所示戴维南等效电路图，将待求支路接入 a、b 两端，得

$$I=\frac{4}{2+2}=1\text{A}$$

3.2.2　诺顿定理

诺顿定理指出：任何一个线性有源二端网络(图 3-8(a))对外电路的作用都可以用理想电流源 i_{SC} 与一个电阻 R_{eq} 并联的组合等效代替，其中 i_{SC} 等于该有源二端网络的短路电流，R_{eq} 等于该有源二端网络中所有独立电源置零后的等效电阻，其中 $i_{SC}=\dfrac{u_{OC}}{R_{eq}}$。如

图 3-8(b)为诺顿等效电路。

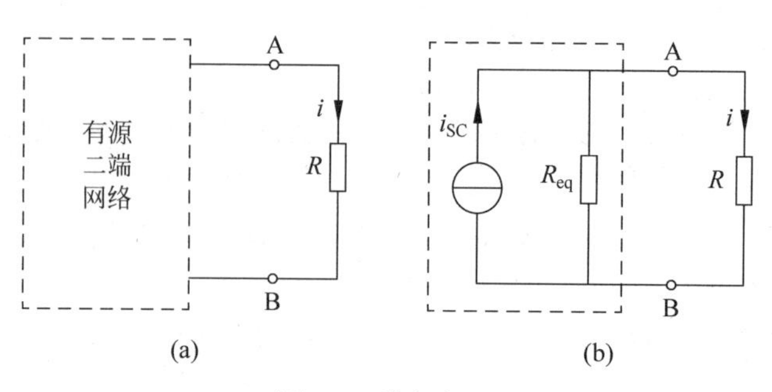

图 3-8　诺顿定理

【例 3-5】　用诺顿定理求图 3-9(a)电路中流过 10Ω 电阻的电流 i。

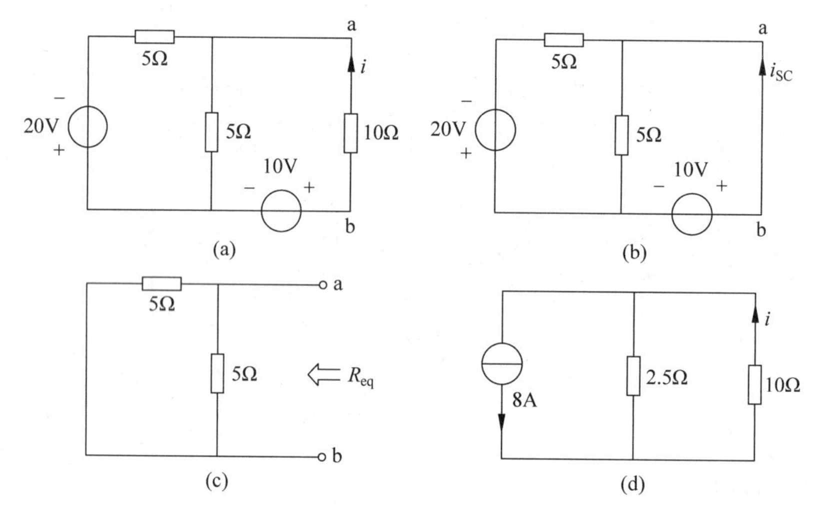

图 3-9　例 3-5 电路图

解：(1) 把 10Ω 电阻去掉，如图 3-9(b)所示，求短路电流 i_{SC}，由叠加定理可得

$$i_{SC}=\frac{20}{5}+\frac{10}{5//5}=4+4=8\text{A}$$

(2) 求等效电阻 R_{eq}，将电压源置零，如图 3-9(c)所示，可得

$$R_{eq}=\frac{5\times 5}{5+5}=2.5\Omega$$

(3) 诺顿等效电路如图 3-9(d)所示，则

$$i=8\times\frac{2.5}{10+2.5}=1.6\text{A}$$

需要注意的是，有源二端网络 N_0 的开路电压 u_{OC} 和短路电流 i_{SC} 的参考方向对外电路应一致，如图 3-10 所示，网络的等效电阻 $R_{eq}=\frac{u_{OC}}{i_{SC}}$。此方法适用于任何线性电阻电路，尤其适用于含有受控源的有源二端网络的等效电阻的计算。在求 u_{OC} 和 i_{SC} 时，N_0 内所有独立源均应保留，这种方法称为开路短路法。

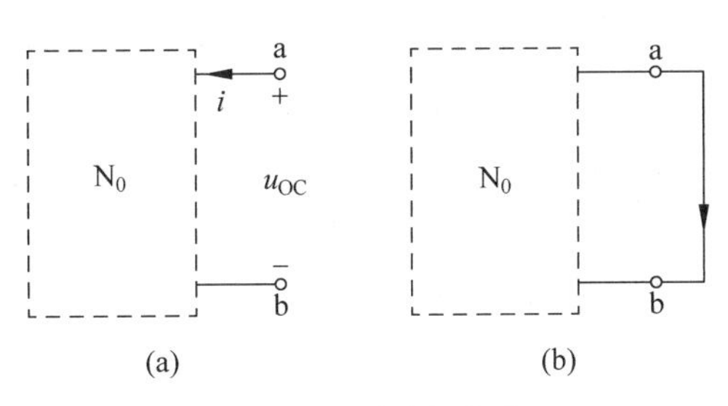

图 3-10　开路短路法

3.3　最大功率传输定理

在许多实际应用中，常设计一个电路向负载 R_L 提供能量。尤其是在通信领域，通过电信号传输信息或数据时，人们渴望传输尽可能多的功率到负载，这就是最大功率传输问题。

N_0 为供给负载能量的含源二端网络，可用戴维南等效电路或诺顿等效电路代替，如图 3-11 所示。若接在 N_0 两端的负载的电阻阻值不同，其向负载传递的功率也不同，那么在什么情况下，负载获得的功率最大呢？如图 3-25(b)所示，假设负载电阻 R_L 可变的，其吸收的功率为

$$p=i^2R_L=\left(\frac{u_{OC}}{R_0+R_L}\right)^2R_L \tag{3-3}$$

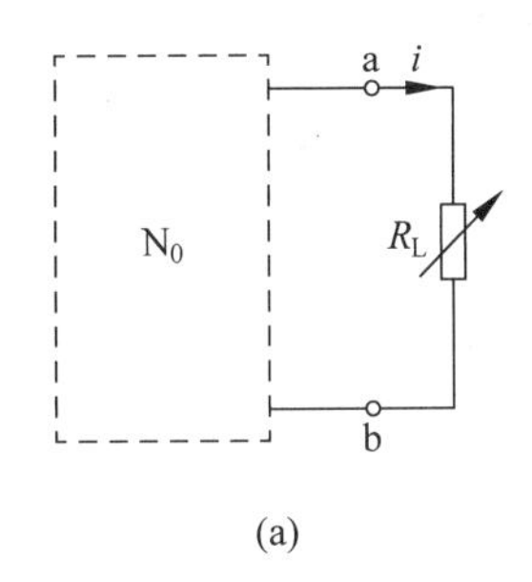

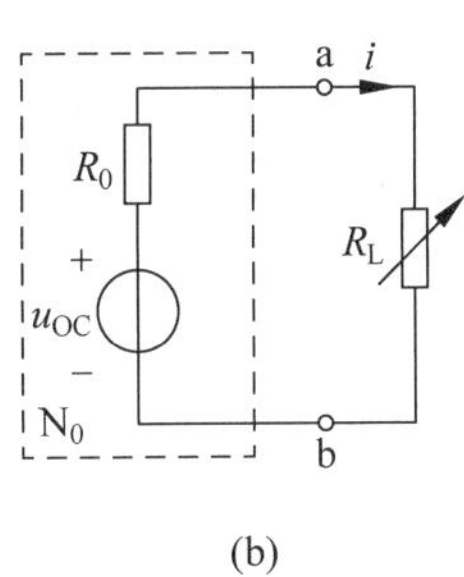

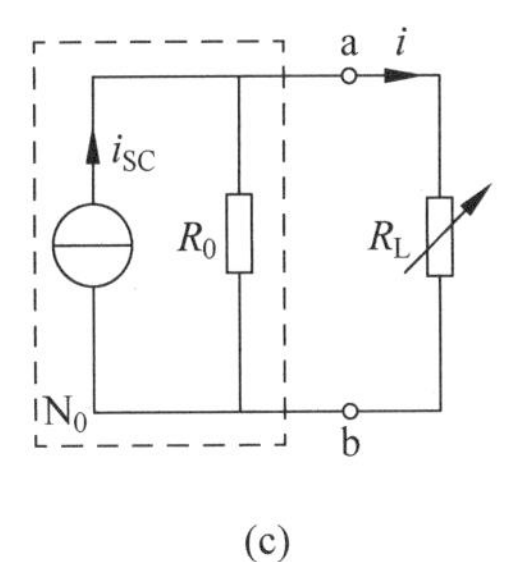

图 3-11　最大功率传输定理

当$\dfrac{dp}{dR_L}=0$时，p 获得最大值，即

$$\frac{dp}{dR_L}=\frac{(R_0-R_L)u_{OC}^2}{(R_0+R_L)^2}=0$$

由此求得 p 获得极值的条件是

$$R_L=R_0 \tag{3-4}$$

由于

$$\left|\frac{d^2p}{d^2R_L}\right|_{R_L=R_0}=-\frac{u_{OC}^2}{8R_L^2}<0$$

所以式(3-4)是负载从有源二端网络获得最大功率的条件。

最大传输定理：有源线性二端网络传递给可变电阻负载 R_L 最大功率的条件是，负载

R_L 应与二端网络的端口等效电阻 R_0 相等。满足 $R_L = R_0$ 条件时，称为最大功率匹配，此时负载获得的最大功率为

$$p_{\max} = \frac{u_{OC}^2}{4R_0} \tag{3-5}$$

若用诺顿等效电路，则有

$$p_{\max} = \frac{i_{SC}^2}{4G_0} \tag{3-6}$$

计算最大功率问题需要注意以下几点。

(1) 最大功率传输定理用于单口网络给定负载电阻可调的情况。如果负载的电阻一定而内阻可变，应该是内阻越小，负载获得的功率越大；当内阻为零时，负载获得的功率最大。

(2) 端口等效电阻消耗的功率一般并不等于端口内部消耗的功率，因此当负载获取最大功率时，电路的传输效率并不一定是50%。

(3) 计算最大功率问题时，结合戴维南定理或诺顿定理比较方便。

【例 3-6】 在如图 3-12 所示的电路中，当 R_L 为何值时能取得最大功率？该最大功率为多少？

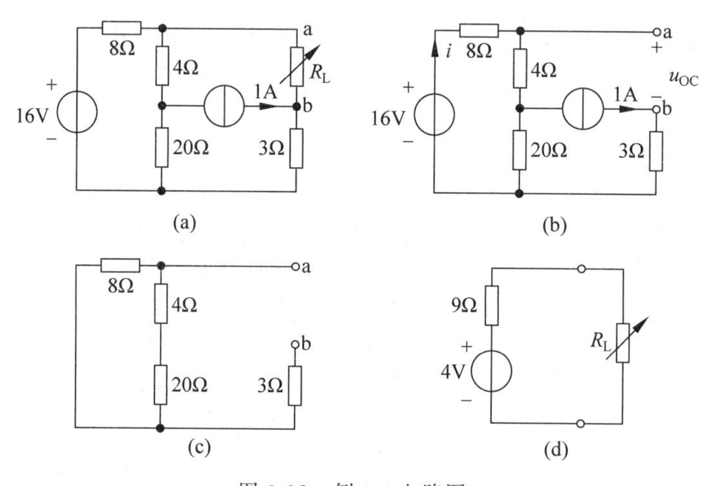

图 3-12 例 3-6 电路图

解：(1) 断开电阻 R_L，支路如图 3-12(b)所示，求开路时的电压 u_{OC}。设左网孔电流为 i_1，列出该网孔的 KVL 方程为

$$(8+4+20)i_1 - 20\times 1 = 16$$

解得

$$i_1 = \frac{9}{8}\text{A}$$

由 KVL 得

$$u_{OC} = -8i_1 + 16 - 3\times 1 = 4\text{V}$$

(2) 将独立电源置零，如图 3-12(c)所示，求等效电阻 R_0 为

$$R_0 = 3 + 8//(4+20) = 9\Omega$$

(3) 根据求出的 u_{OC} 和 R_0，作出戴维南等效电路，并接上负载，如图 3-12(d)所示电路。

根据最大功率传输定理可知,当 $R_L=R_0=9\Omega$,负载可获得最大功率,其最大功率为

$$p_{\max}=\frac{u_{OC}^2}{4R_0}=\frac{4^2}{4\times 9}=\frac{4}{9}\mathrm{W}$$

3.4 互易定理

互易定理描述一类特殊的线性电路的互易性质,广泛应用于网络的灵敏度分析、测量技术等方面。例如,在如图 3-13(a)所示的电路中,只含一个独立源且无受控源,在 6Ω 支路中串入一个电流表,不难算出其 6Ω 支路电流(即电流表读数)为

$$i_2=\frac{4}{2+3//6}\times\frac{3}{3+6}=\frac{1}{3}\mathrm{A}$$

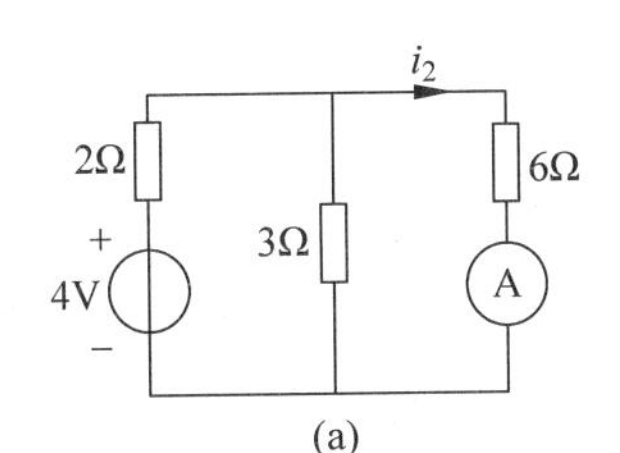

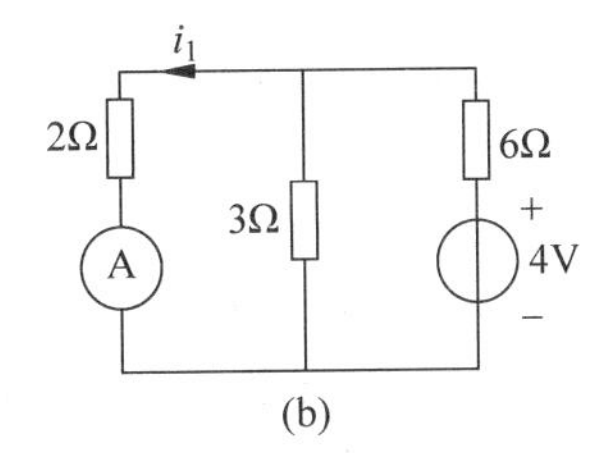

图 3-13 互易定理

现将 4V 电压源和电流表的位置互换一下,如图 3-13(b)所示。计算 2Ω 支路电流(即电流表读数)为

$$i_1=\frac{4}{2//3+6}\times\frac{3}{3+2}=\frac{1}{3}\mathrm{A}$$

这说明在该电路中,当电压源和电流表的位置互换以后,电流表的读数不变,这就是互易。互易性表明当外加激励的端和观测响应的端互换位置时,网络不改变对相同输入的响应。因此,把线性电路的这种特性称为互易定理。

互易定理的内容:对于仅含线性电阻的二端口电路 N,其中一个端口加激励源,另一个端口作为响应端口(所求响应在该端口),在只有一个激励源的情况下,当激励与响应互换位置时,同一激励所产生的响应相同。

定理内容中的"二端口电路"是指具有两个端口的电路,而每个端口的一对端口进出电流相等。

根据激励源与响应变量的不同,互易定理有以下三种形式。

形式 1:在如图 3-14 所示的电路中 N 只含有线性电阻,当端口 11′接入电压源 u_S 时,在 22′端口的响应为短路电流 i_2;若将激励源移到端口 22′,在端口 11′的响应为短路电流 i_1'。在图 3-14 所示电压电流的参考方向条件下,有

$$i_2=i_1' \tag{3-7}$$

形式 2:在如图 3-15 所示的电路中 N 只有线性电阻,当端口 11′接入电流源 i_S 时,在 22′端口的响应为开路电压 u_2;若将激励源移到端口 22′,在端口 11′的响应为开路电压 u_1'。在图 3-15 所示电压电流的参考方向条件下,有

$$u_2=u_1' \tag{3-8}$$

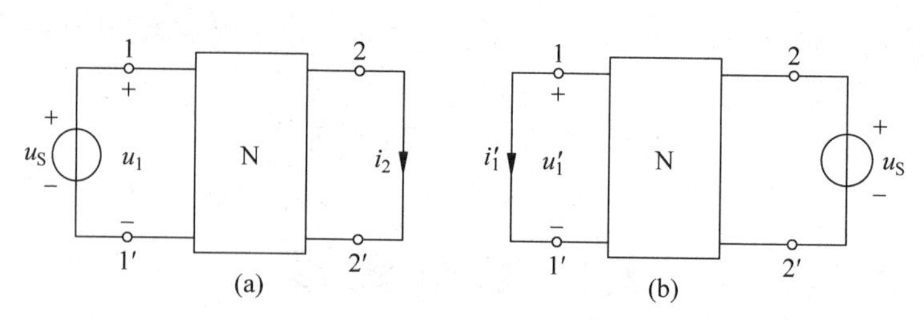

图 3-14　电路互易性形式 1

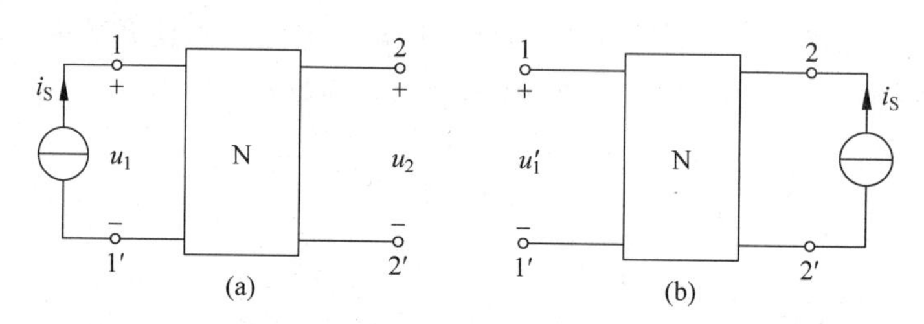

图 3-15　电路互易性形式 2

形式 3：在如图 3-16 所示的电路中 N 只有线性电阻，当端口 11′接入电压源 u_S 时，在 22′端口响应为开路电压 u_2；若在端口 22′接入电流源 i_S 时，在端口 11′的响应为短路电流 i_1'。在图 3-16 所示电压电流的参考方向条件下，有

$$\frac{u_2}{u_S}=\frac{i_1'}{i_S} \tag{3-9}$$

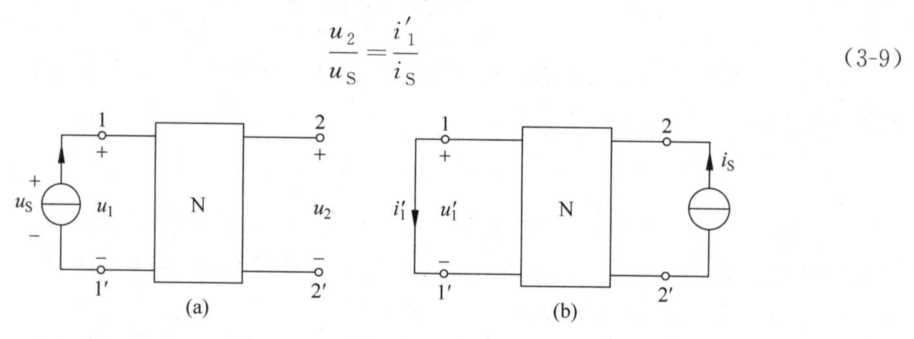

图 3-16　电路互易性形式 3

【例 3-7】　线性无源电阻网络 N 如图 3-17(a)所示，若 $u_S=100\text{V}$ 时，$u_2=20\text{V}$，求当电路改为图 3-17(b)时的电流 i。

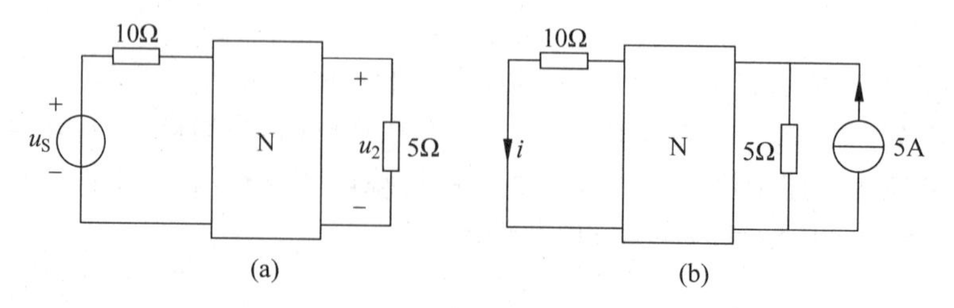

图 3-17　例 3-7 电路图

解：本题中不能在图 3-17(a)中直接对网络 N 应用互易定理，而应将 N 与其外接的两个电阻一起作为一个新网络 N′应用互易定理，如图 3-18 所示。其中，虚线框内的为新网络

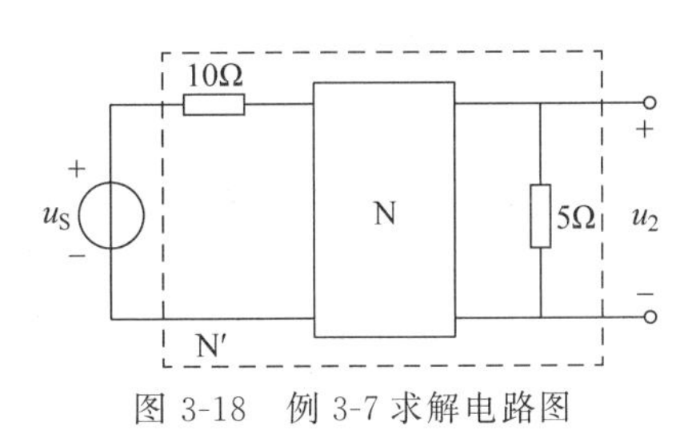

图 3-18　例 3-7 求解电路图

N′，仍然满足互易定理。

图 3-18 中激励源为电压源，相应为电压变量，满足互易定理形式 3 的条件，故可将其互换位置，并将电压源 u_S 改成 5A 电流源，即为图 3-17(b)。

应用互易定理形式 3，可得

$$\frac{20}{100}=\frac{i}{5}$$

故电流 $i=1\text{A}$。

应用互易定理时，需要注意以下几点。

(1) 互易定理只适用于一个独立电源作用下的线性互易网络，对其他网络一般不适用。需要说明的是，不包含受控源的线性电阻网络一定是互易网络；包含受控源的线性电阻网络则有可能是互易网络，也有可能不是互易网络。而常见的包含受控源的线性电阻网络不是互易网络，故互易定理一般只是针对线性电阻网络 N 而提出的。

(2) 互易前后应保持网络的拓扑结构和参数不变。在定理形式 1 和形式 2 中，只需要将激励和响应位置互易即可，但在形式 3 中，除了互易位置外，还需要将电压源改为电流源，电压响应改为电流响应。

(3) 以上三种互易定理的形式中，特别要注意激励支路的参考方向。对于形式 1 和形式 2，两个电路激励支路电压、电流的参考方向关系一致，即要关联都关联，要非关联都非关联；对于形式 3，两个电路激励支路电压、电流的参考方向不一致，即一个电路的激励支路关联，而另一个电路的激励支路一定要非关联。

本章小结

本章介绍了电路的基本定理。其主要内容包括齐次定理、叠加定理、戴维南定理和诺顿定理、最大功率传输定理、互易定理。

1. 齐次定理

在线性电路中，当输入(或“激励”)增大 k 倍时，输出(或“响应”)也增大 k 倍。

2. 叠加定理

在线性电路中，n 个独立电源同时作用在某一支路上所产生的电流或电压，等于各个独立电源单独作用(此时其他独立源均为零值)时，在该支路上所产生的电流或电压的代数和，叠加定理只适用于线性电路。

3. 戴维南定理

任何线性有源二端网络，总可以用电压源与电阻的串联支路等效。电压源的电压等于原有源二端网络的开路电压；串联电阻等于原有源二端网络所有独立电源置零时在其端口所得的等效电阻。

4. 诺顿定理

任何线性有源二端网络，总可以用电流源与电阻的并联组合等效。电流源的电流等于原有源二端网络在端口处的短路电流；并联电阻等于原有源二端网络所有独立电源置零时，当端口开路时在端口处的等效电路。

5. 最大功率传输定理

对于一个给定的线性含源二端网络 N_0，设其戴维南等效电路中的参数为 u_{OC} 和 R_0，若接上可变负载电阻 R_L，则当 $R_L=R_0$ 时，负载电阻 R_L 从 N_0 获得最大功率。

6. 互易定理

对于仅含有线性电阻的二端口网络 N，其中一个端口加激励，另一个端口作为响应端口（所求响应在该端口），在只有一个激励的情况下，当激励与响应互换位置时，同一激励所产生的响应相同。

习 题 3

3-1 试用戴维南定理求图 3-19(a)电路中电流 i_3 和图 3-19(b)中的电流 I。

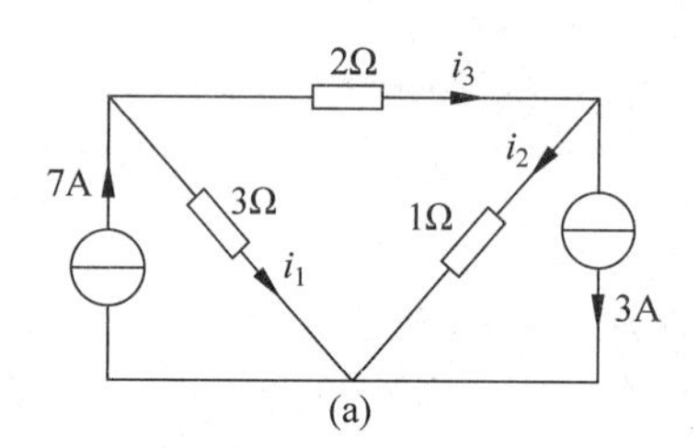

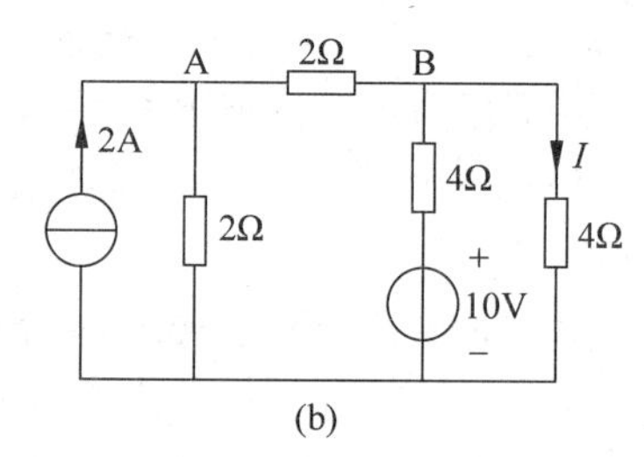

图 3-19 习题 3-1 图

3-2 分别用戴维南定理和诺顿定理求图 3-20 所示电路中 R 支路的电流 I。

3-3 如图 3-21 所示电路中，已知 $I_S=4\text{A}$，当 I_S 和 U_S 共同作用时 $U=16\text{V}$，求当 U_S 单独作用时的电压 U。

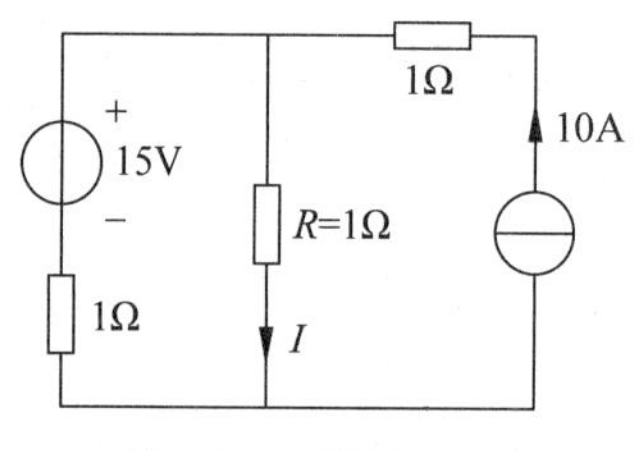

图 3-20 习题 3-2 图

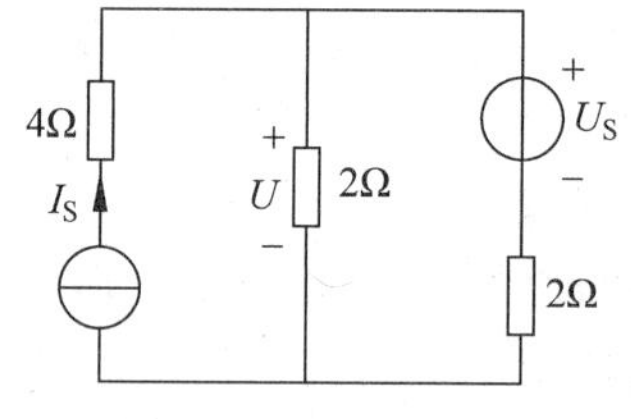

图 3-21 习题 3-3 图

3-4 如图 3-22 所示电路中，已知 $U_S=15\text{V}$，当 I_S 单独作用时 3Ω 电阻中的电流 $I_1=2\text{A}$。当 I_S 和 U_S 共同作用时，2Ω 电阻中的电流 I 为多少？

3-5 试用戴维南定理求图 3-23 所示电路中的电流 I。已知 $U_S=10\text{V}$，$I_S=2\text{A}$，$R_1=R_2=R_3=10\Omega$。

3-6 在图 3-24 所示直流电路中，当电压源 $u_S=18\text{V}$，$i_S=2\text{A}$ 时，测得 a、b 端开路电压 $u=0$，当 $u_S=18\text{V}$，$i_S=0$ 时，测得 $u=-6\text{V}$。试求：

(1) 当 $u_S=30\text{V}$，$i_S=4\text{A}$ 时，u 为多少？

(2) 当 $u_S=30\text{V}$，$i_S=4\text{A}$ 时，测得 a、b 端的短路电流为 1A。问在 a、b 端接 $R=2\Omega$ 的电阻时，通过电阻 R 的电流是多少？

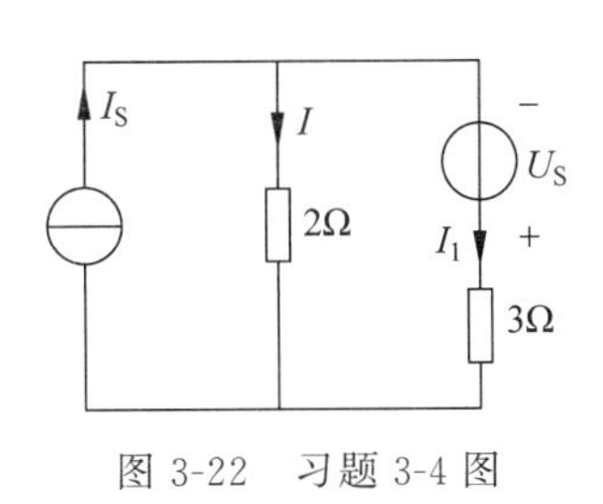

图 3-22　习题 3-4 图

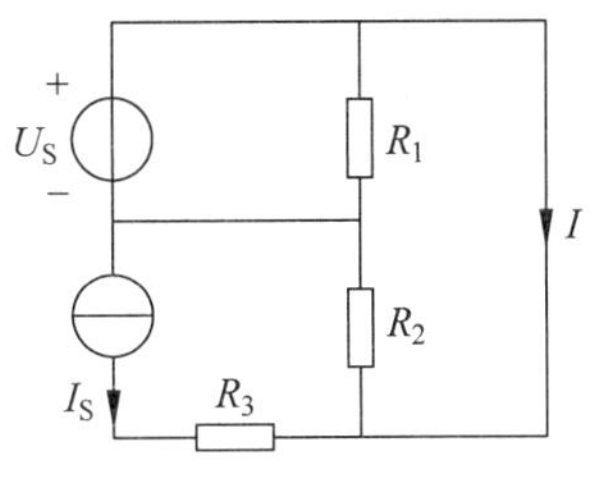

图 3-23　习题 3-5 图

3-7　(1) 求图 3-25 所示电路 a、b 端的戴维南等效电路和诺顿等效电路。
(2) 当 a、b 端接可调电阻 R_L 时，问其为何值时能获得最大功率，此最大功率是多少？

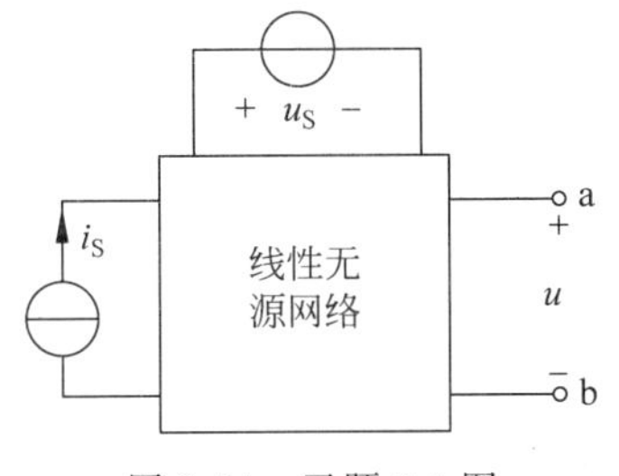

图 3-24　习题 3-6 图

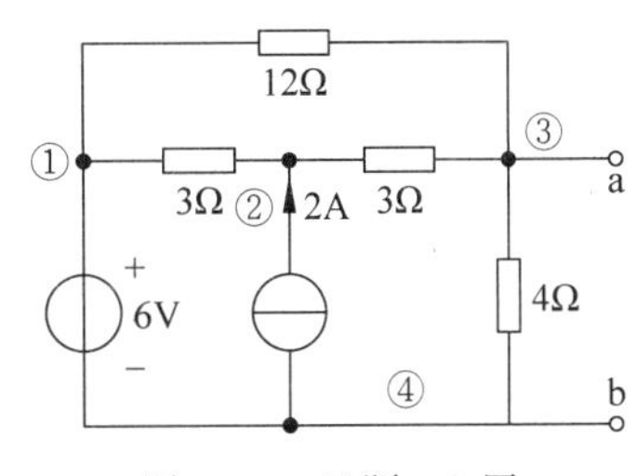

图 3-25　习题 3-7 图

3-8　电路如图 3-26 所示，求端口 ab 的戴维南等效电路和诺顿等效电路。

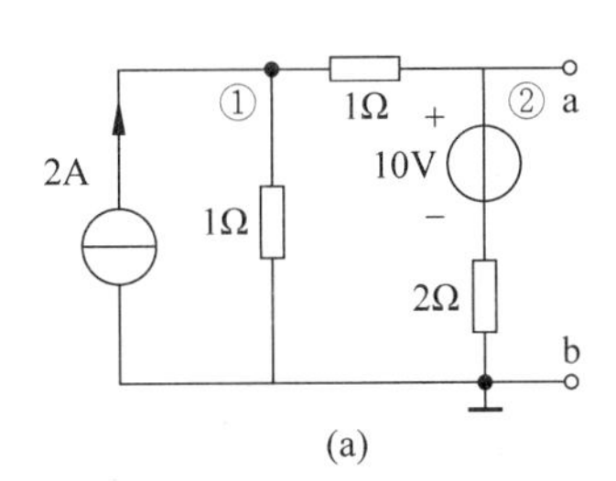

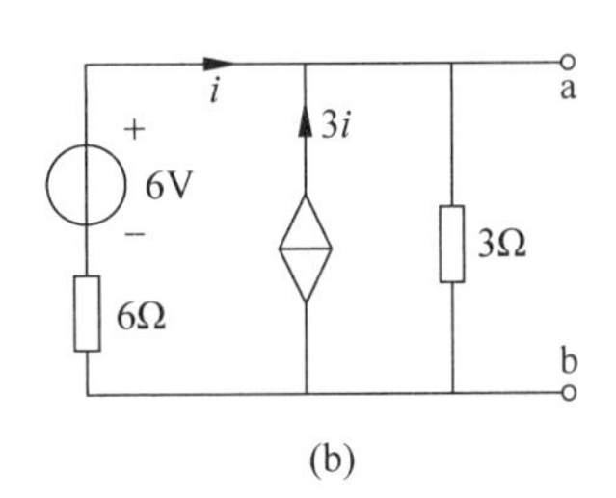

图 3-26　习题 3-8 图

3-9　电路如图 3-27 所示，求 N 吸收的功率。
3-10　电路如图 3-28 所示，已知 $u=8$V，求电阻 R。

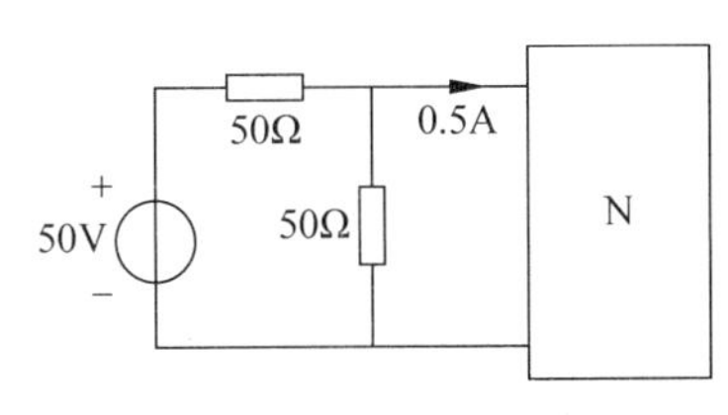

图 3-27　习题 3-9 图

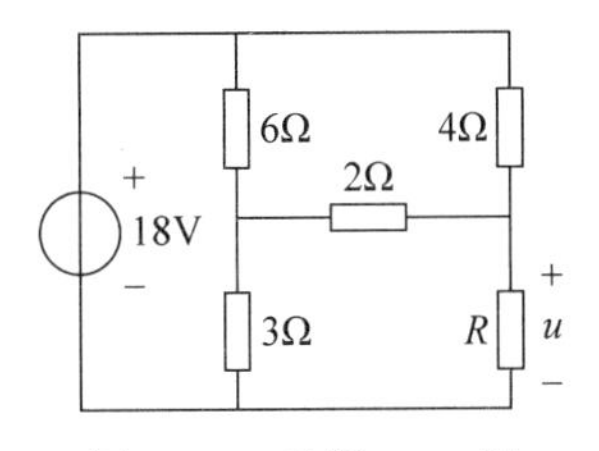

图 3-28　习题 3-10 图

3-11　如图 3-29 所示电路，求 R 为何值时，它能获得最大功率，此最大功率是多少？
3-12　如图 3-30 所示电路，求 R_L 为何值时，它能获得最大功率，此最大功率是多少？

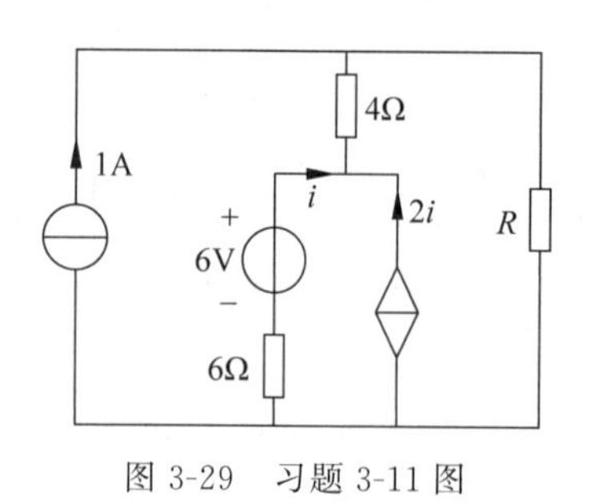

图 3-29　习题 3-11 图

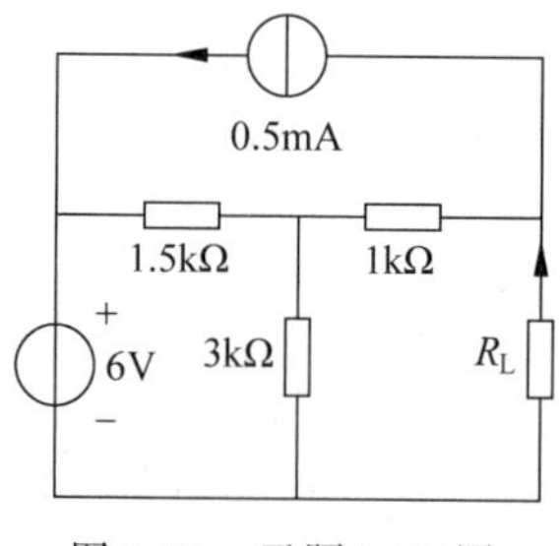

图 3-30　习题 3-12 图

3-13　试用互易定理求图 3-31 所示电路中的 i。

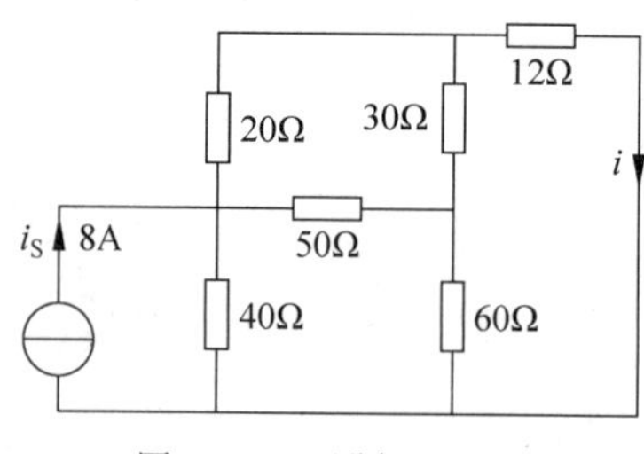

图 3-31　习题 3-13 图

第4章

正弦稳态电路

在生产和生活的各个领域中，所用的电主要是正弦交流电。这是因为交流电容易产生，并且电压能用变压器改变，便于传输和使用，而且交流电机结构简单、工作可靠、经济性好，所以交流电得到了广泛应用。因此，分析和讨论正弦交流电路具有重要的意义。

4.1 正弦交流电路的基本概念

在电路中，凡是随时间按正弦规律周期性变化的电压和电流统称为正弦量，或称为正弦交流电。下面以电流为例说明正弦量的特征。

设正弦电流的数学表达式为

$$i = I_m \sin(\omega t + \varphi_i) \tag{4-1}$$

式(4-1)的波形如图4-1所示，其中 I_m、ω、φ_i 为常数，t 为变化量。由式(4-1)可以看出，对正弦电流 i 来说，如果 I_m、ω、φ_i 已知，则它与时间 t 的关系就是唯一确定的。因此，把 I_m、ω、φ_i 称为正弦交流电的三要素。

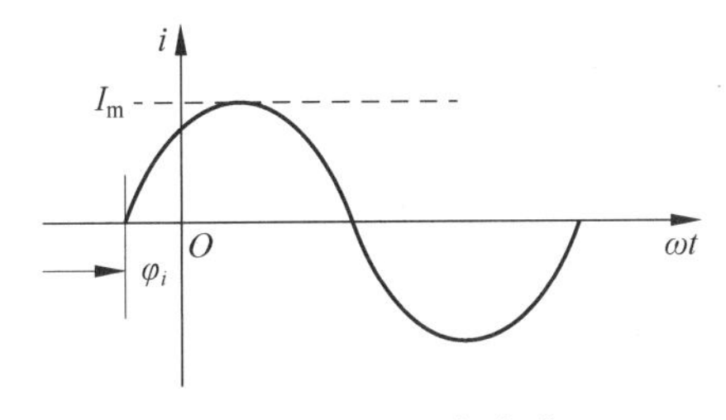

图4-1 正弦电流波形

4.1.1 交流电的周期、频率和角频率

正弦量变化一次所需的时间称为周期，用字母 T 表示，单位是 s(秒)。正弦量每秒变化的次数称为频率，用字母 f 表示，单位为 Hz(赫兹)。从定义可知，周期与频率互为倒数，即

$$f = \frac{1}{T} \tag{4-2}$$

我国电力系统采用 50Hz 作为标准频率，又称工业频率，简称工频。周期可以表示正弦量变化的快慢，正弦量变化的快慢还可以用角频率描述，角频率就是正弦量在每秒变化的弧度，用字母 ω 表示，单位为 rad/s(弧度/秒)。周期、频率、角频率的关系为

$$\omega = \frac{2\pi}{T} = 2\pi f \tag{4-3}$$

4.1.2 交流电的瞬时值、最大值和有效值

正弦量在任意瞬间的值称为瞬时值，用小写字母表示，如 i、u、e 分别表示电流、电压、电动势的瞬时值。正弦量在整个变化过程中所能达到的极值称为最大值，又称振幅或幅值，它确定了正弦量变化的范围，用大写字母加下标 m 表示，如 I_m、U_m、E_m 分别表示正弦电

流、电压、电动势的最大值。

正弦量的瞬时值是随时间时刻在变化的，任何瞬间的值不能代表整个正弦量的大小，最大值只能代表正弦量达到极值的瞬间的大小，同样不适合表征正弦量的大小。在工程技术中通常需要一个特定值来表征正弦量的大小。由于正弦电流(电压)和直流电流(电压)作用于电阻时都会产生热效应，因此考虑根据其热效应来确定正弦量的大小。一个正弦交流电流和一个直流电流在相等的时间内通过同一电阻 R 所产生的热量相同，则这个直流电流就称为该交流电流的有效值，用大写字母表示，如 I、U、E 分别表示正弦电流、电压、电动势的有效值。

当正弦交流电流流过电阻 R 时，该电阻在一个周期 T 内产生的热量为

$$Q_1 = 0.24\int_0^T i^2 R\,\mathrm{d}t$$

当直流电流流过同一电阻 R 时，在相同的时间 T 内产生的热量为

$$Q_2 = 0.24 I^2 RT$$

当 $Q_1 = Q_2$ 时，得

$$\int_0^T i^2 R\,\mathrm{d}t = I^2 RT$$

所以，交流电的有效值为

$$I = \sqrt{\frac{1}{T}\int_0^T i^2\,\mathrm{d}t} \tag{4-4}$$

由式(4-4)可知，正弦交流电流的有效值为它在一个周期内的方均根值，同样也可以得到交流电压、交流电动势的有效值分别为

$$U = \sqrt{\frac{1}{T}\int_0^T u^2\,\mathrm{d}t},\quad E = \sqrt{\frac{1}{T}\int_0^T e^2\,\mathrm{d}t}$$

把 $i = I_{\mathrm{m}}\sin(\omega t + \varphi_i)$ 代入式(4-4)得

$$I = \sqrt{\frac{1}{T}\int_0^T I_{\mathrm{m}}^2 \sin^2 \omega t\,\mathrm{d}t} = \frac{I_{\mathrm{m}}}{\sqrt{2}} = 0.707 I_{\mathrm{m}}$$

以此类似，正弦交流电压、电动势的有效值与最大值的关系为

$$U_{\mathrm{m}} = \sqrt{2}U \tag{4-5}$$

$$E_{\mathrm{m}} = \sqrt{2}E \tag{4-6}$$

由此可见，正弦交流电的最大值等于其有效值的$\sqrt{2}$倍。因此，可以把正弦量 i 改写为

$$i = \sqrt{2}I\sin(\omega t + \varphi_i) \tag{4-7}$$

可见，也可以用 I、ω、φ_i 表示正弦交流电的三要素。一般的交流电压表和电流表的读数指的就是有效值，电气设备铭牌上的额定值等都是有效值。

注意：电气设备与电子器件的耐压是按最大值选取的，因为当设备的交流电流(电压)达到最大值时设备有被击穿损坏的危险。

4.1.3 交流电的相位、初相位和相位差

在式(4-7)中，随时间变化的角度 $\omega t + \varphi_i$ 称为正弦交流电的相位，或相位角，它反映了

正弦交流电随时间变化的进程。其中，φ_i 是正弦量在 $t=0$ 时的相位，称为初相位，简称初相，其单位用弧度或度表示，取值范围为 $|\varphi_i|\leqslant\pi$。

显然，正弦量的初相与计时起点有关，所取的计时起点不同，正弦量的初相不同，其初始值就不同。计时起点可以根据需要任意选择，当电路中同时存在多个同频率的正弦量时，可以选择某一正弦量由负方向变化通过零值的瞬间作为计时起点，这个正弦量的初相就为零，称这个正弦量为参考正弦量，这时，其他正弦量的初相也就确定了。

在电路中，两个同频率正弦量相位之差称为相位差，用字母 φ 表示，例如，设两个同频率正弦量为

$$u=U_{\mathrm{m}}\sin(\omega t+\varphi_u)$$

$$i=I_{\mathrm{m}}\sin(\omega t+\varphi_i)$$

则它们的相位差 φ 为

$$\varphi=(\omega t+\varphi_u)-(\omega t+\varphi_i)=\varphi_u-\varphi_i \tag{4-8}$$

可见，两个同频率正弦量的相位差等于它们的初相之差，它是一个与时间和计时起点无关的常数，即当正弦量的计时起点改变时，其相位和初相都会随之改变，但它们的相位差 φ 保持不变，通常情况下 $|\varphi|\leqslant\pi$。相位差的存在使两个同频率正弦量的变化进程不同，根据 φ 的不同，有以下四种变化进程。

(1) 当 $\varphi>0$，即 $\varphi_u>\varphi_i$ 时，在相位上电压 u 比电流 i 先达到最大值，称电压超前电流 φ 角，称电流滞后电压 φ 角，如图 4-2 所示。

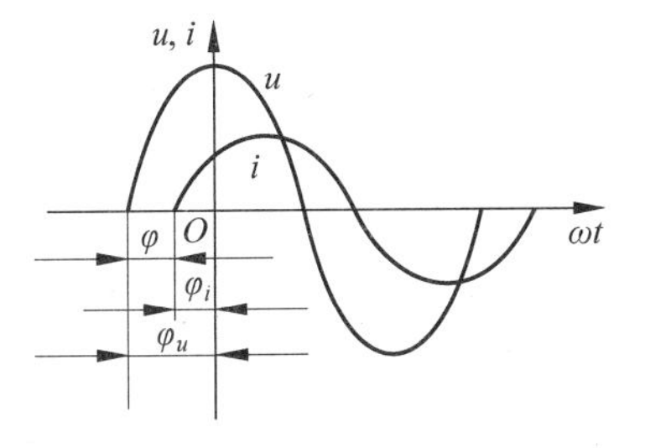

图 4-2　两个同频率正弦量的相位差

(2) 当 $\varphi=0$，即 $\varphi_u=\varphi_i$ 时，表示两个正弦量的变化进程相同，称电压 u 与电流 i 同相，如图 4-3(a)所示。

(3) 当 $\varphi=\pm\pi$ 时，表示两个正弦量的变化进程相反，称电压 u 与电流 i 反相，如图 4-3(b)所示。

(4) 当 $\varphi=\pm\dfrac{\pi}{2}$时，表示两个正弦量的变化进程相差 90°，称电压 u 与电流 i 正交，如图 4-3(c)所示。

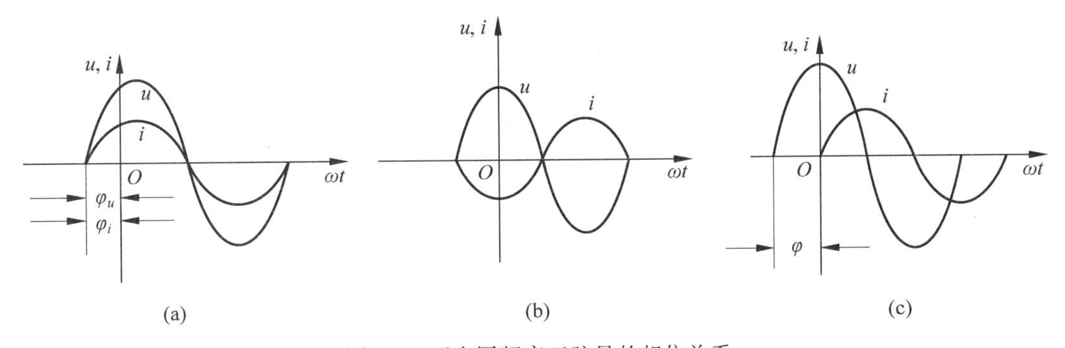

图 4-3　两个同频率正弦量的相位关系

应当注意，以上关于相位关系的讨论只是针对相同频率的正弦量来说的，两个不同频率的正弦量的相位差是随时间变化的，不是常数，因此讨论其相位关系是没有意义的。

【例 4-1】 有一正弦交流电压，频率为 50Hz，最大值为 310V，当 $t=0$ 时，其瞬时值为

268V，试写出其瞬时值的表达式。

解：设该电压的瞬时值表达式为

$$u=U_{\mathrm{m}}\sin(\omega t+\varphi_u)$$

当 $t=0$ 时，其电压为 268V，最大值为 310V，则

$$268=310\sin\varphi_u$$

所以

$$\varphi_u=60^\circ \quad 或 \quad \varphi_u=120^\circ$$

又因为

$$\omega=2\pi f=2\pi\times 50=314\mathrm{rad/s}$$

因此，正弦交流电压瞬时值表达式为

$$u=310\sin(314t+60^\circ)\mathrm{V} \quad 或 \quad u=310\sin(314t+120^\circ)\mathrm{V}$$

【例 4-2】 某两个正弦电流分别为 $i_1=5\sin(\omega t+30^\circ)\mathrm{A}$，$i_2=10\sin(\omega t-45^\circ)\mathrm{A}$，试求两者的相位差，并说明两者的相位关系。

解：i_1 的初相位 $\varphi_1=30^\circ$，i_2 的初相位 $\varphi_2=-45^\circ$，所以 i_1 与 i_2 的相位差为

$$\varphi=\varphi_1-\varphi_2=75^\circ$$

所以，i_1 超前 i_2 75°，或者说 i_2 滞后 i_1 75°。

4.2 正弦量的相量表示法

通过上面的学习可以知道，一个正弦量具有最大值、角频率及初相，并可以用正弦函数及其波形图直观地表示出来。但是，如果直接利用正弦函数及其波形图分析计算电路，将会十分烦琐。为此引入了“相量法”的概念，把三角函数运算简化为复数形式的代数运算，极大地简化了正弦交流电路的分析计算过程。相量法是以复数和复数的运算为基础的，为此首先介绍一下有关复数的基础知识。

4.2.1 复数

1. 复数的表示方法

1）复数的代数形式

设 A 为一个复数，则其代数形式为

$$A=a+\mathrm{j}b$$

式中，a、b 是任意实数，分别是复数的实部和虚部；j 为虚数单位，$\mathrm{j}=\sqrt{-1}$。虚数单位在数学中用 i 表示，在电工技术中，为了与电流相区别，所以用 j 来表示虚数单位。复数 A 也可以用复平面内的一条有向线段表示，如图 4-4 所示，线段的长度用 r 表示，称为复数 A 的模，r 与实轴方向的夹角用 φ 表示，称为复数 A 的辐角。

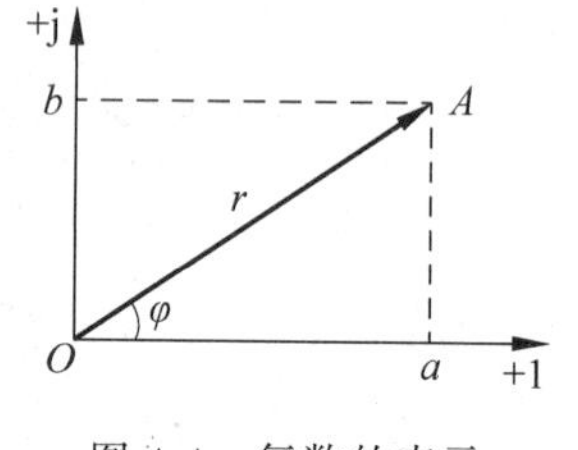

图 4-4 复数的表示

$$r=\sqrt{a^2+b^2}, \quad \varphi=\arctan\frac{b}{a} \tag{4-9}$$

2）复数的三角函数形式

由式(4-9)得

$$a=r\cos\varphi,\quad b=r\sin\varphi$$

$$A=r\cos\varphi+\mathrm{j}r\sin\varphi=r(\cos\varphi+\sin\varphi)$$

根据欧拉公式 $\mathrm{e}^{\mathrm{j}\varphi}=\cos\varphi+\mathrm{j}r\sin\varphi$ 可以得出复数的指数形式。

3）复数的指数形式

复数的指数形式为

$$A=r\mathrm{e}^{\mathrm{j}\varphi}$$

4）复数的极坐标形式

复数的极坐标形式为

$$A=\underline{/\varphi}$$

以上是四种复数形式,它们之间可以互相转换。

2. 复数的运算

1）复数的加减运算

复数的加减运算一般采用代数形式和三角函数形式,即复数的实部与实部相加减；虚部与虚部相加减。

例如,

$$A_1=a_1+\mathrm{j}b_1$$

$$A_2=a_2+\mathrm{j}b_2$$

则

$$A_1\pm A_2=(a_1\pm a_2)+\mathrm{j}(b_1\pm b_2)$$

复数的加减运算也可以在复平面内用平行四边形法则作图完成,如图 4-5 所示。

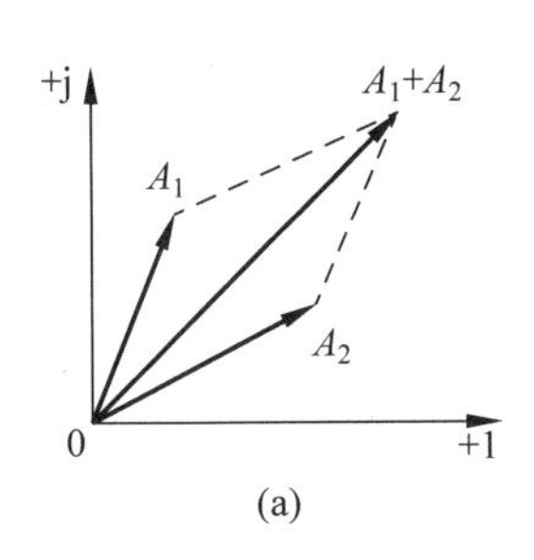

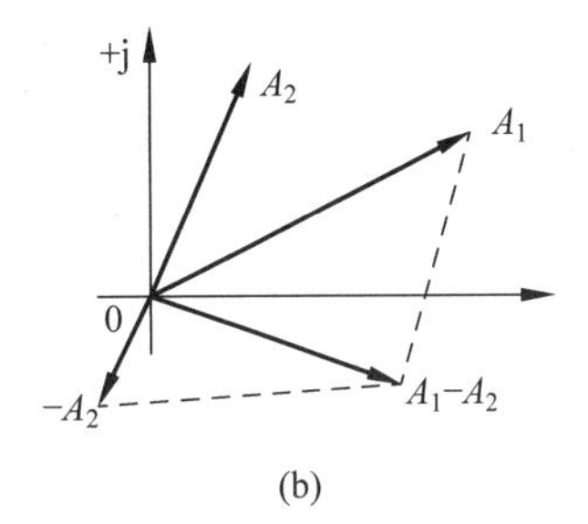

图 4-5 复数的加减运算

2）复数的乘除运算

复数的乘除运算一般采用指数形式和极坐标的形式进行。当两个复数相乘时,其模相乘,辐角相加；当两个复数相除时,其模相除,辐角相减。

例如,

$$A_1=r_1\mathrm{e}^{\mathrm{j}\varphi_1}$$

$$A_2=r_2\mathrm{e}^{\mathrm{j}\varphi_2}$$

则

$$A_1A_2=r_1r_2\mathrm{e}^{\mathrm{j}(\varphi_1+\varphi_2)}$$

$$\frac{A_1}{A_2}=\frac{r_1}{r_2}\mathrm{e}^{\mathrm{j}(\varphi_1-\varphi_2)}$$

需要注意，复数中关于虚数单位 j，常有下列关系：

$$j^2=-1,\quad j^3=-j,\quad j^4=1,\quad j^{-1}=\frac{1}{j}=-j$$

另外，j 与 90°辐角之间的关系为

$$j=\cos 90^\circ+j\sin 90^\circ=e^{j90^\circ}=\angle 90^\circ$$

$$-j=\cos 90^\circ-j\sin 90^\circ=e^{-j90^\circ}=\angle -90^\circ$$

4.2.2 正弦量的相量表示法

一个正弦量是由其有效值(最大值)、角频率、初相位决定的。在分析线性电路时，正弦激励和响应均为同频率的正弦量，因此，可以把角频率这一要素作为已知量，这样，正弦量就可以由有效值(最大值)、初相位决定了。由复数的指数形式可知，复数也有两个要素，即复数的模和辐角。这样就可以将正弦量用复数描述，用复数的模表示正弦量的大小，用复数的辐角表示正弦量的初相位，这种用来表示正弦量的复数称为正弦量的相量。

例如，正弦电压 $u=U_m\sin(\omega t+\varphi_u)$，其最大值相量形式为 $\dot{U}_m=U_m e^{j\varphi_u}$，其有效值相量形式为 $\dot{U}=Ue^{j\varphi_u}$。

为了与一般的复数相区别，用来表示正弦量的复数用大写字母加上"·"表示。

由此可见，正弦量与表示正弦量的相量是一一对应的关系，如果已知正弦量，就可以写出与之对应的相量；反之，如果已知相量，并且给出了正弦量的角频率，同样可以写出正弦量。例如，正弦电流 $i=5\sqrt{2}\sin(314t+30^\circ)$A，其相量为 $\dot{I}=5e^{j30^\circ}$A；再如，已知正向电压的频率 $f=50$Hz，其有效值相量 $\dot{U}=220e^{j45^\circ}$V，则其正弦量为 $u=220\sqrt{2}\sin(314t+45^\circ)$V。

相量是一个复数，它在复平面上的图形称为相量图，画在同一个复平面上，表示各正弦量的相量，其频率相同。因此，在画相量图时应注意，相同的物理量应成比例。另外，还要注意各个正弦量之间的相位关系，例如，正弦电流

$$i_1=5\sqrt{2}\sin(314t+45^\circ)\text{A}$$

$$i_2=3\sqrt{2}\sin(314t-30^\circ)\text{A}$$

其有效值相量分别为

$$\dot{I}_1=5e^{j45^\circ}\text{A},\quad \dot{I}_2=3e^{-j30^\circ}\text{A}$$

两者的相位差为

$$\varphi=\varphi_1-\varphi_2=45^\circ-(-30^\circ)=75^\circ$$

相量图如图 4-6 所示。

需要注意的是，正弦量是时间的函数，而相量并非时间的函数；相量可以表示正弦量，但不等于正弦量；只有同频率的正弦量才能画在同一张相量图上，不同频率的正弦量不能画在同一相量图上，也无法用相量进行分析、计算。

【例 4-3】 试写出正弦量 $u_1=220\sqrt{2}\sin(314t+60^\circ)$V，$u_2=110\sqrt{2}\sin(314t+30^\circ)$V 的相量，并画出相量图。

解：u_1 对应的有效值相量为

$$\dot{U}_1=220\angle 60^\circ\text{V}$$

u_2 对应的有效值相量为

$$\dot{U}_2 = 11\underline{/30^\circ}\text{V}$$

相量图如图 4-7 所示。

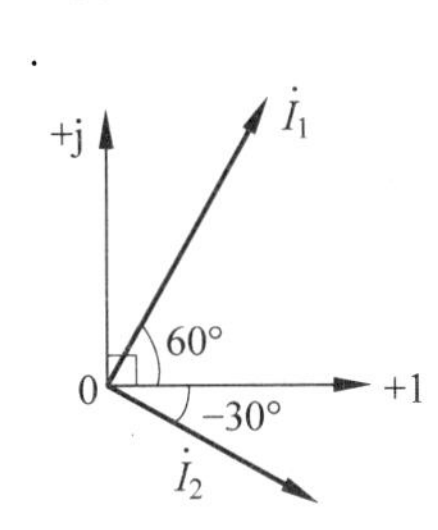

图 4-6　相量图

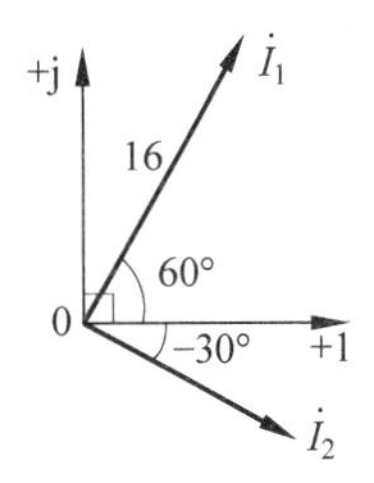

图 4-7　例 4-3 相量图

【例 4-4】 试写出正弦量 $u_1 = 220\sqrt{2}\sin(314t + 60^\circ)\text{V}$，$u_2 = 110\sqrt{2}\sin(314t + 30^\circ)\text{V}$，并求 $u = u_1 + u_2$。

解：u_1 对应的有效值相量为

$$\dot{U}_1 = 220\underline{/60^\circ} = (110 + \text{j}190.52)\text{V}$$

u_2 对应的有效值相量为

$$\dot{U}_2 = 110\underline{/30^\circ}\text{V} = (95.26 + \text{j}55)\text{V}$$

$$\dot{U} = \dot{U}_1 + \dot{U}_2 = (205.26 + \text{j}245.52)\text{V}$$

4.3　电阻、电感和电容元件的正弦交流电路

最简单的交流电路是由电阻、电感、电容单个电路元件组成的，这些电路元件仅由 R、L、C 三个参数中的一个来表征其特性，故称这种电路为单一参数电路元件的交流电路。工程实际中的某些电路就可以作为单一参数电路元件的交流电路来处理。另外，复杂的交流电路也可以认为是由单一参数电路元件组合而成的。因此，掌握单一参数电路元件的交流电路的分析方法是十分重要的。

4.3.1　电阻元件的正弦交流电路

如图 4-8(a)所示为仅含有电阻元件的交流电路。设在关联参考方向下，任意瞬时在电阻 R 两端施加电压为

$$u_R = \sqrt{2}U_R\sin\omega t$$

根据欧姆定律，通过电阻 R 的电流为

$$i_R = \frac{u_R}{R} = \frac{\sqrt{2}U_R\sin\omega t}{R} = \sqrt{2}I_R\sin\omega t \tag{4-10}$$

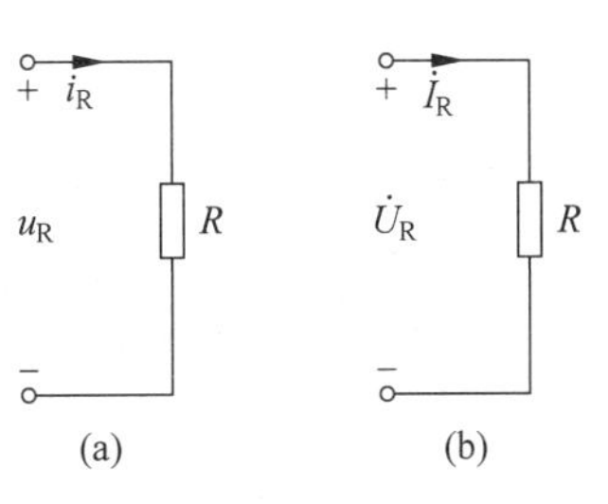

图 4-8　电阻元件交流电路

因此，在电阻元件的交流电路中，通过电阻的电流 i_R 与其电压 u_R 是同频率、同相位的两个正弦量，其波形如图 4-9(a)所示，且电压与电流的瞬时值、有效值、最大值均符合欧姆

定律。

用相量的形式分析电阻电路，其相量模型如图 4-8(b)所示。电阻元件的电压和电流用相量形式表示为

$$\dot{U}_R = U_R\angle 0°$$

$$\dot{I}_R = I_R\angle 0° = \frac{U_R}{R}\angle 0° = \frac{\dot{U}_R}{R} \tag{4-11}$$

式(4-11)是电阻元件交流电路中欧姆定律的相量形式。由此也可看出，电阻元件交流电路的电压和电流同相，其相量图如图 4-9(b)所示。

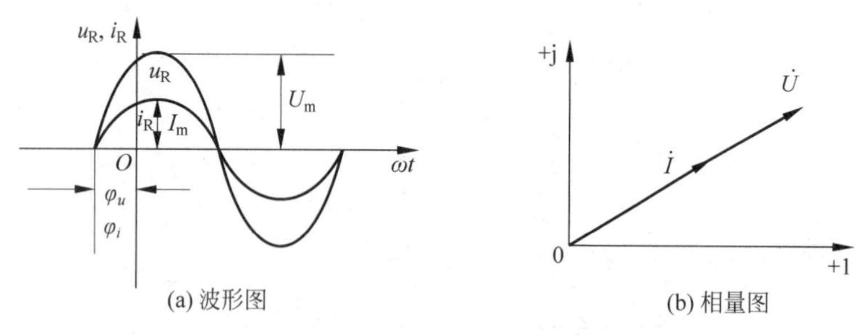

(a) 波形图　　(b) 相量图

图 4-9　电阻元件交流电路的波形图和相量图

【例 4-5】　把一个 120Ω 的电阻接到频率为 50Hz、电压有效值为 12V 的正弦电源上，求通过电阻的电流有效值是多少？如果电压值不变，电源频率改为 5000Hz，这时的电流又是多少？

解：电阻电流的有效值为

$$I_R = \frac{U_R}{R} = \frac{12}{120} = 0.1\text{A} = 100\text{mA}$$

由于电阻元件电阻的大小与频率无关，所以频率改变后，电流仍为 100mA。

【例 4-6】　一白炽灯工作的电阻为 400Ω，两端的正弦电压为 $u = 220\sqrt{2}\sin(314t - 30°)$V，求通过白炽灯的电流的相量形式及瞬时值表达式。

解：依据题意，电压的相量形式为

$$\dot{U} = U\angle\varphi_u = 220\angle -30°\text{V}$$

电流的相量形式为

$$\dot{I} = \frac{\dot{U}}{R} = \frac{220}{400}\angle -30°\text{A} = 0.55\angle -30°\text{A}$$

于是，电流的瞬时值表达式为

$$i = 0.55\sqrt{2}\sin(314t - 30°)\text{A}$$

4.3.2　电感元件的正弦交流电路

图 4-10(a)所示为仅含有电感元件的交流电路。设任意瞬时，电压 u_L 和电流 i_L 在关联参考方向下的关系为

$$u_{\mathrm{L}}=L\ \frac{\mathrm{d}i_{\mathrm{L}}}{\mathrm{d}t}$$

如设电流为参考相量，即

$$i_{\mathrm{L}}=\sqrt{3}I_{\mathrm{L}}\sin\omega \mathrm{t} \tag{4-12}$$

则有

$$u_{\mathrm{L}}=L\ \frac{\mathrm{d}i_{\mathrm{L}}}{\mathrm{d}t}=\sqrt{2}\omega LI_{\mathrm{L}}\cos\omega t=\sqrt{2}\omega LI_{\mathrm{L}}\sin(\omega t+90^\circ)$$

$$=\sqrt{2}U_{\mathrm{L}}\sin(\omega t+90^\circ) \tag{4-13}$$

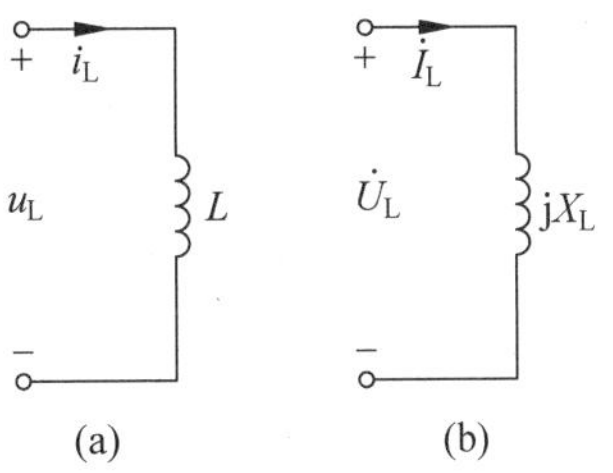

(a)　(b)

图 4-10　电感元件交流电路

在式(4-13)中，$U_{\mathrm{L}}=\omega LI_{\mathrm{L}}=X_{\mathrm{L}}I_{\mathrm{L}}$ 或 $U_{\mathrm{Lm}}=\omega LI_{\mathrm{Lm}}=X_{\mathrm{L}}I_{\mathrm{Lm}}$，其中

$$X_{\mathrm{L}}=\frac{U_{\mathrm{L}}}{I_{\mathrm{L}}}=\omega L \tag{4-14}$$

式中，X_{L} 称为电感元件的电抗，简称感抗，单位为 Ω(欧姆)。

由式(4-12)和式(4-13)可以看出，当正弦电流通过电感元件时，在电感上产生一个同频率、相位超前电流 90°的正弦电压，其波形图如图 4-11(a)所示。

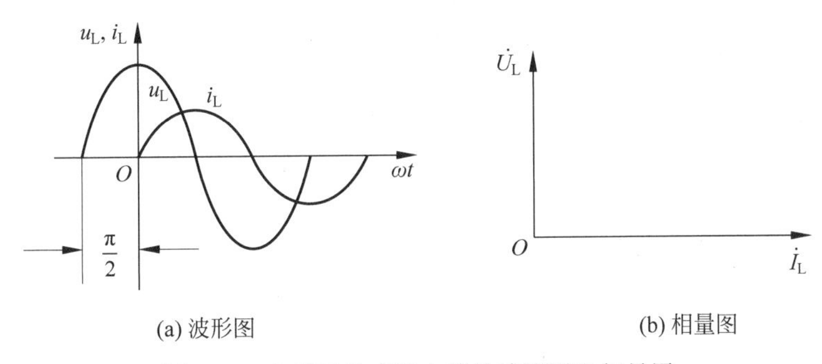

(a) 波形图　(b) 相量图

图 4-11　电感元件交流电路的波形图和相量图

式(4-14)表明，电感元件端电压和电流的有效值符合欧姆定律。

下面用相量的形式分析电感电路，其相量模型如图 4-10(b)所示。由式(4-12)和式(4-13)可以写出电感元件电压和电流的相量形式分别为

$$\dot{I}_{\mathrm{L}}=I_{\mathrm{L}}\underline{/0^\circ}$$

$$\dot{U}_{\mathrm{L}}=\omega LI_{\mathrm{L}}\underline{/90^\circ}=\mathrm{j}X_{\mathrm{L}}\dot{I}_{\mathrm{L}} \tag{4-15}$$

式(4-15)是电感元件交流电路欧姆定律的相量形式，其相量图如图 4-11(b)所示。

【例 4-7】 把一个 0.2H 的电感元件接到频率为 50Hz、电压有效值为 12V 的正弦电源上，求通过电感的电流有效值是多少？如果电压值不变，电源频率改为 5000Hz，这时的电流有效值又是多少？

解：当 $f=50\mathrm{Hz}$ 时，有

$$X_{\mathrm{L}}=2\pi fL=2\times 3.14\times 50\times 0.2=62.8\Omega$$

$$I_{\mathrm{L}}=\frac{U_{\mathrm{L}}}{X_{\mathrm{L}}}=\frac{12}{62.8}\approx 0.191\mathrm{A}=191\mathrm{mA}$$

当 $f=5000\mathrm{Hz}$ 时，有

$$X_L = 2\pi fL = 2 \times 3.14 \times 5000 \times 0.2 = 6280\Omega$$

$$I_L = \frac{U_L}{X_L} = \frac{12}{6280} \approx 0.00191\text{A} = 1.91\text{mA}$$

【例 4-8】 一电感线圈的电感为 $L=0.5\text{H}$，电阻可略去不计，将其接到频率为 50Hz、电压有效值为 220V 的正弦交流电源上，试求：(1)该电感的感抗 X_L；(2)电路中的电流 I 及其与电压的相位差 φ。

解：(1) 感抗 $X_L = 2\pi fL = 2\pi \times 50 \times 0.5 \approx 157\Omega$。

(2) 设电压 $\dot{U}$ 为参考相量，即

$$\dot{U} = 220\angle 0^\circ \text{V}$$

于是有

$$\dot{I} = \frac{\dot{U}}{\text{j}X_L} = \frac{220\angle 0^\circ}{\text{j}157} = -\text{j}1.4\text{A}$$

即电流的有效值 $I=1.4\text{A}$，与电压的相位差为 90°。

4.3.3 电容元件的正弦交流电路

图 4-12(a)所示为仅含有电容元件的交流电路。设任意瞬时，电压 u_C 和电流 i_C 在关联参考方向下的关系为

$$i_C = C\frac{\text{d}u_C}{\text{d}t}$$

如设电压为参考相量，即

$$u_C = \sqrt{2}U_C\sin\omega t \tag{4-16}$$

则有

$$i_C = C\frac{\text{d}u_C}{\text{d}t} = \sqrt{2}\omega CU_C\cos\omega t = \sqrt{2}\omega CU_C\sin(\omega t + 90^\circ)$$

$$= \sqrt{2}I_C\sin(\omega t + 90^\circ) \tag{4-17}$$

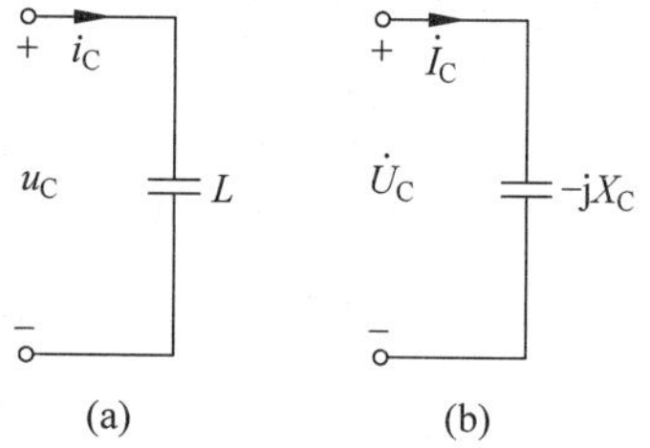

(a) (b)

图 4-12 电容元件交流电路

式中，$I_C = \omega CU_C$，即

$$\frac{U_C}{I_C} = \frac{1}{\omega C} = \frac{1}{2\pi fC} = X_C \tag{4-18}$$

式中，X_C 称为电容的电抗，简称容抗，单位为 Ω(欧姆)。

由式(4-16)和式(4-17)可以看出，当电容元件两端施加正弦电压时，在电容上产生一个同频率、相位超前电压 90°的正弦电流，其波形图如图 4-13(a)所示。

式(4-18)表明，电容元件端电压和电流的有效值符合欧姆定律。

下面用相量的方法分析电容元件交流电路，其相量模型如图 4-12(b)所示。由式(4-16)和式(4-17)可以写出电容元件电压和电流的相量形式分别为

$$\dot{U}_C = U_C\angle 0^\circ$$

$$\dot{I}_C = \omega CU_C\angle 90^\circ = \frac{\dot{U}_C}{-\text{j}\dfrac{1}{\omega C}} \quad \text{或} \quad \dot{U}_C = -\text{j}X_C\dot{I}_C \tag{4-19}$$

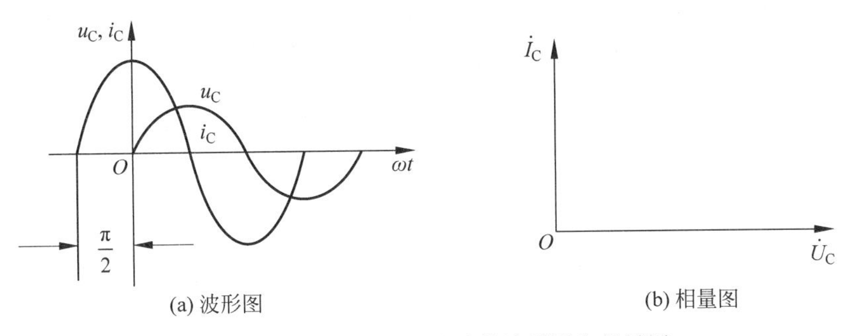

(a) 波形图　(b) 相量图

图 4-13　电容元件交流电路的波形图和相量图

式(4-19)是电容元件交流电路欧姆定律的相量形式,其相量图如图 4-13(b)所示。

【例 4-9】 在电容为 159μF 的电容器两端加 $u=220\sqrt{2}\sin(314t+60°)$的电压,试求电容的电流。

解:

$$X_C=\frac{1}{\omega C}=\frac{1}{314\times 159\times 10^{-6}}\approx 20\Omega$$

因此,电容电流的有效值为

$$I_C=\frac{U_C}{X_C}=\frac{220}{20}=11\text{A}$$

由于电容的电流要超前电压 90°,而 $\varphi_u=60°$,所以 $\varphi_i=150°$,则有

$$i_C=11\sqrt{2}\sin(314t+150°)\text{A}$$

【例 4-10】 设有一电容元件,其电容 $C=10\mu\text{F}$,电阻可略去不计,将其接到频率为 50Hz、电压的有效值为 220V 的正弦交流电源上,试求:(1)该电容的容抗 X_C;(2)电路中的电流 I 及其与电压的相位差 φ。

解:(1) 容抗为

$$X_C=\frac{1}{2\pi fC}=\frac{1}{2\pi\times 50\times 10\times 10^{-6}}\approx 320\Omega$$

(2) 设电压 $\dot{U}$ 为参考相量,即

$$\dot{U}=220\underline{/0°}\text{V}$$

$$\dot{I}=\frac{\dot{U}}{-\text{j}X_C}=\frac{220\underline{/0°}}{-\text{j}320}=\text{j}0.6875\text{A}$$

即电流的有效值 $I=0.6875\text{A}$,相位上超前电压 90。

4.4 基尔霍夫定律的相量形式

前面推导出了正弦交流电路中元件伏安关系的相量形式;同理,我们也可以推导出基尔霍夫定律的相量形式。直流电路中由欧姆定律和基尔霍夫定律所推导出的结论、分析方法和定理,都可以扩展到正弦交流电路中。

根据基尔霍夫电流定律,在电路中的任意节点,任意时刻都有

$$i_1 + i_2 + \cdots + i_n = 0$$

即

$$\sum i_k = 0 \quad (k = 1,2,\cdots,n)$$

若这些电流都是同频率的正弦量,则可以用相量形式表示为

$$\dot{I}_1 + \dot{I}_2 + \cdots + \dot{I}_n = 0$$

$$\sum \dot{I}_k = 0 \quad (k = 1,2,\cdots,n) \tag{4-20}$$

式(4-20)就是基尔霍夫电流定律在正弦交流电路中的相量形式,它与直流电路中的基尔霍夫电流定律 $\sum I_k = 0$ 在形式上相似。

基尔霍夫电压定律对电路中的任意回路在任意时刻都是成立的,即 $\sum U_k = 0$。同样,这些电压 U_k 都是同频率的正弦量,可以用相量形式表示为

$$\sum \dot{U}_k = 0 \quad (k = 1,2,\cdots,n) \tag{4-21}$$

式(4-21)就是基尔霍夫电压定律在正弦交流电路中的相量形式,它与直流电路中的基尔霍夫电压流定律 $\sum U_k = 0$ 在形式上相似。

【例 4-11】 在图 4-14 所示的电路中,已知电流表读数 A_1、A_2、A_3 的读数都是 5A,试求电路中电流表 A 的读数。

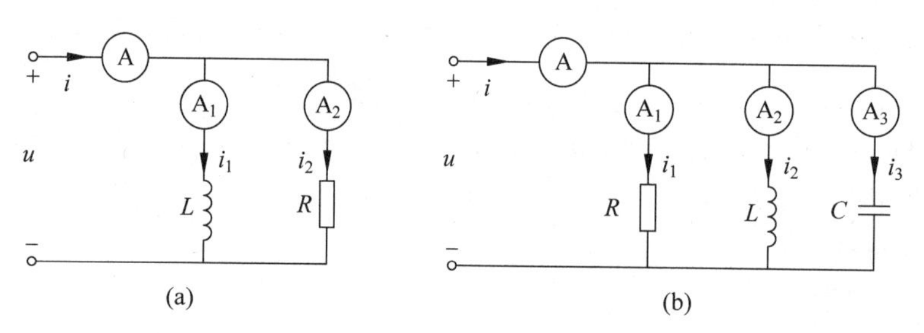

图 4-14　例 4-11 图

解:由于并联电路中各支路的电压相同,所以设端电压为参考相量,即

$$\dot{U} = 220\angle 0^\circ$$

则对于图 4-14(a)有

$$\dot{I}_1 = 5\angle -90^\circ \text{A} \quad (\text{电感元件上的电流滞后电压 } 90^\circ)$$

$$\dot{I}_2 = 5\angle 0^\circ \text{A} \quad (\text{电阻元件上的电流与电压同相})$$

由 KCL 得

$$\dot{I} = \dot{I}_1 + \dot{I}_2 = 5\angle -90^\circ + 5\angle 0^\circ = 5\sqrt{2}\angle -45^\circ \text{A}$$

所以,图 4-14(a)中电流表读数为 $5\sqrt{2}$ A。

对于图 4-14(b),有

$$\dot{I}_1 = 5\angle 0^\circ \text{A} \quad (\text{电阻元件上的电流与电压同相})$$

$$\dot{I}_2 = 5\angle -90^\circ \text{A}$$ （电感元件上的电流滞后电压 90°）

$$\dot{I}_3 = 5\angle 90^\circ \text{A}$$ （电容元件上的电流超前电压 90°）

由 KCL 得

$$\dot{I} = \dot{I}_1 + \dot{I}_2 + \dot{I}_3 = 5\angle 0^\circ + 5\angle -90^\circ + 5\angle 90^\circ = 5\text{A}$$

所以，图 4-14(b)中电流表的读数为 5A。

4.5 RLC 串联电路和并联电路

4.5.1 RLC 串联电路

实际电路的模型一般都是由几种理想的电路元件组成的，因此，研究含有几个参数的电路就更具有实际意义。

如图 4-15(a)所示，若以电流 i 为参考相量，即

$$i = \sqrt{2} I \sin\omega t$$

则根据基尔霍夫电压定律，有

$$u = u_R + u_L + u_C$$

转换为对应的相量形式，则有

$$\dot{U} = \dot{U}_R + \dot{U}_L + \dot{U}_C \tag{4-22}$$

其相量模型如图 4-15(b)所示。

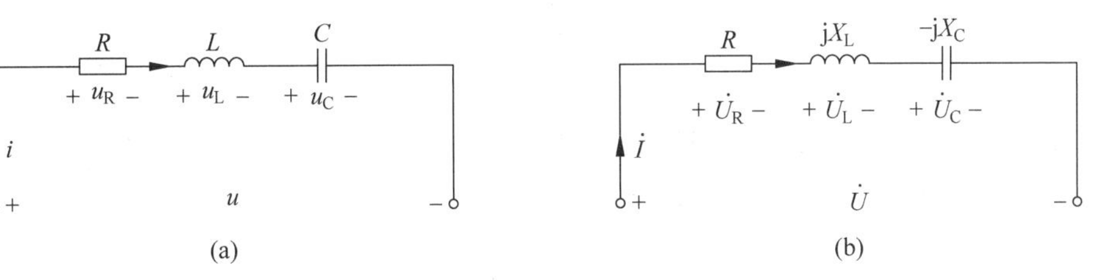
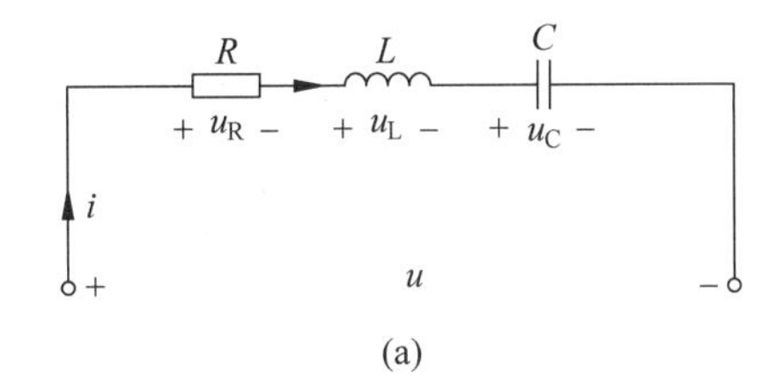

图 4-15　RLC 串联电路

将 $\dot{U}_R = R\dot{I}$，$\dot{U}_L = \text{j}\omega L\dot{I}$，$\dot{U}_C = -\text{j}\dfrac{1}{\omega C}\dot{I}$ 代入式(4-22)，得

$$\dot{U} = \left[R + \text{j}\left(\omega L - \text{j}\frac{1}{\omega C}\right)\right]\dot{I}$$

$$\dot{U} = Z\dot{I} \tag{4-23}$$

其中，

$$Z = R + \text{j}\left(\omega L - \frac{1}{\omega C}\right) = R + \text{j}(X_L - X_C) = R + \text{j}X = |Z|\angle\varphi \tag{4-24}$$

式(4-23)为正弦交流电路中欧姆定律的相量形式。Z 称为 RLC 串联电路的复阻抗，简称阻抗，单位为 Ω；$|Z|$为阻抗的模；$X = X_L - X_C$ 称为电抗，单位为 Ω；φ 称为阻抗角。图 4-15 可以用图 4-16 来代替。

由式(4-24)可知,

$$|Z|=\sqrt{R^2+X^2}=\sqrt{R^2+\left(\omega L-\frac{1}{\omega C}\right)^2} \tag{4-25}$$

$$\varphi=\arctan\frac{X}{R}=\arctan\frac{\omega L-\frac{1}{\omega C}}{R} \tag{4-26}$$

由式(4-25)还可以得出

$$Z=\frac{\dot{U}}{\dot{I}}=\frac{U\angle\varphi_u}{I\angle\varphi_i}=|Z|\angle\varphi_u-\varphi_i=|Z|\angle\varphi \tag{4-27}$$

可见,阻抗角 $\varphi=\varphi_u-\varphi_i$ 也是电压和电流的相位差角。由式(4-24)可以看出,复阻抗的实部是电阻 R、虚部是阻抗 X。这里要注意的是,复阻抗虽然是复数,但它不是时间的函数,所以不是相量,因此 Z 的上面没有"·"。

$|Z|$、R、X 可以用一个直角三角形的三条边之间的关系描述,称为阻抗三角形,如图 4-17 所示。

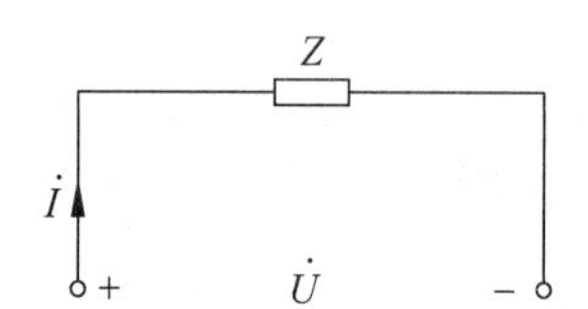

图 4-16　RLC 串联等效电路

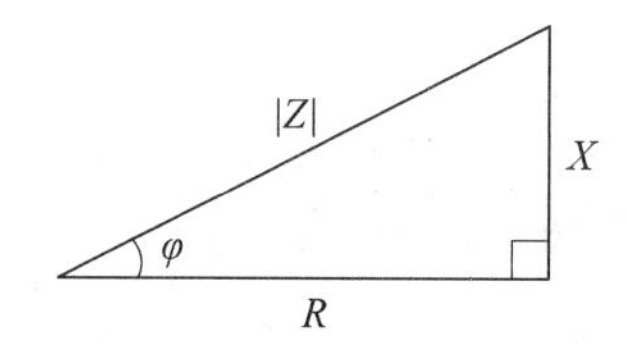

图 4-17　阻抗三角形

由式(4-24)和式(4-25)可以看出,复阻抗 Z 仅由电路的参数及电源的频率决定,与电压、电流的大小无关。

若 $X_L>X_C$,则 $X>0$,$\varphi>0$,电压超前电流,电路呈电感性。

若 $X_L<X_C$,则 $X<0$,$\varphi<0$,电压滞后电流,电路呈电容性。

若 $X_L=X_C$,则 $X=0$,$\varphi=0$,电压与电流同相位,电路呈电阻性。

单一的电阻、电感、电容可以视为复阻抗的特例,它们的复阻抗分别为 $Z=R$,$Z=\mathrm{j}\omega L$,$Z=-\mathrm{j}\frac{1}{\omega C}$。

【例 4-12】 在 RLC 串联电路中,已知 $R=30\Omega$,$L=95.5\text{mH}$,$C=53.1\mu\text{F}$,电压源电压 $u=220\sqrt{2}\sin(314t+30°)\text{V}$,试求:该串联电路的阻抗 Z 及电路中的电流 i。

解:$X_L=\omega L=314\times95.5\approx30\Omega$,　$X_C=\frac{1}{\omega C}=\frac{1}{314\times53.1}\approx60\Omega$

$$Z=R+\mathrm{j}(X_L-X_C)=30+\mathrm{j}(30-60)=(30-\mathrm{j}30)\Omega=42.4\angle-45°\Omega$$

$$\dot{I}=\frac{\dot{U}}{Z}=\frac{220\angle30°}{42.42\angle-45°}\approx5.2\angle75°\text{A}$$

$$i=5.2\sqrt{2}\sin(314t+75°)\text{A}$$

4.5.2 RLC 并联电路

阻抗的倒数定义为复导纳，简称导纳，用 Y 表示：

$$Y=\frac{1}{Z}=\frac{\dot{I}}{\dot{U}}=\frac{1}{U}\underline{/\varphi_i-\varphi_u}=|Y|\underline{/\varphi'} \tag{4-28}$$

$$Y=|Y|\cos\varphi'+\mathrm{j}|Y|\sin\varphi' \tag{4-29}$$

式中，$|Y|=\dfrac{I}{U}$为导纳的模；$\varphi'=\varphi_i-\varphi_u$ 为导纳角。

若 $G=|Y|\cos\varphi'$，$B=|Y|\sin\varphi'$，则导纳 Y 的代数形式可写为

$$Y=G+\mathrm{j}B \tag{4-30}$$

式中，Y 的实部 G 为电导，虚部 B 为电纳。

对于单个元件 R、L、C，它们的导纳分别为

$$Y_{\mathrm{R}}=G=\frac{1}{R},\quad Y_{\mathrm{L}}=\frac{1}{\mathrm{j}\omega L}=-\mathrm{j}\frac{1}{\omega L},\quad Y_{\mathrm{C}}=\mathrm{j}\omega C$$

式中，$B_{\mathrm{L}}=\dfrac{1}{\omega L}$称为感纳；$B_{\mathrm{C}}=\omega C$ 称为容纳。

如果二端网络为 RLC 并联电路，如图 4-18(a)所示，那么其导纳为

$$Y=\frac{\dot{I}}{\dot{U}}$$

根据 KCL 得

$$\dot{I}=\dot{I}_1+\dot{I}_2+\dot{I}_3$$

$$\dot{I}_1=\frac{\dot{U}}{R},\quad \dot{I}_2=\frac{\dot{U}}{\mathrm{j}\omega L},\quad \dot{I}_3=\mathrm{j}\omega C\dot{U}$$

$$\dot{I}=\left(\frac{1}{R}+\frac{1}{\mathrm{j}\omega L}+\mathrm{j}\omega C\right)\dot{U}$$

$$Y=\frac{1}{R}+\frac{1}{\mathrm{j}\omega L}+\mathrm{j}\omega C=\frac{1}{R}+\left(\omega C-\frac{1}{\omega L}\right) \tag{4-31}$$

Y 的实部是电导 $G=\dfrac{1}{R}$，虚部是电纳 $B=\omega C-\dfrac{1}{\omega L}=B_{\mathrm{C}}-B_{\mathrm{L}}$。$Y$ 的模和导纳角分别为

$$|Y|=\sqrt{G^2+B^2},\quad \varphi'=\arctan\left(\frac{\omega C-\dfrac{1}{\omega L}}{G}\right) \tag{4-32}$$

当 $B>0$ 即 $\omega C>\dfrac{1}{\omega L}$时，$Y$ 呈容性；当 $B<0$ 即 $\omega C<\dfrac{1}{\omega L}$时，$Y$ 呈感性。

显然，$Y=\dfrac{1}{Z}$，$\varphi'=-\varphi$；导纳三角形如图 4-18(b)所示，G、Y、B、B_{L}、B_{C} 的单位为西门子(S)。

【例 4-13】 在 RLC 并联电路中，$R=200\Omega$，$L=0.15\mathrm{H}$，$C=50\mu\mathrm{F}$，设电流与电压为关联参考方向，端口总电流 $i=100\sqrt{2}\sin(314t+30°)\mathrm{mA}$，试求：(1)感纳、容纳和导纳，并说明电

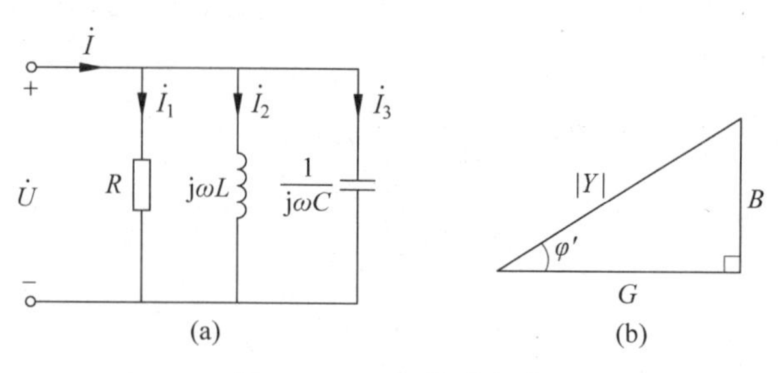

图 4-18 RLC 并联电路

路的性质；(2)端口电压 u；(3)各元件上的电流。

解：(1)

$$G=\frac{1}{R}=\frac{1}{200}=0.005\mathrm{S}$$

$$B_{\mathrm{L}}=\frac{1}{\omega L}=\frac{1}{100\pi\times 0.15}\approx 0.021\mathrm{S}$$

$$B_{\mathrm{C}}=\omega C=100\pi\times 50\times 10^{-6}=0.0157\mathrm{S}$$

得

$$Y=G+\mathrm{j}(B_{\mathrm{C}}+B_{\mathrm{L}})=0.005+\mathrm{j}(0.0157-0.021)=0.005-\mathrm{j}0.0053$$
$$=0.0073\underline{/-46.7^\circ}\mathrm{S}$$

因为

$$\varphi'=-46.7^\circ<0$$

所以电路呈电感性。

(2) 将 i 用相量形式表示为

$$\dot{I}=100\underline{/30^\circ}\mathrm{mA}$$

$$\dot{U}=\frac{\dot{I}}{Y}=\frac{100\underline{/30^\circ}}{0.0073\underline{/-46.7^\circ}}\approx 13.7\underline{/76.7^\circ}\mathrm{mV}$$

$$u=13.7\sqrt{2}\sin(100\pi t+76.7^\circ)\mathrm{mV}$$

(3)

$$\dot{I}_{\mathrm{G}}=G\dot{U}=68.5\underline{/76.7^\circ}\mathrm{mA}$$

$$i_{\mathrm{G}}=68.5\sqrt{2}\sin(100\pi t+76.7^\circ)\mathrm{mA}$$

$$\dot{I}_{\mathrm{L}}=-\mathrm{j}B_{\mathrm{L}}\dot{U}=287\underline{/-13.3^\circ}\mathrm{mA}$$

$$i_{\mathrm{L}}=287\sqrt{2}\sin(100\pi t-13.3^\circ)\mathrm{mA}$$

$$\dot{I}_{\mathrm{C}}=\mathrm{j}B_{\mathrm{C}}\dot{U}=215\underline{/166.7^\circ}\mathrm{mA}$$

$$i_{\mathrm{C}}=215\sqrt{2}\sin(100\pi t+166.7^\circ)\mathrm{mA}$$

4.6 正弦稳态电路的分析

在正弦稳态电路中，以相量形式表示的欧姆定律和基尔霍夫定律与直流电路有相似的表达式，因而在直流电路中，由欧姆定律和基尔霍夫定律推导出的支路电流法、节点电压法、叠加定理、等效电源定理等，都可以同样扩展到正弦稳态电路中。直流电路中的各物理量在交流电路中用相量的形式代替：直流电路中的电阻 R 用阻抗 Z 代替，电导 G 用导纳 Y 代替。

【例 4-14】 在图 4-19 所示的电路中，两个电源的电压有效值均为 220V，相位相差 60°，内阻抗 $Z_1=Z_2=(1+\mathrm{j}1)\Omega$，负载阻抗 $Z=(5+\mathrm{j}5)\Omega$，试求负载电流 $\dot{I}$。

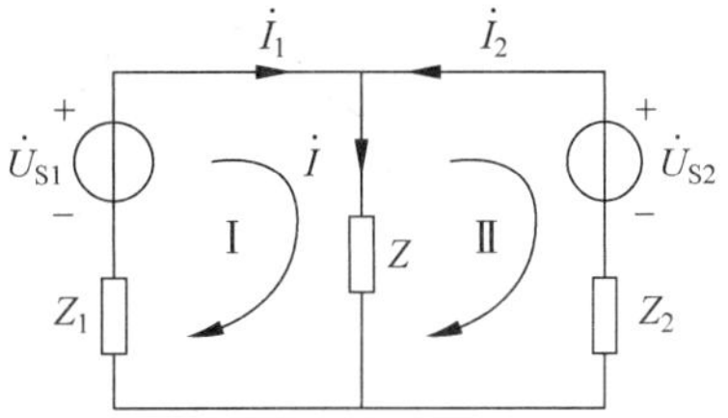

图 4-19 例 4-14 图

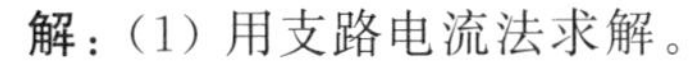

解：(1) 用支路电流法求解。

设 $\dot{U}_{S1}$ 为参考相量，$\dot{U}_{S2}$ 比 $\dot{U}_{S1}$ 超前 60°，则有

$$\dot{U}_{S1}=220\angle 0^\circ \mathrm{V},\quad \dot{U}_{S2}=220\angle 60^\circ \mathrm{V}$$

各支路电流的参考方向如图 4-19 所示。

由 KCL 得

$$\dot{I}_1+\dot{I}_2=\dot{I}$$

由 KVL 得

$$\dot{I}_1 Z_1+\dot{I}Z=\dot{U}_{S1},\quad \dot{I}_2 Z_2+\dot{I}Z=\dot{U}_{S2}$$

联立以上三个方程，解得 $\dot{I}=6.85\angle -60^\circ \mathrm{A}$。

(2) 用叠加定理求解。

在图 4-20 所示的电路中，图 4-20(a)可视为图 4-20(b)和图 4-20(c)的叠加，负载电流 $\dot{I}=\dot{I}'+\dot{I}''$。

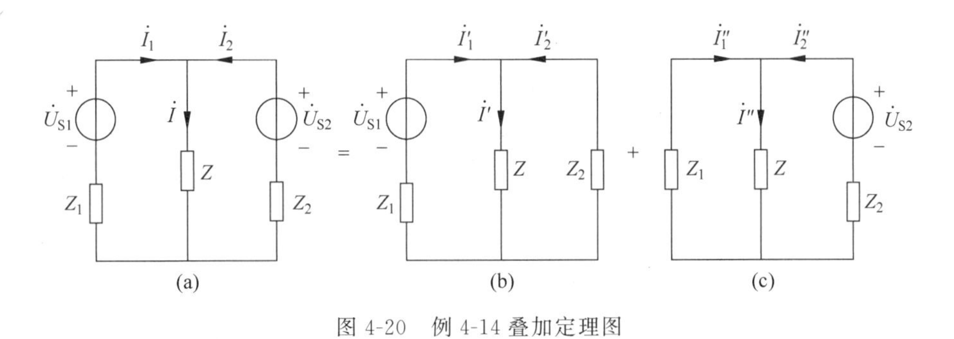

图 4-20 例 4-14 叠加定理图

解：当 $\dot{U}_{S1}$ 单独作用时，有

$$Z_{eq}=Z_1+\frac{Z\cdot Z_2}{Z+Z_2},\quad \dot{I}'_1=\frac{\dot{U}_{S1}}{Z_{eq}}$$

根据分流公式，得

$$\dot{I}'=\frac{Z}{Z+Z_2}\dot{I}'_1$$

同理，当 $\dot{U}_{S2}$ 单独作用时，有

$$\dot{I}''=\frac{Z}{Z+Z_1}\dot{I}'_2$$

得

$$\dot{I}=\dot{I}'+\dot{I}''$$

(3) 用节点电压法求解。

$$\dot{U}_1=\frac{\dot{U}_{S1}\frac{1}{Z_1}+\dot{U}_{S2}\frac{1}{Z_2}}{\frac{1}{Z_1}+\frac{1}{Z_2}+\frac{1}{Z}},\quad \dot{I}=\frac{\dot{U}_1}{Z}$$

此题还可以用戴维南定理求解，所得结果与上述完全一致，在此不一一叙述。

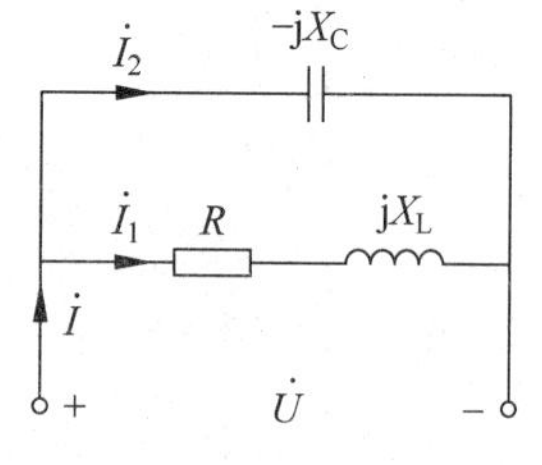

图 4-21　例 4-15 图

【例 4-15】 在图 4-21 所示的电路中，已知 $R=5\Omega$，$X_L=5\Omega$，$X_C=5\Omega$，$\dot{I}=2e^{j60^\circ}$ A 试求该电路的等效阻抗及各支路的电流。

解：设等效阻抗为 Z_{eq}，则有

$$\frac{1}{Z_{eq}}=\frac{1}{-jX_C}+\frac{1}{R+jX_L}$$

$$\frac{1}{Z_{eq}}=\frac{(-jX_C)(R+jX_L)}{-jX_C+R+jX_L}=\frac{(-j5)(5+j5)}{-j5+5+j5}\approx 5\sqrt{2}\angle 45^\circ\Omega$$

$$\dot{U}_1=\dot{I}Z_{eq}=2\angle 60^\circ\times 5\sqrt{2}\angle 45^\circ=10\sqrt{2}\angle 15^\circ\text{V}$$

$$\dot{I}_1=\frac{\dot{U}}{R+jX_L}=2\angle -30^\circ\text{A}$$

$$\dot{I}_2=\frac{\dot{U}}{-jX_C}=2\sqrt{2}\angle 105^\circ\text{A}$$

【例 4-16】 在图 4-22(a)所示的电路中，$U_S=380$V，$f=50$Hz，电容可调，当 $C=80.95\mu$F 时，交流电流表 A 的读数最小，其值为 2.59A。求图中交流电流表 A_1 的读数。

解：当电容 C 变化时，$\dot{I}_1$ 始终不变，可先定性画出相量图。

设 $\dot{U}_S=380\angle 0^\circ$V，则

$$\dot{I}_1=\frac{\dot{U}_S}{R+j\omega L_1}$$

故 $\dot{I}_1$ 滞后电压 $\dot{U}_S$，$\dot{I}_C=j\omega C\dot{U}_S$。电流 $\dot{I}=\dot{I}_1+\dot{I}_C$ 的电流相量图如图 4-22(b)所示。当 C 变化时，$\dot{I}_C$ 始终与 $\dot{U}_S$ 正交，故 $\dot{I}_C$ 的末端将沿图中所示的虚线变化，到达 a 点时，$\dot{I}$ 值最小。$I_C=\omega CU_S=9.66$A，这时 $I=2.59$A，用电流三角形解得电流表 A_1 的读数为

$$\sqrt{9.66^2+2.59^2}\approx 10\text{A}$$

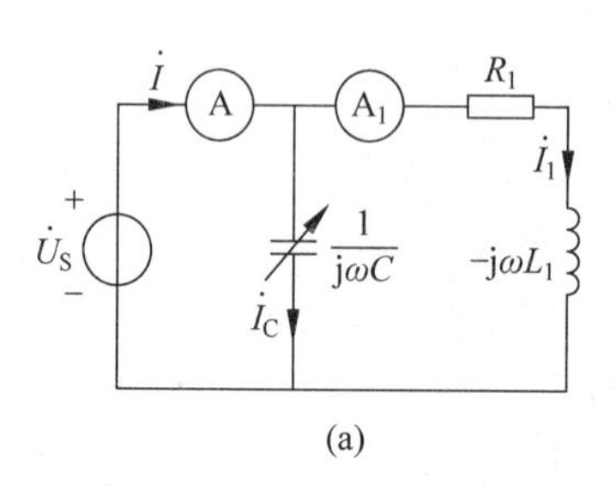

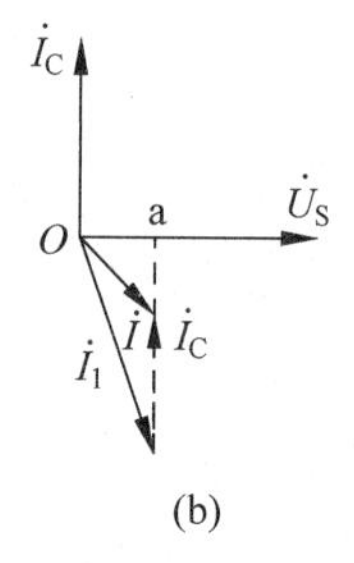

图 4-22　例 4-16 图

4.7 正弦交流电路的功率及功率因数

4.7.1 正弦交流电路的功率

1. 瞬时功率和有功功率

如图4-15所示为RLC串联电路，端口电压 u 和端口电流 i 的参考方向如图中所示。设

$$i=\sqrt{2}I\sin(\omega t+\varphi_i),\quad u=\sqrt{2}U\sin(\omega t+\varphi_u)$$

则瞬时功率为

$$\begin{aligned}p=ui&=\sqrt{2}U\sin(\omega t+\varphi_u)\times\sqrt{2}I\sin(\omega t+\varphi_i)\\&=UI\cos(\varphi_u-\varphi_i)-UI\cos(2\omega t+\varphi_u+\varphi_i)\end{aligned}$$

瞬时功率在一个周期内的平均值为有功功率，其表达式为

$$\begin{aligned}P&=\frac{1}{T}\int_0^T p\,\mathrm{d}t=\frac{1}{T}\int_0^T[UI\cos(\varphi_u-\varphi_i)-UI\cos(2\omega t+\varphi_u+\varphi_i)]\mathrm{d}t\\&=UI\cos(\varphi_u-\varphi_i)=UI\cos\varphi\end{aligned}\tag{4-33}$$

式中，U、I 分别是正弦交流电路中电压和电流的有效值；φ 为电压与电流的相位差。可见，正弦交流电路的有功功率不仅与电压和电流的有效值有关，还与它们的相位差 φ 有关。φ 又称为功率因数角，因此，$\cos\varphi$ 称为功率因数，用 λ 表示，它是交流电路中一个非常重要的指标。

2. 无功功率

在RLC串联电路中，各元件要储存或释放能量，它们不仅相互之间要进行能量的转换，而且还要与电源之间进行能量交换；电感和电容与电源之间进行能量交换规模的大小用无功功率衡量。无功功率用 Q 表示。其值为

$$Q=UI\sin\varphi\tag{4-34}$$

由于电感元件的电压超前电流90°，电容元件的电压滞后电流90°，因此，感性无功功率与容性无功功率之间可以相互补偿，即

$$Q=Q_{\mathrm{L}}-Q_{\mathrm{C}}\tag{4-35}$$

3. 视在功率

在交流电路中，电气设备是根据其发热情况下(电流的大小)的耐压值(电压的最大值)来设计使用的，通常将电压和电流有效值的乘积定义为视在功率(设备的容量)，用 S 表示，单位为伏安(V·A)。其表达式

$$S=UI=|Z|I^2\tag{4-36}$$

4. 功率三角形

由式(4-34)～式(4-36)可以看出 $S=UI=\sqrt{P^2+Q^2}$，因此，可以用直角三角形表示有功功率 P、无功功率 Q、视在功率 S 之间的关系，如图4-23所示，称其为功率三角形。

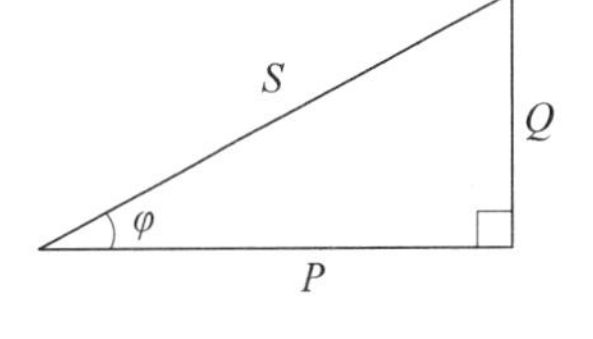

图4-23 功率三角形

由图4-23得

$$\varphi = \arctan\frac{Q}{P}$$

4.7.2 功率因数的提高

在交流电路中，电压与电流之间的相位差 φ 的余弦称为功率因数，用 $\cos\varphi$ 表示，在数值上，功率因数是有功功率和视在功率的比值，即

$$\cos\varphi = \frac{P}{S} \tag{4-37}$$

在电力系统中，功率因数直接影响系统运行的经济性，提高电力系统的功率因数具有极为重要的意义。

提高功率因数即提高有功功率的利用率，可以使发电设备的容量得以充分利用；或减小电源与负载无功交换的规模。无功互换虽不直接消耗电源能量，但会影响输电线路的电能损耗和电压损耗，根据 $I=\dfrac{P}{U\cos\varphi}$ 可知，功率因数越小，I 越大，线路功率损耗 $\Delta P = I^2 r$ 越大（r 为线路电阻），而且当输电线路上的压降 $\Delta U = Ir$ 增加时，加到负载上的电压降低，会影响负载的正常工作。

要提高功率因数就必须设法减小负载占用的无功功率，而且不改变原负载的工作状态。因此，感性负载需要并联容性元件去补偿其无功功率。由于负载通常都是感性的，下面以感性负载并联容性元件为例，分析提高功率因数的过程。

如图 4-24(a)所示，设负载的端电压为 $\dot{U}$，在未并联电容时，感性负载上的电流为 $\dot{I}_1$，$\dot{I}_1$ 与 $\dot{U}$ 的相位差为 φ_1；并联电容后，$\dot{I}_1$ 不变，电容支路的电流为 $\dot{I}_C$，且端电流 $\dot{I}=\dot{I}_1+\dot{I}_C$，$\dot{I}$ 与 $\dot{U}$ 的相位差为 φ_2，相量图如图 4-24(b)所示。显然，$\varphi_1>\varphi_2$，因此，$\cos\varphi_1<\cos\varphi_2$，并联电容后，功率因数提高了。

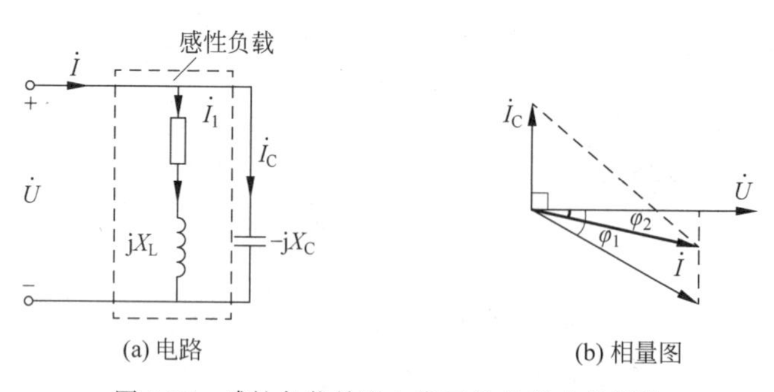

图 4-24 感性负载并联电容元件提高功率因数

【例 4-17】 有一个感性负载，其有功功率 $P=20\text{kW}$，将其接到 220V、50Hz 的交流电源上，功率因数为 0.6，现在欲并联一个电容，将其功率因数提高到 0.9，试问：所需补偿的无功功率 Q_C 及电容 C 分别为多少？

解：未并联电容时，功率因数为 0.6，即

$$\cos\varphi_1 = 0.6,\quad \varphi_1 = 53^\circ$$

电路的无功率为

$$Q_1 = P\tan\varphi_1 = 20 \times \tan 53° \approx 26.67\text{kvar}$$

并联电容后，功率因数为0.9，即

$$\cos\varphi_2 = 0.9, \quad \varphi_2 = 26°$$

电路的无功功率为

$$Q_2 = P\tan\varphi_2 = 20 \times \tan 26° \approx 9.75\text{kvar}$$

所补偿的无功率为

$$Q_C = Q_1 - Q_2 = 26.67 - 9.75 = 16.92\text{kvar}$$

由于 $Q_C = \dfrac{U^2}{X_C} = 2\pi fCU^2$，因此所需并联的电容为

$$C = \frac{Q_C}{2\pi fU^2} = \frac{16.92}{2 \times 3.14 \times 50 \times 220^2} \approx 1113\mu\text{F}$$

4.8 电路的谐振

在 R、L、C 组成的电路中，当电感上的电压与电容上的电压大小相等时，由于 $\dot{U}_L$ 与 $\dot{U}_C$ 的方向相反，它们正好互相抵消，电路呈电阻性；这时，端口电压和端口电流同相位，电路处于谐振状态。发生在串联电路中的谐振称为串联谐振，发生在并联电路中的谐振称为并联谐振。

4.8.1 串联谐振

1. 串联谐振电路

在图4-25所示的RLC串联电路中，电路的阻抗为

$$Z = R + \text{j}(X_L - X_C) = R + \text{j}\left(\omega L - \frac{1}{\omega C}\right)$$

$$|Z| = \sqrt{R^2 + \text{j}(X_L - X_C)^2} = \sqrt{R^2 + \text{j}\left(\omega L - \frac{1}{\omega C}\right)^2} \tag{4-38}$$

$$\varphi = \arctan\frac{X_L - X_C}{R} = \arctan\frac{\omega L - \dfrac{1}{\omega C}}{R} \tag{4-39}$$

电路发生谐振时，电路呈电阻性，端口电压和端口电流同相位，即 $\varphi = 0$，所以有

$$X_L = X_C \quad 或 \quad \omega L = \frac{1}{\omega C} \tag{4-40}$$

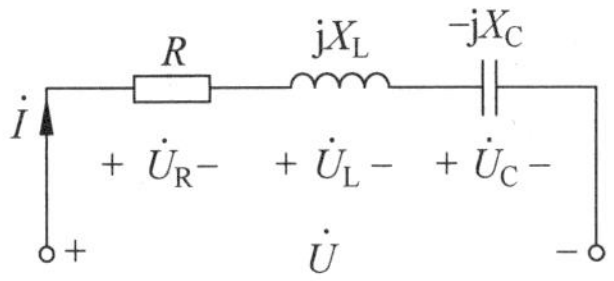

图 4-25 串联谐振电路

由式(4-40)可以看出，调整 ω、L 和 C 三个数值中的任意一个均可使方程成立，从而使电路发生谐振。当电路发生谐振时，角频率用 ω_0 表示，称为谐振角频率，此时有

$$\omega_0 = \frac{1}{\sqrt{LC}} \quad 或 \quad f_0 = \frac{1}{2\pi\sqrt{LC}} \tag{4-41}$$

f_0 称为谐振频率。

2. 串联谐振电路的特征

(1) 由式(4-38)可知,当电路发生串联谐振时,$|Z|=R$,这时$|Z|$具有最小值。因此,当电压一定时电流值最大,$I_0=\frac{U}{R}$,I_0 称为串联谐振电流。

(2) 由图 4-25 可知,$\dot{U}_L=-\dot{U}_C$,即电感上的电压与电容上的电压大小相等、方向相反,互相抵消。如果 $X_L=X_C\gg R$,那么有 $U_L=U_C\gg U$,即电感或电容上的电压远大于电路两端的电压,这种现象称为过高压现象,往往会造成元件的损坏。通常将串联谐振电路中 U_L 或 U_C 与 U 的比值称为品质因数,用 Q 表示,即

$$Q=\frac{U_L}{U}=\frac{U_C}{U}=\frac{\omega_0 L}{R}=\frac{1}{\omega_0 RC}=\frac{1}{R}\sqrt{\frac{L}{C}} \tag{4-42}$$

4.8.2 并联谐振

1. 并联谐振电路

谐振也可以发生在并联电路中,如图 4-26 所示,电阻 R 和电感 L 串联表示实际线圈,与电容 C 并联组成并联谐振电路。

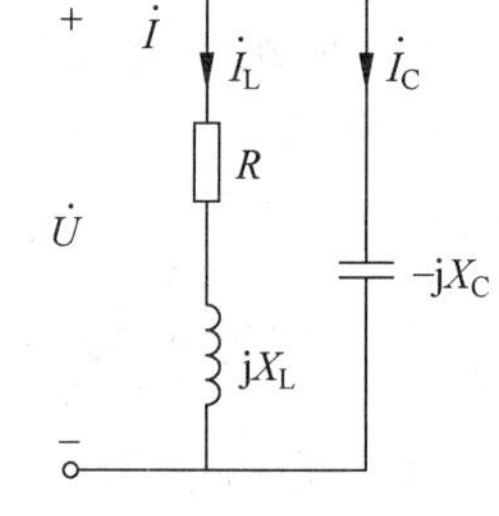

图 4-26 并联谐振电路

电感支路的电流为

$$\dot{I}_L=\frac{\dot{U}}{R+jX_L}=\frac{\dot{U}}{R+j\omega L}$$

电容支路的电流为

$$\dot{I}_C=\frac{\dot{U}}{-jX_C}=j\omega C\dot{U}$$

总电流为

$$\dot{I}=\dot{I}_L+\dot{I}_C=\frac{\dot{U}}{R+j\omega L}+j\omega C\dot{U}$$

$$\dot{I}=\left[\frac{R-j\omega L}{R^2+(\omega L)^2}+j\omega C\right]\dot{U} \tag{4-43}$$

发生谐振时,$\dot{I}$ 与 $\dot{U}$ 同相,式(4-43)中的虚部为零,即

$$\omega C=\frac{\omega L}{R^2+(\omega L)^2}$$

一般情况下,R 值很小,尤其在频率较高时,$\omega L\gg R$,因此有

$$\omega C=\frac{1}{\omega L}$$

所以谐振角频率为

$$\omega_0=\frac{1}{\sqrt{LC}}$$

谐振频率为

$$f_0=\frac{1}{2\pi\sqrt{LC}}$$

2. 并联谐振电路的特征

并联电路发生谐振时，电压和电流同相，电路呈电阻性，因此式(4-43)中的虚部为零，电流最小，阻抗最大。所以并联谐振时的电流为

$$\dot{I}_0=\frac{R}{R^2+(\omega L)^2}\dot{U}=\frac{\dot{U}}{\dfrac{R^2+(\omega L)^2}{R}}=\frac{\dot{U}}{Z}$$

式中，$Z=\dfrac{R^2+(\omega L)^2}{R}\approx\dfrac{(\omega_0 L)^2}{R}=\dfrac{L}{RC}$，所以有

$$\dot{I}_0=\frac{\dot{U}}{\dfrac{L}{RC}} \tag{4-44}$$

发生并联谐振时，由于电路呈电阻性，电感电流 $\dot{I}_L$ 和电容电流 $\dot{I}_C$ 几乎大小相等、相位相反，总电流很小，因此电感或电容的电流大小有可能远超总电流，电感或电容的电流与总电流的比值称为品质因数，用 Q 表示，其值为

$$Q=\frac{I_L}{I_0}=\frac{\omega_0 L}{R} \tag{4-45}$$

在无线电系统中，谐振的应用比较广泛，但在电力工程中，要避免谐振给电气设备带来的危害。

本章小结

本章介绍了正弦交流电的基本概念、正弦量的相量表示法、单一参数电路元件的交流电路、RLC 串联交流电路、功率因数以及功率因数提高的意义和方法。

1. 正弦交流电的基本概念

随时间按正弦规律周期性变化的电压和电流统称为正弦电量，或称为正弦交流电。在正弦交流电路中，如果已知正弦量的三要素，即最大值(有效值)、角频率(频率)和初相，就可以写出它的瞬时值表达式，也可以画出它的波形图。

2. 正弦量可以用相量表示

正弦量与相量之间是一一对应的关系，而不是相等的关系。在正弦交流电路中，正弦量的运算可以转换成对应的相量进行运算，在相量运算时，还可以借助相量图进行辅助分析，使计算更加简化。

3. 单一参数电路元件的交流电路

单一参数电路元件的交流电路是理想化(模型化)的电路。其中，电阻 R 是耗能元件；电感 L 和电容 C 是储能元件。实际电路可以由这些元件和电源的不同组合构成。

单一参数电路欧姆定律的相量形式是

$$\dot{U}_R=\dot{I}_R R,\quad \dot{U}_L=\mathrm{j}X_L\dot{I}_L,\quad \dot{U}_C=-\mathrm{j}X_C\dot{I}_C$$

它们反映了电压与电流的量值关系和相位关系，其中 $X_L=\omega L$ 为电感元件的感抗，$X_C=\dfrac{1}{\omega C}$为电容元件的容抗。

4. 基尔霍夫电流定律的相量形式

$$\sum \dot{I}_k = 0 \quad (k = 1, 2, \cdots, n)$$

5. 基尔霍夫电压定律的相量形式

$$\sum \dot{U}_k = 0 \quad (k = 1, 2, \cdots, n)$$

6. 正弦交流电路的一般分析方法

任何一个无源二端网络都可以等效为一个阻抗，即

$$Z = \frac{\dot{U}}{\dot{I}} = \frac{U\underline{/\varphi_u}}{I\underline{/\varphi_i}} = |Z|\underline{/\varphi_u - \varphi_i} = |Z|\underline{/\varphi}$$

7. 正弦交流电路的功率

有功功率：$P = UI\cos\varphi$　　无功功率：$Q = UI\sin\varphi$

视在功率：$S = UI = |Z|I^2$　　功率因数：$\lambda = \cos\varphi$

有功功率、无功功率和视在功率三者之间的关系为 $S = \sqrt{P^2 + Q^2}$。

8. 提高功率因数的方法

提高功率因数的方法主要是在感性负载两端并联电容器，从而对无功功率进行补偿。

9. 电路的谐振

谐振是正弦交流电路的特殊现象，谐振时电路中的电压与电流同相，电路呈电阻性，其实质是电路中的电感与电容的无功功率实现完全的相互补偿。

习　题　4

4-1　试写出下列正弦量的相量形式，并画出相量图。

(1) $i_1 = 6\sqrt{2}\sin(\omega t + 30°)$ A　　(2) $i_2 = 2\sqrt{2}\cos(\omega t + 60°)$ A

4-2　已知正弦量的频率 $f = 50$Hz，试写出下列相量所对应的正弦量瞬时表达式。

(1) $\dot{U}_m = 127\underline{/30°}$ V　　(2) $\dot{U} = 220e^{j45°}$ V

(3) $\dot{I} = (4 + j3)$ A　　(4) $\dot{I}_m = j2$ A

4-3　正弦电压 $u_1 = 220\sqrt{2}\cos(\omega t + 45°)$ V，$u_2 = 110\sin(\omega t + 30°)$ V。试求它们的有效值、初相位以及相位差。

4-4　在串联电路中，下列几种情况下，电路中的 R 和 X 各为多少？并指出电路的性质及电压与电流的相位差。

(1) $\dot{U} = 10\underline{/30°}$ V，$\dot{I} = 2\underline{/30°}$ A　　(2) $\dot{U} = 30\underline{/-30°}$ V，$\dot{I} = 3\underline{/20°}$ A

(3) $Z = (6 + j8)\Omega$

4-5　在图 4-27 电路中，已知正弦量的有效值分别为 $U_1 = 220$V，$U_2 = 110\sqrt{2}$ V，$I = 10$A，频率 $f = 50$Hz。试写出各正弦量的瞬时值表达式及其相量表达式。

4-6　在图 4-28(a)中，电压表的读数分别为 $V_1 = 40$V，$V_2 = 30$V；图 4-28(b)中的读数分别为 $V_1 = 30$V，$V_2 = 70$V，$V_3 = 100$V。求图中 u_S 的有效值。

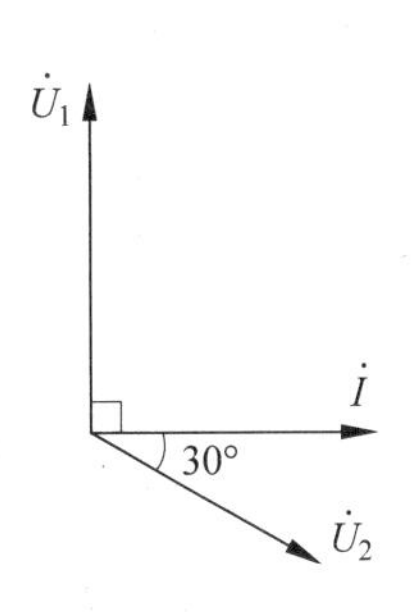

图 4-27 习题 4-5 图

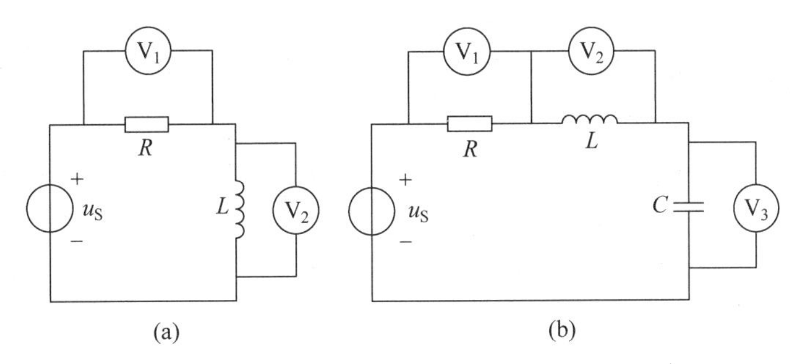

图 4-28 习题 4-6 图

4-7 将一个线圈接到 20V 直流电源时，通过的电流为 1A，将此线圈改接于 2000Hz、20V 的交流电源时，电流为 0.8A。求该线圈的电阻 R 和电感 L。

4-8 在图 4-29 所示电路中，已知 $R_1=4\Omega, X_L=3\Omega, R_2=6\Omega, X_C=8\Omega$，电源电压的有效值 $U=10\text{V}$，试求：(1)电路的等效阻抗；(2)各支路电流。

4-9 在图 4-30 所示电路中，$I_1=I_2=10A$，$\text{j}X_L=\text{j}10\Omega$，求 $\dot{I}$ 和 $\dot{U}_S$。

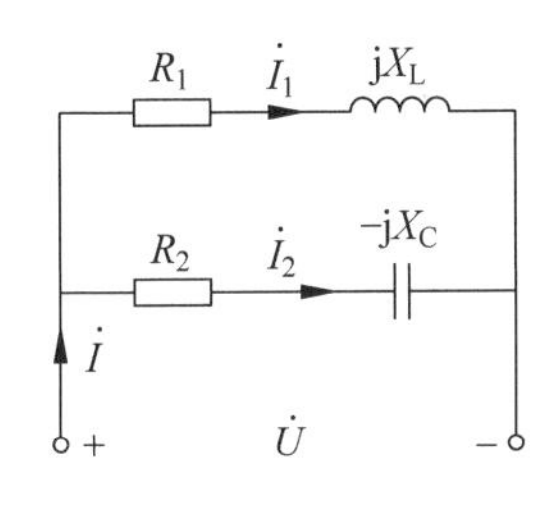

图 4-29 习题 4-8 图

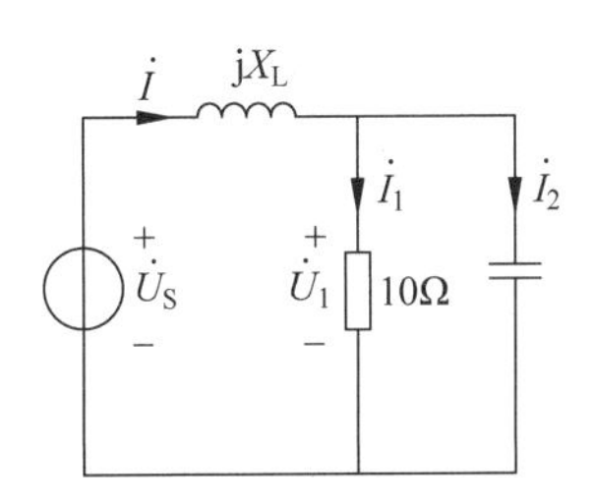

图 4-30 习题 4-9 图

4-10 在图 4-31 所示电路中，已知 $\dot{I}_S=2\angle 0^\circ\text{A}$，求电压 $\dot{U}$。

4-11 在图 4-32 所示电路中，若 $u=220\sqrt{2}\sin 314t\ \text{V}, R=4.8\Omega, C=50\mu\text{F}$。试求：电路的等效阻抗 Z、电流 I 和有功功率 P。

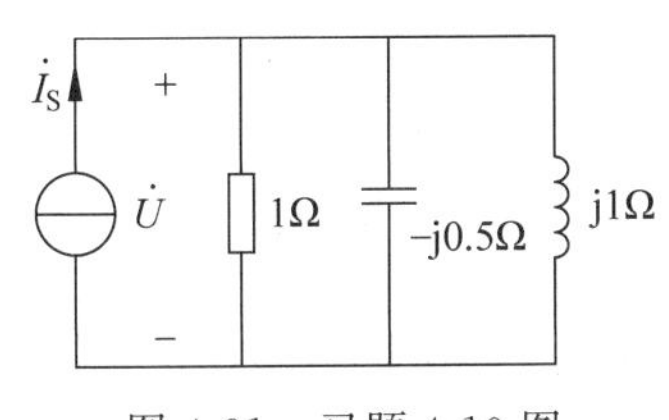

图 4-31 习题 4-10 图

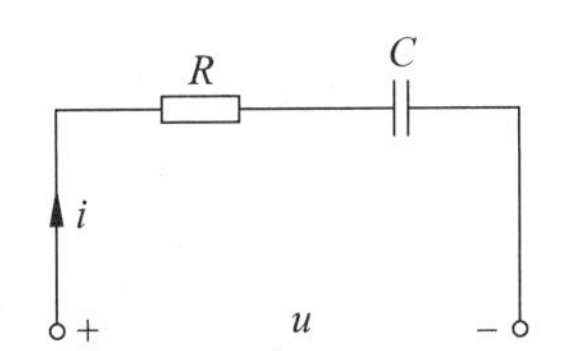

图 4-32 习题 4-11 图

4-12 在图 4-33 所示电路中，$U=220\text{V}$，S 闭合时，$U_R=80\text{V}, P=320\text{W}$；S 断开时，$P=405\text{W}$，电路为电感性，求 R、X_L 和 X_C。

4-13 在图 4-34 所示电路中，已知 $U=220\text{V}, R=6\Omega, X_L=8\Omega, X_C=20\Omega$，试求：电路总电流 I、支路电流 I_1 和 I_2、线圈支路的功率因数 λ_1、整个电路的功率因数 λ。

4-14 现将一感性负载接于 100V、50Hz 的交流电源时，电路中的电流为 10A，消耗的功率为 800W，试求：负载的功率因数 $\cos\varphi$、R、L。

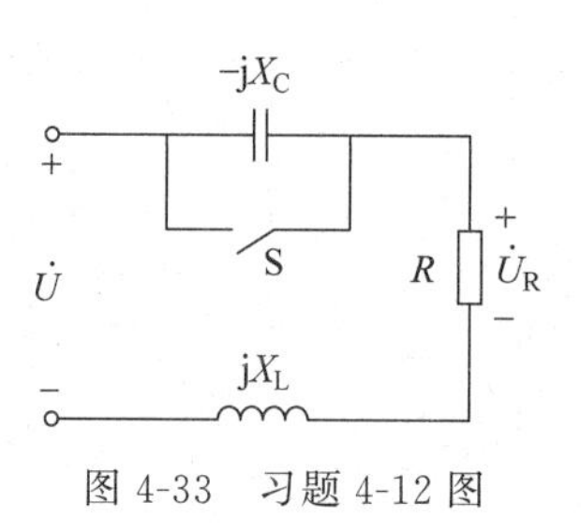

图 4-33　习题 4-12 图

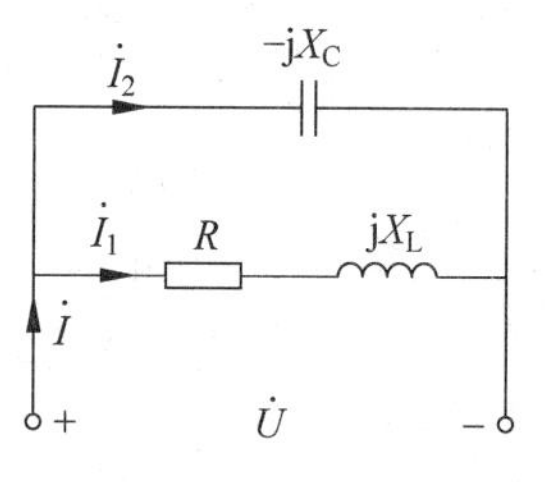

图 4-34　习题 4-13 图

4-15　有一感性负载，额定功率 $P_N=60kW$，额定电压 $U_N=380V$，额定功率因数 $\lambda=0.6$。现接到 50Hz、380V 的交流电源上工作。试求：负载的电流、视在功率和无功功率。

4-16　RLC 串联谐振电路如图 4-35 所示，已知 $U=20V$，$I=2A$，$U_C=80V$。试求：电阻 R 是多少？品质因数 Q 是多少？

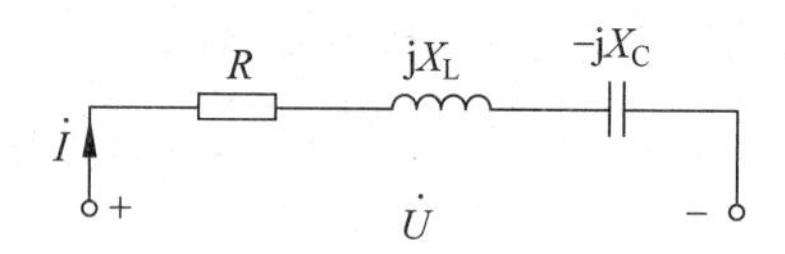

图 4-35　习题 4-16 图

第 5 章

三相交流电路

电力输配电系统中使用的交流电源绝大多数是三相制系统。前面研究的单相交流电也是由三相系统中的一相提供的。之所以采用三相系统供电，是因为其在发电、输电以及电能转换为机械能方面都具有明显的优越性。三相电力系统是由三相电源、三相负载和三相输电线路三部分组成。

5.1 三相对称电源的产生

三相交流电源是由三相发电机产生的，图 5-1(a)是一台三相交流发电机的示意图。

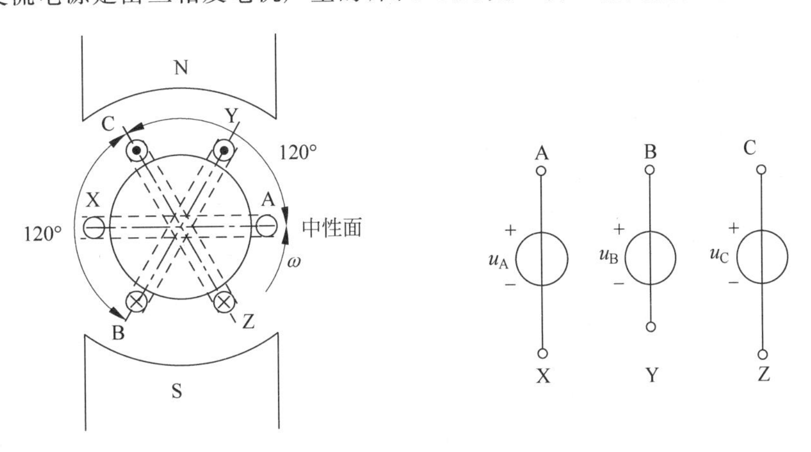

(a) 三相交流发电机示意　　(b) 三相电源的符号

图 5-1　三相电源的产生

将三相完全相同的绕组 A-X、B-Y、C-Z 对称分布在定子凹槽内，三相定子绕组的相首互差 120°，转子通入直流励磁电流。当转子由原动机拖动在逆时针方向以角速度 ω 做匀速旋转时，各相绕组的导线都切割磁力线而产生幅值相等(绕组相同)、频率相同(以同一角速度切割)、相位上相差 120°的三相交变电压。

习惯上，三个线圈的始端分别标记为 A、B 和 C，末端分别标记为 X、Y 和 Z。三个线圈上的电压分别为 u_A、u_B 和 u_C，依次称为 A 相、B 相和 C 相的电压。若以图 5-1 中 A 相(位于磁场中为零的中性面上)为参考，则三相电压源电压的瞬时值表达式为

$$\begin{cases}u_A=\sqrt{2}U_P\sin\omega t\,\mathrm{V}\\u_B=\sqrt{2}U_P\sin(\omega t-120°)\,\mathrm{V}\\u_C=\sqrt{2}U_P\sin(\omega t+120°)\,\mathrm{V}\end{cases}\tag{5-1}$$

它们对应的相量形式为

$$\begin{cases}\dot{U}_A=U_P\angle 0°\\\dot{U}_B=U_P\angle -120°\\\dot{U}_C=U_P\angle +120°\end{cases}\tag{5-2}$$

这种电压的有效值相等、角频率相同、相位互差 120°的三相电源称为对称三相电源。其符号如图 5-1(b)所示。图 5-2 为对称三相电源波形,与之对应的相量图如图 5-3 所示。对称三相电压的特点是

$$u_A+u_B+u_C=0$$

$$\dot{U}_A+\dot{U}_B+\dot{U}_C=0$$

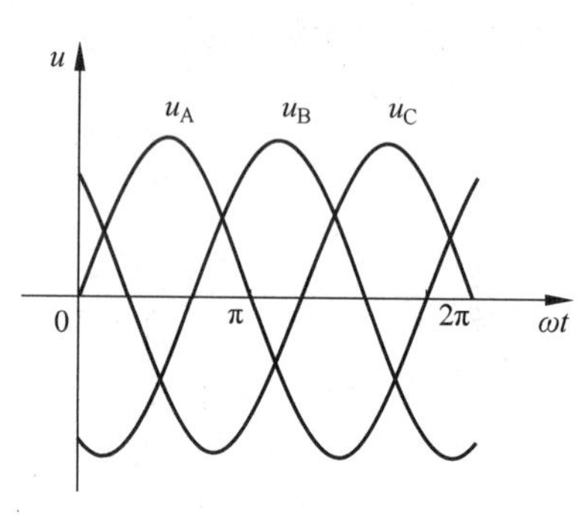

图 5-2　三相电源各相波形图

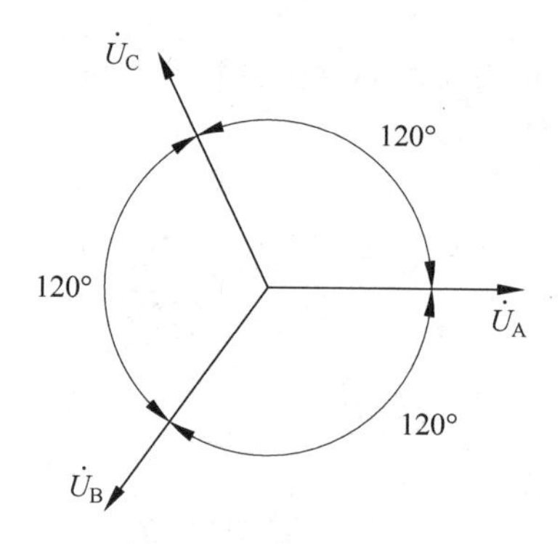

图 5-3　三相电压相量图

三相电压依次达到最大值的先后次序叫作“相序”。上述三相电压的相序是 A、B、C 称为正序。与此相反,如果转子顺时针旋转,则三相电压的相序是 A、C、B 称为逆序。电力系统一般采用正序。

5.2　三相电源的联结

在实际应用中,三相电源一般有星形(Y形)联结和三角形(△形)联结两种方式。

5.2.1　三相电源的星形(Y形)联结

图 5-4 所示为三相电压源的星形联结方式,简称星接。把三相绕组的末端 X、Y、Z 连在一起,用 N 表示,称为电源的中性点,由此引出一条传输线,称为中性线(或零线)。由三相绕组的始端 A、B、C 分别引出 3 条传输线,称为端线(相线)或火线。此电路中有三相电源,四根传输线,称为三相四线制供电系统,可以向负载提供两种电压。端线 A、B、C 之间(即相

线之间)的电压称为线电压,如图5-4(a)中的电压$\dot{U}_{AB}$、$\dot{U}_{BC}$、$\dot{U}_{CA}$。每一相电源的电压称为相电压,如图5-4(a)中的电压$\dot{U}_A$、$\dot{U}_B$、$\dot{U}_C$。端线中的电流称为线电流,各相电压源中的电流称为相电流。

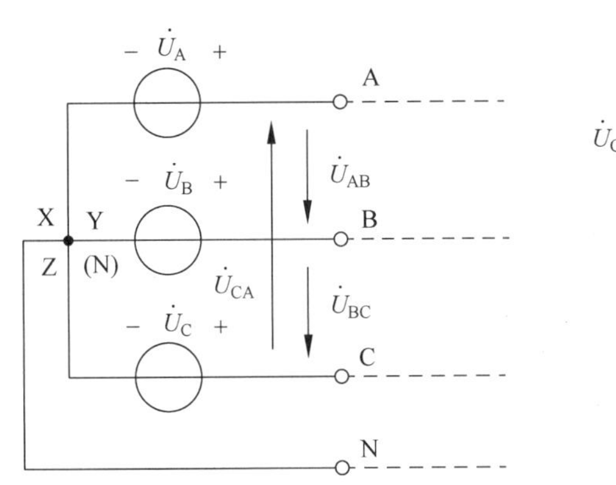

(a) 三相电源的星形联结

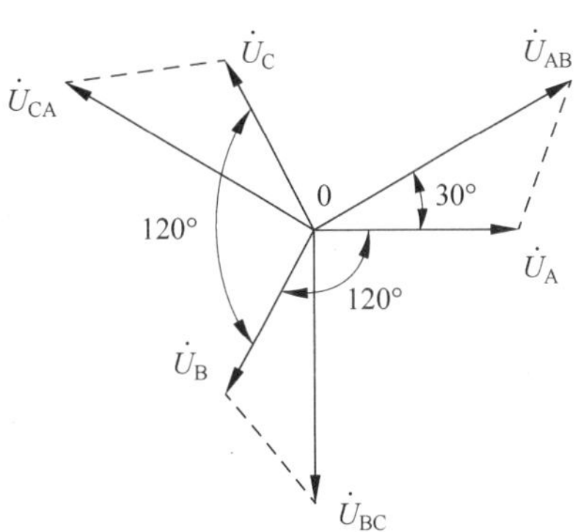

(b) 星形联结时的相量图

图5-4 三相电源的星形联结

显然,对称三相电源做星接时,相电压和线电压有如下关系:

$$\begin{cases} u_{AB}=u_A-u_B \\ u_{BC}=u_B-u_C \\ u_{CA}=u_C-u_A \end{cases}$$

相量关系为

$$\begin{cases} \dot{U}_{AB}=\dot{U}_A-\dot{U}_B \\ \dot{U}_{BC}=\dot{U}_B-\dot{U}_C \\ \dot{U}_{CA}=\dot{U}_C-\dot{U}_A \end{cases}$$

以$\dot{U}_A$为参考相量,即$\dot{U}_A=U_P\underline{/0^\circ}$,于是$\dot{U}_B=U_P\underline{/-120^\circ}$,$\dot{U}_C=U_P\underline{/+120^\circ}$,则三相电压的相量图如图5-4(b)所示。对应的线电压为

$$\begin{cases} \dot{U}_{AB}=\sqrt{3}\dot{U}_A\underline{/30^\circ} \\ \dot{U}_{BC}=\sqrt{3}\dot{U}_B\underline{/30^\circ} \\ \dot{U}_{CA}=\sqrt{3}\dot{U}_C\underline{/30^\circ} \end{cases} \tag{5-3}$$

则有$\dot{U}_{AB}+\dot{U}_{BC}+\dot{U}_{CA}=0$,所以,以上三个方程中,只有两个是独立的。

由上可以看出,Y形联结对称三相电源线电压与相电压有效值的关系是

$$U_L=\sqrt{3}U_P \tag{5-4}$$

线电压超前对应的相电压30°。式(5-4)中,U_L为线电压的有效值,U_P为相电压的有效值。通常在低压配电系统中相电压为220V,线电压为380V。

5.2.2 三相电源的三角形(△形)联结

如果把对称三相电源的正、负极依次联结形成一个回路，再从端子A、B、C引出端线，如图5-5(a)所示，就称为三相电源的三角形联结，简称角接。三角形电源的线电压、相电压、电流和相电流的概念与星形电源相同。三角形电源不能引出中线。显然三角形连接的相电压与线电压相等，即$\dot{U}_{AB}=\dot{U}_A$,$\dot{U}_{BC}=\dot{U}_B$,$\dot{U}_{CA}=\dot{U}_C$，有效值的关系是$U_L=U_P$。

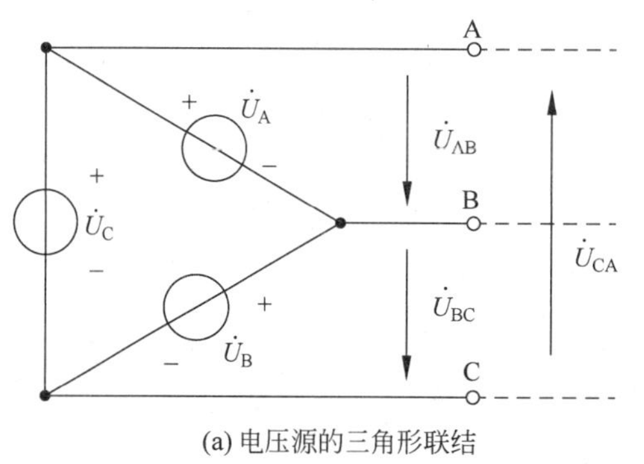

(a) 电压源的三角形联结

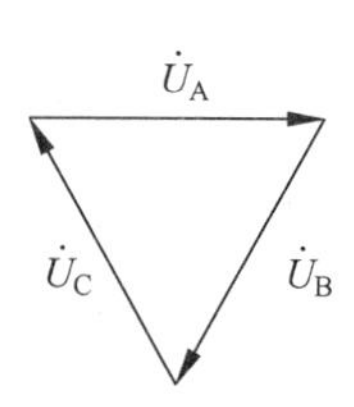

(b) 三角形联结相量图

图5-5 三相电源的三角形联结

在上述正确联结的情况下，因为$\dot{U}_A+\dot{U}_B+\dot{U}_C=0$，所以在没有负载的情况下，电源内部没有环形电流，其相量图如图5-5(b)所示。如果接错，将可能形成很大的环形电流，例如把C相电源接反，则回路电压将为$\dot{U}=\dot{U}_A+\dot{U}_B+(-\dot{U}_C)=-2\dot{U}_C$，即在量值上为一相电压的两倍，这将在电源内部回路中引起极大的电流，从而造成危险，相量图如图5-6所示。为了避免三相绕组顺序接错，三相发电机接成三角形联结时，先不要完全闭合，留下一个开口，并在开口处接上一只交流电压表，如图5-7所示。若测得回路总电压等于零，说明绕组联结正确，这时再把表拆下，将开口处接在一起，构成闭合回路。

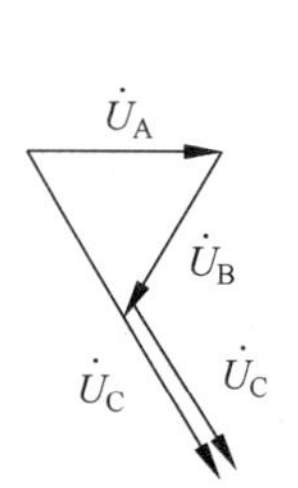

图5-6 电源三角形联结一相接错时的情况

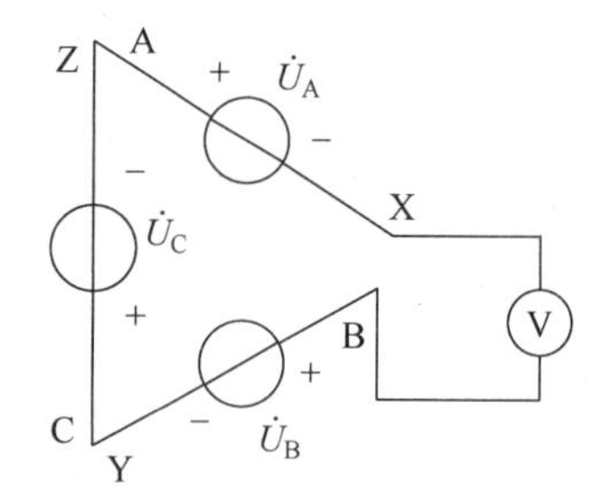

图5-7 角接三相绕组顺序的测量

5.3 三相负载的联结

三相负载也有星形联结(Y形)和三角形(△形)联结两种基本方式。采用哪一种方式，应根据电源电压和负载的额定电压的大小来决定。原则上，应该使负载的实际电压等于其额定电压。

5.3.1 三相负载的星形联结

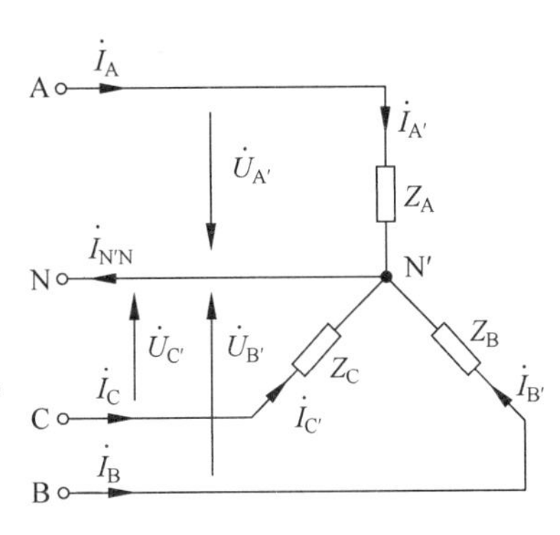

图 5-8 负载的星形联结电路

图 5-8 所示为三相负载的星形联结电路。图中 $\dot{I}_A$、$\dot{I}_B$、$\dot{I}_C$ 是流经端线的电流，为负载的线电流，$\dot{I}_{A'}$、$\dot{I}_{B'}$、$\dot{I}_{C'}$ 是流经负载的电流，为负载的相电流；$\dot{U}_{A'}$、$\dot{U}_{B'}$、$\dot{U}_{C'}$ 为负载的相电压。由图可以看出，三相负载做星形联结时，各相电流和线电流相等。即

$$I_P = I_L \tag{5-5}$$

如果三相电源也做星形联结，并且忽略端线上的阻抗，则电源的相电压与对应的负载相电压相等，即

$$\begin{cases} \dot{U}_A = \dot{U}_{A'} \\ \dot{U}_B = \dot{U}_{B'} \\ \dot{U}_C = \dot{U}_{C'} \end{cases} \tag{5-6}$$

则有负载的相电流为

$$\begin{cases} \dot{I}_{A'} = \dfrac{\dot{U}_{A'}}{Z_A} = \dfrac{\dot{U}_A}{Z_A} \\ \dot{I}_{B'} = \dfrac{\dot{U}_{B'}}{Z_B} = \dfrac{\dot{U}_B}{Z_B} \\ \dot{I}_{C'} = \dfrac{\dot{U}_{C'}}{Z_C} = \dfrac{\dot{U}_C}{Z_C} \end{cases} \tag{5-7}$$

由于三相电源是对称的，如果三相负载也对称，即 $Z_A = Z_B = Z_C = Z$，则相电流必然对称，这样的电路称为对称三相电路。此时中线电流为

$$\dot{I}_{N'N} = \dot{I}_{A'} + \dot{I}_{B'} + \dot{I}_{C'} = \frac{\dot{U}_A + \dot{U}_B + \dot{U}_C}{Z} = 0 \tag{5-8}$$

可见，对称三相电路中线电流为 0，所以可以省去中线。不对称三相电路中，由于电流不对称，所以中线电流不等于 0，因此，不对称三相电路必须有中线。

【例 5-1】 在对称三相电路中，线电压 $U_L = 380\text{V}$，三相负载阻抗均为$(16+\text{j}12)\Omega$，忽略输电线阻抗。求负载做星形联结时，每相负载的电流。

解：在星形电路中，有

$$U_P = \frac{1}{\sqrt{3}} U_L = \frac{1}{\sqrt{3}} \times 380 \approx 220\text{V}$$

令

$$\dot{U}_A = 220\underline{/0^\circ}\text{V}$$

则

$$\dot{I}_A = \frac{\dot{U}_A}{Z} = \frac{220\underline{/0^\circ}}{16 + \text{j}12} \approx 11\underline{/-36.8^\circ}\text{A}$$

根据对称性有

$$\dot{I}_B = 11\underline{/-156.8°}\text{A}, \quad \dot{I}_C = 11\underline{/83.2°}\text{A}$$

5.3.2 三相负载的三角形联结

图 5-9(a)为三相负载的三角形联结电路。这里，$\dot{I}_A$、$\dot{I}_B$、$\dot{I}_C$ 是流经端线的线电流；$\dot{I}_{AB}$、$\dot{I}_{BC}$、$\dot{I}_{CA}$ 是流经负载的相电流。

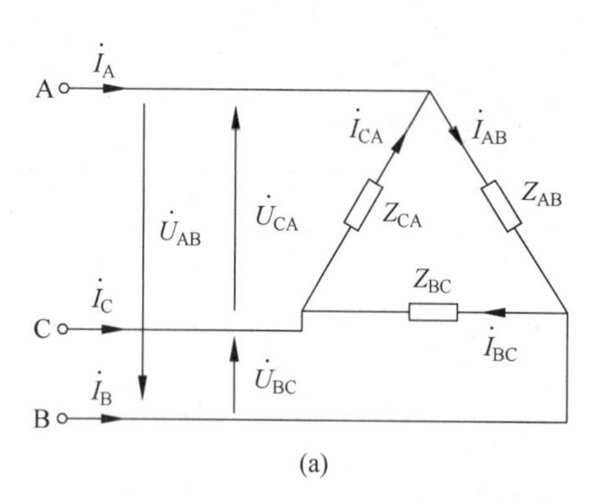

(a)

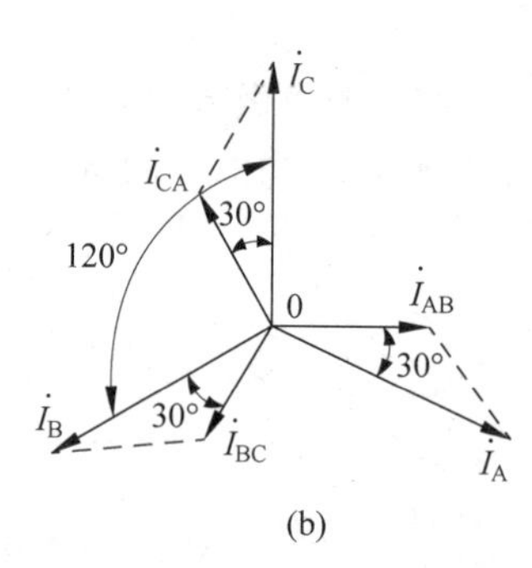

(b)

图 5-9　三相负载的三角形联结

由图 5-9(a)可见，三相负载做三角形联结时相电压和线电压相等，即

$$U_L = U_P \tag{5-9}$$

若 $Z_{AB} = Z_{BC} = Z_{CA} = Z$，则相电流 $\dot{I}_{AB}$、$\dot{I}_{BC}$、$\dot{I}_{CA}$ 是对称的，以 $\dot{I}_{AB}$ 为参考相量，相量图如图 5-9(b)所示。从相量图中可以看出

$$\begin{aligned}\dot{I}_A &= \sqrt{3}\dot{I}_{AB}\underline{/-30°} \\ \dot{I}_B &= \sqrt{3}\dot{I}_{BC}\underline{/-30°} \\ \dot{I}_C &= \sqrt{3}\dot{I}_{CA}\underline{/-30°}\end{aligned} \tag{5-10}$$

由式(5-10)可见，相电流超前对应的线电流 30°，线电流有效值为相电流有效值的$\sqrt{3}$倍。即

$$I_L = \sqrt{3} I_P \tag{5-11}$$

【例 5-2】 三角形联结的对称负载，三相负载阻抗均为(16+j12)Ω，接于线电压 $U_L=380\text{V}$ 的星接三相电源上，试求负载的相电流和线电流。

解：由于负载对称，因此可归结为一相来计算。

阻抗为
$$Z = 16 + \text{j}12 = 20\underline{/53.1°}\Omega$$

依题意，有
$$U_P = U_L = 380\text{V}$$

相电流为
$$I_P = \frac{U_P}{|Z|} = \frac{380}{20} = 19\text{A}$$

线电流为
$$I_L = \sqrt{3} I_P = \sqrt{3} \times 19 \approx 32.9\text{A}$$

5.4 三相电路的功率及其测量

5.4.1 三相电路的功率

1. 三相电路的有功功率

在三相电路中，不论负载是否对称，也不论负载是星形联结还是三角形联结，三相负载所消耗的总的有功功率为各相有功功率之和，即

$$P = P_A + P_B + P_C = U_A I_A \cos\varphi_A + U_B I_B \cos\varphi_B + U_C I_C \cos\varphi_C$$

式中，φ_A、φ_B、φ_C 分别是各相的相电压与相电流的相位差。

当负载对称时，各相的有功功率是相等的，总的有功功率为

$$P = 3U_P I_P \cos\varphi \tag{5-12}$$

式中，φ 是相电压与相电流的相位差角，即每相负载的阻抗角或功率因数角。

当负载星形联结时，$U_P = \frac{1}{\sqrt{3}}U_L$，$I_P = I_L$；当负载三角形联结时，$U_P = U_L$，$I_P = \frac{1}{\sqrt{3}}I_L$，带入式(5-12)中，都有

$$P = \sqrt{3}U_L I_L \cos\varphi \tag{5-13}$$

这里要注意的是，φ 仍是相电压与相电流的相位差角。

2. 三相电路的无功功率和视在功率

三相负载的无功功率等于各相无功功率之和，即

$$Q = Q_A + Q_B + Q_C = U_A I_A \sin\varphi_A + U_B I_B \sin\varphi_B + U_C I_C \sin\varphi_C \tag{5-14}$$

在对称电路中，则有

$$Q = 3U_P I_P \sin\varphi = \sqrt{3}U_L I_L \sin\varphi \tag{5-15}$$

而三相负载总的视在功率则为

$$S = \sqrt{P^2 + Q^2} \tag{5-16}$$

当负载对称时，三相视在功率等于各相视在功率之和。即

$$S = \sqrt{P^2 + Q^2} = 3U_P I_P = \sqrt{3}U_L I_L \tag{5-17}$$

【例 5-3】 对称三相负载的阻抗为(16+j12)Ω，接在线电压为380V的星接对称三相电源上，试求：负载为星形联结和三角形联结时所消耗的总有功功率。

解：每相负载的阻抗为

$$Z = (16 + \mathrm{j}12)\Omega = 20\angle 36.9^\circ\Omega$$

(1) 负载为星形联结时

相电压 $$U_P = \frac{U_L}{\sqrt{3}} \approx 220\text{V}$$

相电流 $$I_P = \frac{U_P}{|Z|} = \frac{220}{20} = 11\text{A}$$

$$\cos\varphi = 0.8$$

总有功功率为

$$P_Y = 3U_P I_P \cos\varphi = 3 \times 220 \times 11 \times 0.8 = 5.8\text{kW}$$

(2) 负载为三角形联结时，负载的相电压等于电源的线电压。

相电流为 $$I_{P}=\frac{U_{P}}{|Z|}=\frac{U_{L}}{|Z|}=\frac{380}{20}=19\text{A}$$

三相功率为 $$P_{\triangle}=3U_{P}I_{P}\cos\varphi=3\times380\times19\times0.8=17.33\text{kW}$$

比较例 5-3 计算结果可知，在电源电压一定的情况下，三相负载的联结方式不同，负载所消耗的功率也不同$\left(P_{Y}=\frac{1}{3}P_{\triangle}\right)$。因此，三相负载在电源电压一定的情况下，都有确定的联结方式，不可任意联结。

5.4.2 三相电路功率的测量

在交流电路中，通常使用功率表测量功率。三相电路有功功率的测量，要根据负载的联结方式和对称与否采用不同的测量方法。常用的测量方法有一表法、二表法和三表法。

1. 一表法

在对称三相四线制电路中，由于各相功率相同，因此可用一只功率表测出任一相功率后，它的三倍就是负载吸收的总功率 P，即 $P=3P_{A}$。这种测量方法称为一表法，如图 5-10 所示。

2. 二表法

三相三线制电路，不论是否对称，其三相负载吸收的总有功功率一般都使用二只单相功率表测量，这种测量方法称为二表法，如图 5-11 所示，两只功率表的电流线圈分别串入任意两条端线中(图 5-11 中 A 线和 B 线)，它们的电压线圈的非 * 端共同接到第三条端线上(图 5-11 中 C 线)。显然，这种测量方法中功率表的接线只触及端线而不触及负载和电源内部，且与电源和负载的连接方式无关。这时两只功率表读数的代数和就等于被测的三相电路的总功率，而任一只功率表的读数都无任何意义。即使在对称三相电路中，这两只功率表的读数一般也并不相同。

可以证明图 5-11 中两个功率表读数的代数和为右侧电路吸收的平均功率。

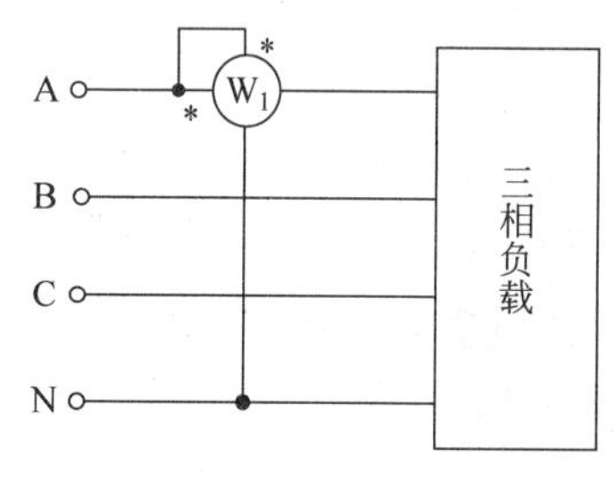

图 5-10 一表法三相功率的测量

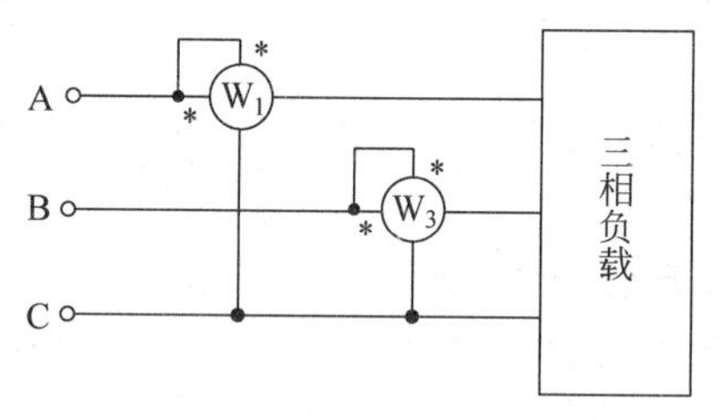

图 5-11 二表法三相功率的测量

3. 三表法

在星形联结的三相四线制电路，无论负载是否对称，一般可用三只单相功率表进行测量，这种方法称为三表法，如图 5-12 所示。

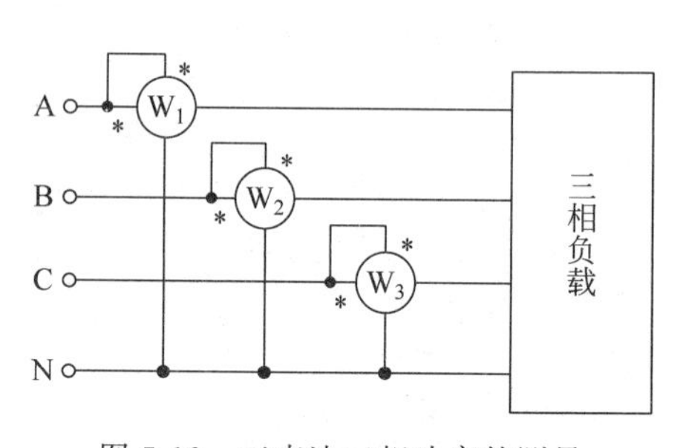

图 5-12 三表法三相功率的测量

图中，功率表 W_{1} 的电流线圈接于 A 相，通过 A 相电流 $\dot{I}_{A}$，电压线圈接于 A 相和中线之间，取得 A 相的相电压 $\dot{U}_{A}$。因此，功率表 W_{1} 指示的量值是A相负载吸收的有功功率 P_A。同理可知,功率表 W_2、W_3 指示的量值是B相和C相负载所吸收的有功功率 P_B 与 P_C,三个功率表读数之和,为三相负载吸收的总功率 P。即

$$P = P_A + P_B + P_C$$

本章小结

本章介绍了三相电源、三相电路的星形联结和三角形联结、三相负载的联结及三相电路功率与测量。

1. 三相电源

对称三相电源的三相电压有效值相等、角频率相同、相位互差120°。三相电源有星形和三角形两种联结方式。星形联结时,线电压的有效值是相电压的$\sqrt{3}$倍,相位超前对应的相电压30°;三角形联结时,线电压与相电压相等。星形联结时,根据需要,可以采用三相三线制或三相四线制供电方式。

2. 三相负载的联结

在三相电路中,三相负载也有星形和三角形两种联结方式。

(1) 当负载星形联结时,线电流等于相电流,线电压的有效值是相电压的$\sqrt{3}$倍,且线电压相位超前对应的相电压30°。

在星形联结的对称三相电路中,由于电源中性点电位与负载中性点电位相等,中性线电流为零,故各相的电流仅由该相的电压和阻抗所决定,与其他两相无关。因此各相的计算具有独立性,只要分析计算一相的电流、电压,其他两相可根据对称性直接写出。

在星形联结的不对称三相电路中,当负载做星形联结时,中线电流不为零,其电流和电压用中性点位移公式来计算。在低压电力系统中,为了保证负载的相电压对称,必须有中性线,广泛采用三相四线制。实际工程中为避免中线断开而造成负载相电压变动过大,一般在中线上不安装开关和保险丝,有时还用机械强度较高的导线作为中线。

(2) 当负载为三角形联结时,线电压等于相电压,则线电流的有效值是相电流的$\sqrt{3}$倍,线电流相位滞后对应的相电流30°。

无论负载采用哪种联结方式,要视负载的额定电压和电源的电压而定。

3. 三相电路功率的计算与测量

1) 三相电路功率的计算

三相电路的有功功率、无功功率等于各相的有功功率、无功功率之和,三相电路的视在功率为

$$S = \sqrt{P^2 + Q^2}$$

若三相负载对称,则不论是星形联结还是三角形联结,其三相功率计算公式为

$$P = 3U_P I_P \cos\varphi = \sqrt{3} U_L I_L \cos\varphi, \quad Q = 3U_P I_P \sin\varphi = \sqrt{3} U_L I_L \sin\cos\varphi,$$

$$S = 3U_P I_P = \sqrt{3} U_L I_L$$

式中,φ 是每相电压与电流间的相位差,即每相负载的阻抗角。

2) 三相电路功率的测量

三相电路有功功率的测量,要根据负载的联结方式和对称与否采用不同的测量方法。常用的测量方法有一表法、二表法和三表法。

习 题 5

5-1 三角形联结对称三相电路，线电流 $\dot{I}_A=2\sqrt{3}\angle -30^\circ$A，则其相电流 $\dot{I}_{AB}$ 是多少？

5-2 如图 5-13 所示，对称三相电源做星形联结，每相电压有效值均为 127V，但其中一相反接，求三相电源线电压的有效值。

5-3 如图 5-14 所示，对称三相电源做三角形联结，每相电压有效值均为 150V，若 A 相接反，且每相内阻抗为 j5Ω，求线电压的有效值及电源环流的有效值。

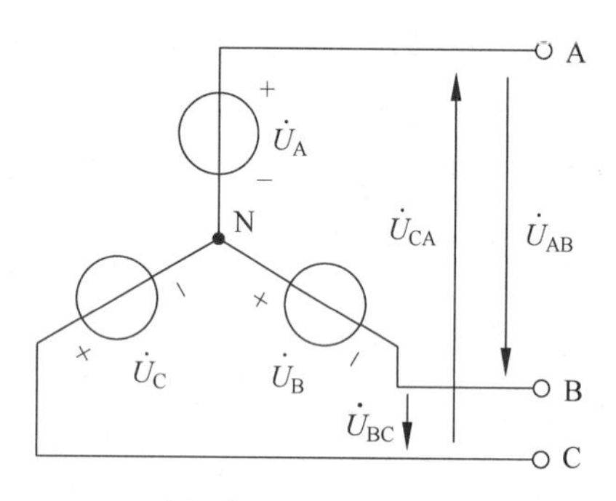

图 5-13 习题 5-2 图

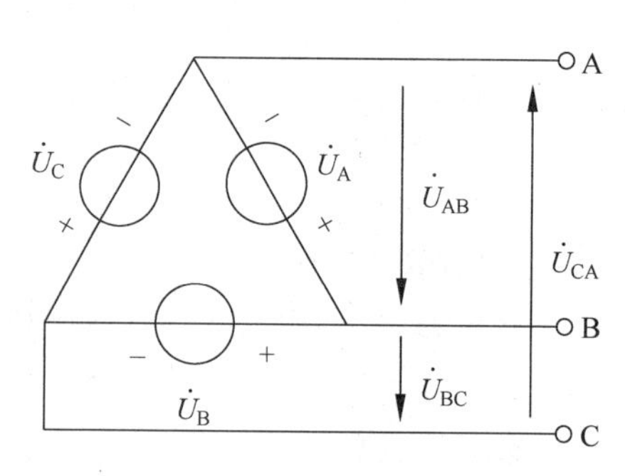

图 5-14 习题 5-3 图

5-4 三相Y形联结电源为正相序，已知相电压 $\dot{U}_B=220\angle 10^\circ$V，试求线电压 $\dot{U}_{AB}$、$\dot{U}_{BC}$ 和 $\dot{U}_{CA}$。

5-5 在图 5-15 所示三相电路中，已知开关 S 闭合时，各电流表的读数均为 10A，试求开关 S 断开后各电流表的读数。

5-6 在图 5-16 所示对称三相电路中，电压表的读数为 1143.16V，$Z=(15+\mathrm{j}15\sqrt{3})\Omega$，$Z_L=(1+\mathrm{j}2)\Omega$，试求：(1)图中电流表的读数及线电压 U_{AB}；(2)三相负载吸收的功率。

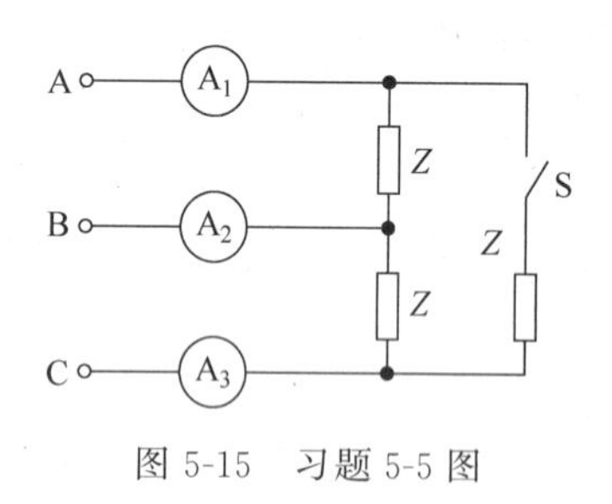

图 5-15 习题 5-5 图

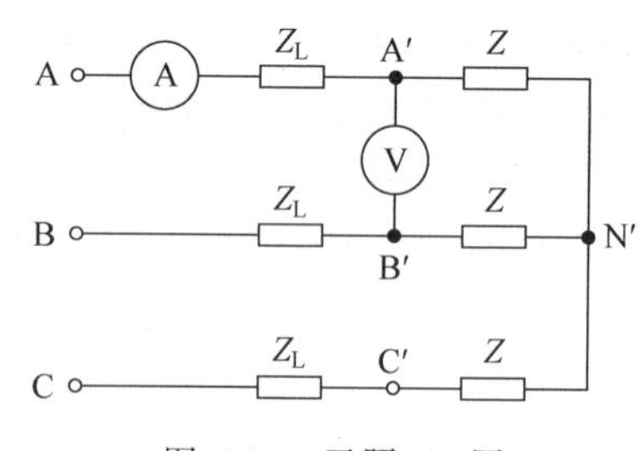

图 5-16 习题 5-6 图

5-7 对称三相负载星形联结，已知每相阻抗为 $Z=15+\mathrm{j}20\Omega$，电源线电压为 380V，求三相交流电路的有功功率、无功功率、视在功率和功率因数。

5-8 已知对称三相电源的线电压 $U_L=380$V，对称三相感性负载做三角形联结，若测得线电流 $I_L=17.3$A，三相功率 $P=9.12$kW，求每相负载的电阻和感抗。

第6章

动态电路的时域分析

在实际的电路中,不可避免地要应用电容和电感等动态元件,含有动态元件的电路称动态电路。在动态电路中,动态元件的能量储存和释放都不是即刻完成的,而是具有电磁惯性。当电信号突然接入或断开、电路结构或元件参数突然改变时,由于动态元件的存在,电路中的电流或电压一般要经过一个变化过程才能达到稳定,我们把从一种稳态转变成另一种稳态的中间过程称为暂态过程或过渡过程。

动态电路过渡过程虽然短暂,但其在电子技术中的应用相当广泛,研究动态电路过渡过程是正确认识和应用现代电路理论的基础。分析过渡过程常用的方法是根据 KCL、KVL 及元件的 VCR 来建立微分方程,进而研究物理量的变化规律。

6.1 动态电路的初始条件

动态电路的动力学过程在任一时刻都应毫无例外地遵循基尔霍夫定律和元件上的电压电流关系,即电路方程,此时,这些方程将是微分方程。如果元件都是线性的,而且其参数 R、L、C 又都是常量,则电路方程将是线性常系数微分方程。本章研究动态电路的过渡过程是以时间 t 为自变量,在时间域内进行的,故称为时域分析。

为了求解微分方程,首先要关注电路状态参变量电流与电压的初始值。电路条件的突然变更,诸如开关动作、参数及电源的变动等都将使电路的状态出现新的变动,称为电路发生换路。工程上常把出现这种新过程的瞬间称为初始时刻,此刻电路的状态 $u_C(0_+)$、$i_L(0_+)$就是初始状态。从电路的微分方程来看,就是初始条件。

根据第 2 章的讨论,在换路瞬间,当电路中电容的电流和电感两端的电压为有限值时,电容上的电压和电感中的电流保持连续,即不发生突变,这一规律称为换路定则。

换路定则一般可表达为

$$u_C(0_+)=u_C(0_-) \tag{6-1}$$

$$i_L(0_+)=i_L(0_-) \tag{6-2}$$

由于磁通链 $\Psi_L=Li_L$ 和电荷量 $q_C=Cu_C$,故上述条件也可改写为

$$q_C(0_+)=q_C(0_-) \tag{6-3}$$

$$\Psi_L(0_+)=\Psi_L(0_-) \tag{6-4}$$

由此可见,电路中有几个独立的动态元件(即 L、C),便可利用式(6-1)和式(6-2),或式(6-2)和式(6-4),决定几个初始值,并且通过它们确定电路微分方程通解中的积分常数。

1. 独立初始值

独立初始值是指电容电压 $u_C(0_+)$和电感电流 $i_L(0_+)$。由换路定律可知,在一定的条

件下，电感电流和电容电压在换路前后是连续的，即有 $u_C(0_+)=u_C(0_-)$ 和 $i_L(0_+)=i_L(0_-)$。也就是说，电容电压初始值和电感电流初始值可根据换路前最终时刻($t=0_-$)的电路直接求得。

2. 非独立初始值

除了 $u_C(0_+)$ 和 $i_L(0_+)$ 以外，动态电路中其他的初始值统称为非独立初始值，如 $i_C(0_+)$、$u_L(0_+)$、$u_R(0_+)$、$i_R(0_+)$等。这类初始值不能通过 $t=0_-$ 时的电路直接求得，而必须先求出电路中的独立初始值，然后画出 $t=0_+$ 时的等效电路，再根据 $t=0_+$ 时的等效电路才能求得。非独立初始值的求解步骤如下。

(1) 根据换路前($t=0_-$)的电路确定 $u_C(0_-)$、$i_L(0_-)$。

$t=0_-$ 时的电路是换路前的稳态电路，即电路结构和参数不变，将电容 C 开路、电感 L 短路，相当于一个特殊的等效电阻电路。

(2) 由换路定律可得 $u_C(0_+)=u_C(0_-)$ 和 $i_L(0_+)=i_L(0_-)$。

(3) 画出 $t=0_+$ 时刻的等效电路。

在 $t=0_+$ 时的等效电路中，电容 C 用 $U_0=u_C(0_+)$ 的直流电压源替代，电感 L 用 $I_0=i_L(0_+)$ 的直流电流源替代，且等效电源上的电压、电流取关联参考方向。

(4) 根据 $t=0_+$ 时刻的等效电路，求出非独立初始值。

在分析、求解动态电路的响应时，通常将微分方程中变量的初始值称为初始条件，将电容电压或电感电流的初始值称为初始状态。

【例 6-1】 电路如图 6-1(a)所示。开关闭合前电路已达到稳态，求换路后电容电压和各支路电流的初始值。

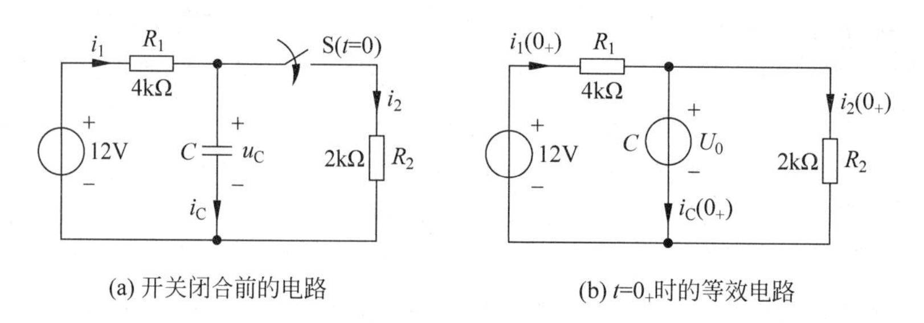

(a) 开关闭合前的电路　　(b) $t=0_+$时的等效电路

图 6-1　例 6-1 电路图

解：(1) 在图 6-1(a)所示的电路中，开关闭合前电路已达到稳态，即表明 $t=0_-$ 时电容电压为稳定值，则 $i_C(t)=0$，电容 C 相当于开路，其两端的电压等于电压源的电压，即

$$u_C(0_-)=12\text{V}$$

(2) 根据换路定律，在电路发生换路即开关闭合后有 $u_C(0_+)=u_C(0_-)=12\text{V}$。

(3) 画出 $t=0_+$ 时的等效电路。当 $t=0_+$ 时，开关已经闭合。根据换路定律，用 $U_0=u_C(0_+)=12\text{V}$ 的直流电压源替代电容 C，且电压 U_0 与电流 i_C 取关联参考方向，如图 6-1(b)所示。

(4) 根据图 6-1(b)所示的等效电路，可求出非独立初始值：

$$i_2(0_+)=\frac{u_C(0_+)}{R_2}=\frac{12}{2}=6\text{mA}$$

$$i_1(0_+)=\frac{12-u_C(0_+)}{R_1}=\frac{12-12}{4}=0$$

$$i_C(0_+)=i_1(0_+)-i_2(0_+)=-6\text{mA}$$

【例 6-2】 电路如图 6-2(a)所示。开关 S 在 $t=0$ 时闭合，闭合前电路已稳定且电容 C_1 上的电荷为 0。试求在 $t=0_+$ 时刻各储能元件上的电压、电流值。

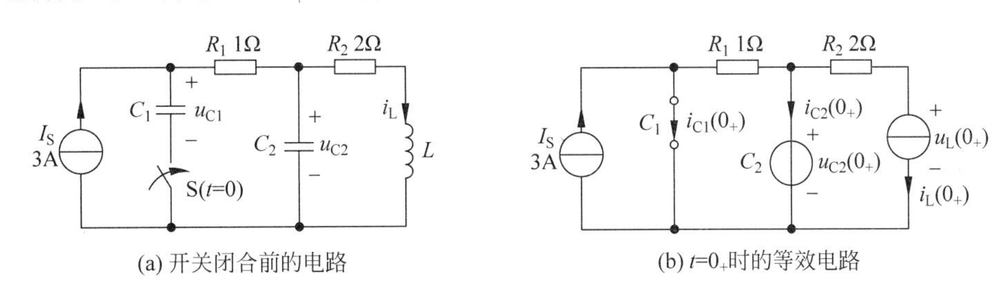

(a) 开关闭合前的电路　　(b) $t=0_+$时的等效电路

图 6-2　例 6-2 电路图

解：(1) 在 $t=0_-$ 时电路已达到稳态，表明电感中的电流恒定不变，则电感两端的电压为 0，电感相当于短路。稳态时，电容 C_2 相当于开路，电容 C_1 的电荷为 0，则电压也为 0，即有

$$i_L(0_-)=3\text{A},\quad u_{C1}(0_-)=0\text{V},\quad u_{C2}(0_-)=R_2I_S=2\times3=6\text{V}$$

(2) 根据换路定律，在 $t=0_+$ 时有

$$u_{C1}(0_+)=u_{C1}(0_-)=0\text{V},\quad u_{C2}(0_+)=u_{C2}(0_-)=6\text{V},\quad i_L(0_+)=i_L(0_-)=3\text{A}$$

(3) 在 $t=0_+$ 时刻，电容 C_2 用 $u_{C2}(0_+)=6\text{V}$ 的电压源替代，电感 L 用 $i_L(0_+)=3\text{A}$ 的电流源替代。因为 $u_{C1}(0_+)=0\text{V}$，所以电容 C_1 短路。$t=0_+$ 时的等效电路如图 6-2(b)所示。图中，等效电源的电压、电流取关联参考方向。

(4) 由等效电路可求得

$$u_L(0_+)=-R_2I_S+u_{C2}(0_+)=-2\times3+6=0\text{V}$$

$$i_{C2}(0_+)=-i_L(0_+)-\frac{u_{C2}(0_+)}{R_1}=-3-\frac{6}{1}=-9\text{A}$$

$$i_{C1}(0_+)=I_S+\frac{u_{C2}(0_+)}{R_1}=3+\frac{6}{1}=9\text{A}$$

6.2　常系数微分方程经典解法

当一个电路只有一个独立的动态元件时，称为一阶电路。在一阶电路中，当有外加输入激励时，列出的电路方程是一阶非齐次常系数微分方程，它一般具有下列形式：

$$\frac{\mathrm{d}f(t)}{\mathrm{d}t}+\alpha f(t)=g(t) \tag{6-5}$$

式中，α 是与电路参数有关的常数；$g(t)$是与外施激励成比例的时间函数。在高等数学中可知式(6-5)的通解由两部分组成：

$$f(t)=f_p(t)+f_h(t) \tag{6-6}$$

其中，$f_h(t)$是相应的齐次方程：

$$\frac{\mathrm{d}f(t)}{\mathrm{d}t}+\alpha f(t)=0 \tag{6-7}$$

的通解；$f_{\mathrm{p}}(t)$是非齐次微分方程(6-5)的一个特解。

1. 通解 $f_{\mathrm{h}}(t)$的求解

设齐次方程式(6-7)的解为

$$f_{\mathrm{h}}(t)=K\mathrm{e}^{st} \tag{6-8}$$

代入方程式(6-7)，得

$$Ks\mathrm{e}^{st}+aK\mathrm{e}^{st}=0$$

每项除以 $K\mathrm{e}^{st}$，得

$$s+a=0 \tag{6-9}$$

式(6-9)称为特征方程，其解为

$$s=-a \tag{6-10}$$

称为微分方程的特征根或固有频率。因此，齐次方程(6-7)的通解 $f_{\mathrm{h}}(t)$为

$$f_{\mathrm{h}}(t)=K\mathrm{e}^{-at} \tag{6-11}$$

式中，K 为任意常数，它由初始条件确定。

2. 特解 $f_{\mathrm{p}}(t)$的求解

非齐次方程(6-5)的特解 $f_{\mathrm{p}}(t)$可用待定系数法求得，任何适合于式(6-6)的解都可以作为其特解。非齐次方程的特解 $f_{\mathrm{p}}(t)$通常具有与输入函数 $g(t)$相同的形式，因此可以设定与输入函数 $g(t)$相似的某一形式的函数作为特解 $f_{\mathrm{p}}(t)$，然后代入式(6-6)以确定 $f_{\mathrm{p}}(t)$中的一些未知系数。

常见的与输入函数相对应的特解形式如表 6-1 所示。

表 6-1　一阶常系数非齐次微分方程的特解形式

输入函数 $\omega(t)$的形式	特解 $x_{\mathrm{p}}(t)$的形式
P	A
P_0+Pt	A_0+A_1t
$P_0+P_1t+P_2t^2$	$A_0+A_1t+A_2t^2$
$P\mathrm{e}^{\lambda t}(\lambda\neq A)$	$A\mathrm{e}^{\lambda t}$
$P\mathrm{e}^{\beta t}(\beta=A)$	$At\mathrm{e}^{\beta t}$
$P\sin\alpha t$ 或 $P\cos\alpha t$	$A_1\sin\alpha t+A_2\cos\alpha t$

3. $f_{\mathrm{h}}(t)$中常数 K 的确定

将式(6-11)代入式(6-6)得

$$f(t)=f_{\mathrm{h}}(t)+f_{\mathrm{p}}(t)=K\mathrm{e}^{\alpha t}+f_{\mathrm{p}}(t) \tag{6-12}$$

若已知初始条件：

$$f(t_0)=F_0$$

则由式(6-12)得

$$K\mathrm{e}^{\alpha t_0}+f_{\mathrm{p}}(t_0)=F_0 \tag{6-13}$$

由此可确定常数 K，从而求得非齐次方程式(6-5)的解。

6.3 一阶RC电路的响应

6.3.1 一阶RC电路的微分方程

一阶RC电路如图6-3所示。$t<0$时，开关接在a端且电路处于稳态。$t=0$时，开关倒向b端。因此，开关倒向b端之前电容器已经充电至u_0，故$u_C(0_-)=u_0$。该电路满足的微分方程为

$$RC\frac{du_C(t)}{dt}+u_C(t)=u_S \quad (t>0) \tag{6-14}$$

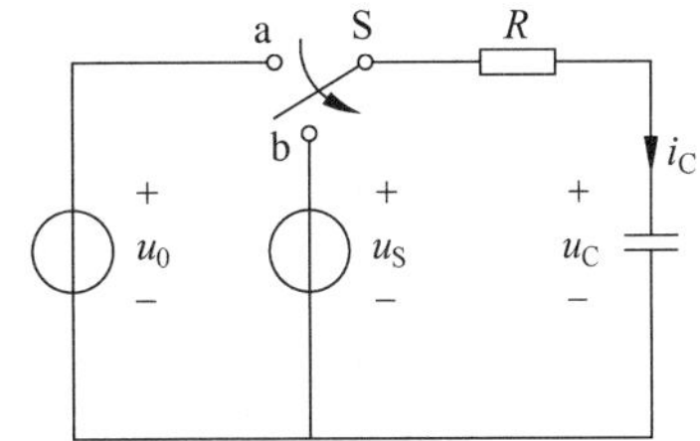

图6-3 一阶RC电路

根据换路定则，得

$$u_C(0_+)=u_C(0_-)=u_0 \tag{6-15}$$

根据6.2节介绍的一阶微分方程的求解方法，可得此微分方程的通解为

$$u_C(t)=u_{Cp}(t)+u_{Ch}(t)=u_S+Ke^{-t/RC} \tag{6-16}$$

根据初始条件：

$$u_C(0_+)=u_C(0_-)=u_0$$

得待定系数：

$$K=u_0-u_S$$

则电路满足初始条件的解为

$$u_C(t)=u_S+(u_0-u_S)e^{-t/RC} \quad (t\geqslant 0) \tag{6-17}$$

式(6-17)表示$u_C(t)$由两个分量组成：第一项为稳态分量，第二项为暂态分量。也可以把式(6-17)改写成

$$u_C(t)=u_0e^{-t/RC}+u_S(1-e^{-t/RC}) \quad (t>0) \tag{6-18}$$

式中，第一项称为零输入响应，它是电路在没有独立电源作用下，仅由初始储能引起的响应；第二项称为零状态响应，它是电路在初始储能为零，仅由独立电源引起的响应。响应$u_C(t)$等于零输入响应与零状态响应之和，这是叠加原理在线性动态电路中的体现。

因此，根据叠加原理，在求解响应$u_C(t)$时，可以把非零初始值的电容电压和非零初始值的电感电流也看作是一种“电压源”和“电流源”，利用叠加定理将这些“电源”与外加电源分别单独作用，计算出零输入响应和零状态响应，然后将其结果叠加起来就可以得到电路的响应。

6.3.2 一阶RC电路的零输入响应

前文已指出，电路没有独立电源的作用，仅由初始储能引起的响应，称为零输入响应。现在讨论一阶RC电路零输入响应的电气特性。

当$u_S=0$，由式(6-18)得

$$u_C(t)=u_0e^{-t/RC} \quad (t>0) \tag{6-19}$$

根据电容器上电流电压关系：

$$i_C(t)=C\frac{\mathrm{d}u_C}{\mathrm{d}t}$$

就得到放电电流：

$$i_C(t)=C\frac{\mathrm{d}u_C}{\mathrm{d}t}=-\frac{u_0}{R}\mathrm{e}^{-t/RC}\quad(t>0)\tag{6-20}$$

由式(6-19)和式(6-20)可见，RC电路的零输入响应 $u_C(t)$ 与 $i_C(t)$ 都是随时间衰减的指数函数，而且按同一指数规律衰减到零。$u_C(t)$ 和 $i_C(t)$ 随时间变化的曲线如图6-4(a)和(b)所示。衰减的速率决定于式中指数上的常量 RC 的值。

根据图6-4(b)所示，在 $t=0$ 时(即换路时)，电流由零一跃变为 u_0/R，产生跃变，这正是电容电压不能跃变所决定的。令

$$\tau=RC\tag{6-21}$$

由于

$$\tau=RC=\frac{u}{i}\times\frac{q}{u}=it=t$$

τ 具有时间的量纲，称为时间常数。下面，以电压 $u_C(t)$ 为例说明时间常数的意义。

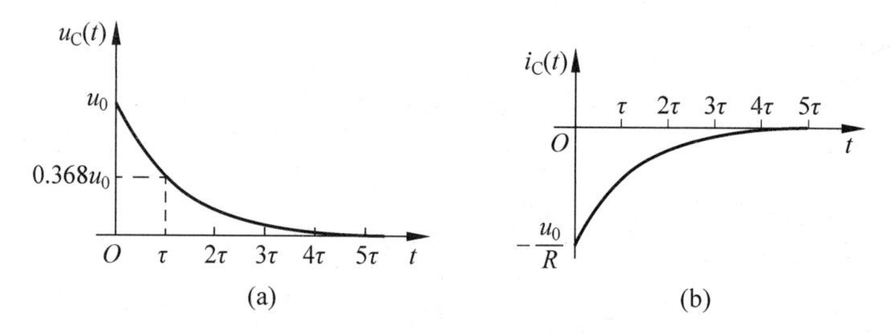

图6-4　一阶RC电路的零输入响应

令 $t=0$，则 $u_C(0)=u_0$；再令 $t=\tau$，则 $u_C(\tau)=0.368u_0$，这就是说经过时间 $\tau=RC$ 之后，电压下降到初始值的36.8%；同样可以算出当 $t=2\tau,3\tau,\cdots$ 时的电压值，将计算结果列入表6-2中。

表6-2　不同时刻 $u_C(t)$ 的值

t	0	τ	2τ	3τ	4τ	5τ	…	∞
$u_C(t)$	u_0	$0.368u_0$	$0.135u_0$	$0.05u_0$	$0.018u_0$	$0.007u_0$	…	0

由表6-2可见，从理论上讲需要经历无限长时间，暂态过程才能结束，但实际上只要经过 $3\tau\sim5\tau$ 的时间，电压(电流)已衰减到可忽略不计的程度，此时暂态过程就可以认为已经基本结束。显然，时间常数反映了暂态过程实际持续的时间。

RC串联电路的时间常数 $\tau=RC$，可知时间常数仅由电路参数决定，与电路的初始状态无关。RC 的值越大，时间常数也越大。这可从物理概念来理解：在一定初始电压之下，电阻 R 越大，放电的电流就越小，也就是电荷释放过程进行得越缓慢；而电容 C 越大，在同样初始电压 u_0 之下，电容器原先所储存的电荷 $q(0)=Cu_0$ 就越多，因此放电的时间也就越长。

由初始条件可知，电容器中原先储存的电场能量为

$$W_e = \frac{1}{2}Cu_0^2$$

电阻在电容放电过程中消耗的全部能量为

$$W_R = \int_0^{\infty} Ri^2 \mathrm{d}t = \frac{u_0^2}{R}\int_0^{\infty} \mathrm{e}^{-2t/CR}\mathrm{d}t = \frac{1}{2}Cu_0^2 = W_e$$

上述计算结果证明了电容在放电过程中释放的能量的确全部转换为电阻消耗的能量。电阻消耗能量的速率直接影响电容电压衰减的快慢，可以从能量消耗的角度说明放电过程的快慢。例如，在电容电压初始值 u_0 不变的条件下，增加电容 C，就增加了电容的初始储能，使放电过程的时间加长；若增加电阻 R，电阻电流减小，电阻消耗能量减少，使放电过程的时间加长。这就可以解释当时间常数 $\tau = RC$ 变大，电容放电过程会加长的原因。

由以上分析可知，RC 电路的零输入响应是由电容的初始电压 u_0 和时间常数 $\tau = RC$ 所确定的。在换路前，电路处于一种稳态，即 $u_C(0_-) = u_0, i_C(0_-) = 0$；在换路后，当 $t \to \infty$ 时处于另一种稳态，即 $u_C(\infty) = 0, i_C(\infty) = 0$。这两种稳态之间的转换过程便是过渡过程。

【例 6-3】 电路如图 6-5 所示，换路前电路已稳定，当 $t=0$ 时，开关 S 从位置 1 切换到位置 2，求 $t \geqslant 0$ 时的 $u_C(t)$、$u_1(t)$、$i_2(t)$。

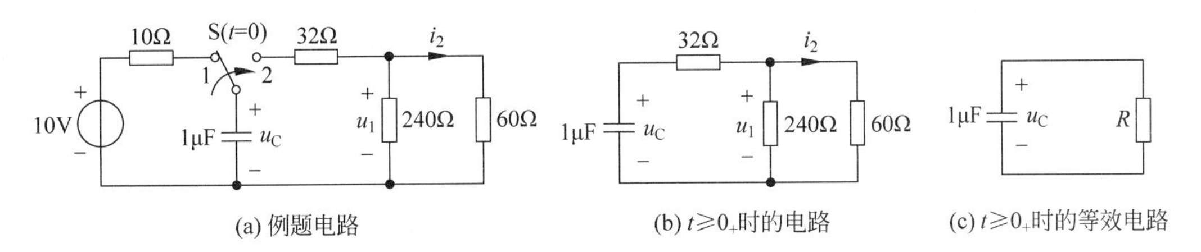

(a) 例题电路　(b) $t \geqslant 0_+$ 时的电路　(c) $t \geqslant 0_+$ 时的等效电路

图 6-5　例 6-3 图

解：(1) 根据题意，换路前 1μF 的电容已充电到 10V，即 $u_C(0_-) = 10\text{V}$。换路后的等效电路如图 6-5(c)所示，与典型 RC 零输入响应电路相同，图中 R 是等效电阻。在图 6-5(c)中有

$$R = 32 + \frac{240 \times 60}{240 + 60} = 80\Omega$$

$$\tau = RC = 80 \times 1 \times 10^{-6} = 80\mu\text{s}$$

$$u_C(0_+) = u_C(0_-) = 10\text{V}$$

$$u_C(t) = u_C(0_+)\mathrm{e}^{-\frac{t}{\tau}} = 10\mathrm{e}^{-12500t}\text{V} \quad (t \geqslant 0_+)$$

(2) 根据图 6-5(b) $t \geqslant 0_+$ 时的电路，求 $u_1(t)$ 和 $i_2(t)$。由分压公式得

$$u_1(t) = \frac{80-32}{80}u_C(t) = 6\mathrm{e}^{-12500t}\text{V} \quad (t \geqslant 0_+)$$

由欧姆定律得

$$i_2(t) = \frac{u_1(t)}{60} = 0.1\mathrm{e}^{-12500t}\text{A} \quad (t \geqslant 0_+)$$

由本例可以看到，对于一个由电容和若干个电阻构成的一般性的一阶电路，可以在换路后，利用等效变换原理或戴维南定理、诺顿定理，将动态元件两端以外的电路进行等效变换，转换成典型电路再分析计算。这是简化一阶电路分析过程的有效方法之一，也适用于在

6.4 节将要讨论的一阶 RL 电路。

6.3.3 一阶 RC 电路的零状态响应

电路初始储能为零，仅在外加激励作用下引起的响应，称为零状态响应。下面讨论一阶 RC 电路零状态响应的电气特性。

零状态响应时，$u_0=0$，$u_C(0_+)=u_C(0_-)=u_0=0$，由式(6-18)得

$$u_C(t)=u_S(1-e^{-t/RC}) \quad (t>0) \tag{6-22}$$

$$i_C(t)=C\frac{du_C(t)}{dt}=\frac{u_S}{R}e^{-t/RC} \quad (t>0) \tag{6-23}$$

这就是一阶 RC 电路电容器上的电压与电流随时间的变化，据此可以研究电路的电气特性。$u_C(t)$、$i_C(t)$随时间变化的曲线如图 6-6 所示。

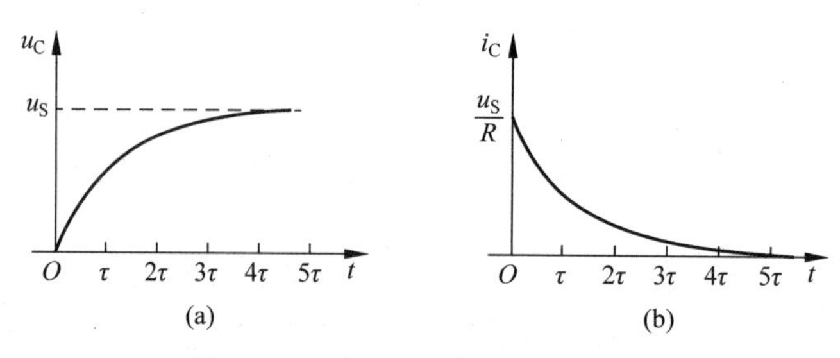

图 6-6 一阶 RC 电路的零状态响应

$u_C(t)$是从零值开始按指数规律上升而趋于稳态值 $u_C(\infty)=u_S$，其时间常数 $\tau=RC$。τ 越小，上升越快；τ 越大，上升越慢。由图 6-6 可知，当 $t>4\tau$ 时，$u_C(t)$与稳态 u_S 之差已小于 1.84%，因此可以认为电容已达到了稳态。$i_C(t)$是由零跃变到$\frac{u_S}{R}$后再按指数规律衰减到零，衰减的时间常数仍为 RC，当 $t>4\tau$ 时，$i_C(t)$可近似认为衰减到稳态值 $i_C(\infty)=0$。

我们也可以从物理概念上阐明换路后 $u_C(t)$的变化趋势。在换路前 C 被开关 S 短路，所以 $u_C(0_-)=0$，$i_C(0_-)=0$，$i_R(0_-)=0$，电路处于初始稳态。在换路后初始瞬间，电容电压不会跃变，即 $u_C(0_+)=u_C(0_-)=0$，电容如同短路，输入电压全部加在电阻 R 上；电流从零突变为 $i_C(0_+)=u_S/R$。随着时间的推移，由于电容器不断充电，电容电压逐渐上升，而电流逐渐减小。当 $t=\infty$时，电容电压 $u_C(\infty)=u_S$，输入电压全部加在电容器上，而电流 $i_C(\infty)=0$，充电停止，此时电容器相当于开路。于是电容电压不再变化，电路达到新的稳态。

【例 6-4】 电路如图 6-7 所示。已知电容的初始状态为零，开关 S 在 $t=0$ 时闭合。求换路后的 $u_C(t)$、$i_C(t)$、$u_R(t)$。

解：电容初始状态为零，即 $u_C(0_-)=0V$，则电路中的响应属于零状态响应。图 6-7(b)是 $t\geqslant 0_+$ 时的电路，断开电容后求得端口的开路电压 $U_{OC}=20\times10^3\times7.5\times10^{-3}=150V$，等效电阻 $R_{eq}=30+20=50k\Omega$，换路后的戴维南等效电路如图 6-7(c)所示，与 RC 零状态响应典型电路相同。由图 6-7(c)可得时间常数 $\tau=RC=50\times0.1\times10^{-3}=5ms$。

当 $t\to\infty$时，在如图 6-7(c)所示等效电路中，电容相当于开路，电容两端的电压等于电

源电压，即 $u_C(\infty)=150\text{V}$。

解得

$$u_C(t)=u_C(\infty)-u_C(\infty)e^{-\frac{t}{\tau}}=150(1-e^{-200t})\text{V}\quad(t\geqslant 0_+)$$

$$i_C(t)=C\frac{du_C}{dt}=\frac{150-u_C}{50}=3e^{-200t}\text{mA}\quad(t\geqslant 0_+)$$

根据图 6-7(b)$t\geqslant 0_+$ 时的电路，由 KVL 得

$$u_R(t)=30i_C+u_C=30\times 3e^{-200t}+150(1-e^{-200t})=150-60e^{-200t}\text{V}\quad(t\geqslant 0_+)$$

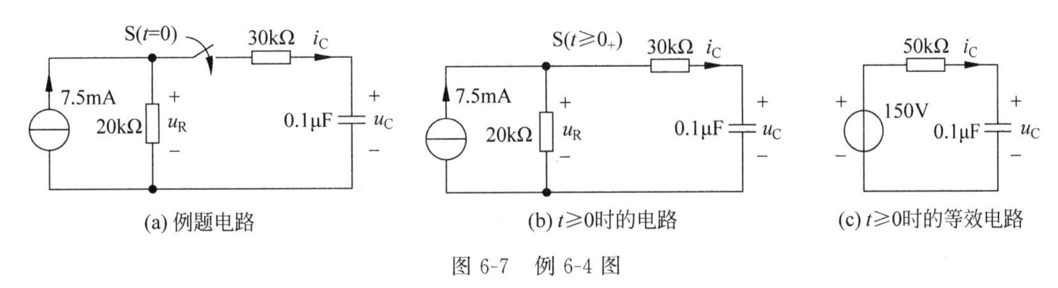

图 6-7　例 6-4 图

6.4　一阶 RL 电路的响应

6.4.1　一阶 RL 电路的微分方程

一阶 RL 电路如图 6-8 所示。设在 $t=0$ 时，S_1 迅速投向 b，S_2 同时断开，这样电感 L 便与电阻 R 连接。虽然电感 L 已与电源脱离，但由于电感电流不能突变，电感中存在初始电流 $i_L(0_+)=i_L(0_-)=i_0$（根据换路定律），即电感中储存磁场能。

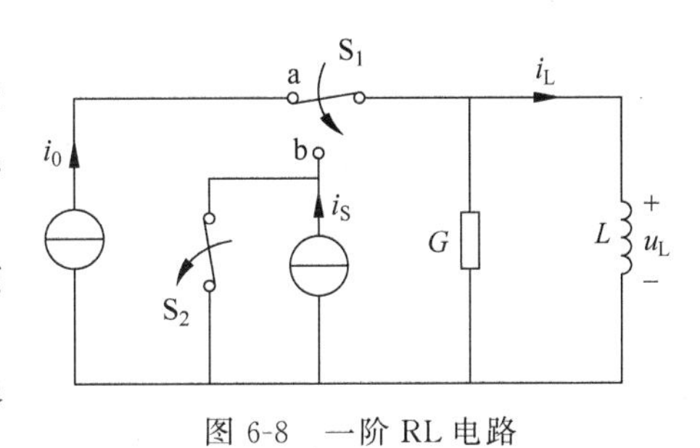

图 6-8　一阶 RL 电路

$G=R^{-1}$，$t<0$ 时，开关 S_1 接在 a 端且电路处于稳态，$i_L(0_-)=i_0$。$t=0$ 时，开关 S_1 倒向 b 端，同时开关 S_2 断开。因此，电路的微分方程为

$$\frac{L}{R}\frac{di_L(t)}{dt}+i_L(t)=i_S\quad(t>0)\tag{6-24}$$

根据换路定则

$$i_L(0_+)=i_L(0_-)=i_0\tag{6-25}$$

此微分方程的通解为

$$i_L(t)=i_{Lp}(t)+i_{Lh}(t)=i_S+Ke^{-t/GL}\tag{6-26}$$

根据初始条件 $i_L(0_+)=i_L(0_-)=i_0$，得

$$K=i_0-i_S$$

则电路的满足初始条件的特解为

$$i_L(t)=i_S+(i_0-i_S)Ke^{-t/GL}\quad(t\geqslant 0)\tag{6-27}$$

式(6-27)表示 $i_L(t)$ 由两个分量组成：第一项为稳态分量，第二项为暂态分量。也可以把式(6-27)写成

$$i_L(t)=i_0\mathrm{e}^{-t/GL}+i_S(1-\mathrm{e}^{-t/GL})\quad(t>0) \tag{6-28}$$

式中，第一项称为零输入响应，它是电路在没有独立电源作用下，仅由初始储能引起的响应；第二项称为零状态响应，它是电路在初始储能为零，仅由独立电源引起的响应。电流的响应等于零输入响应与零状态响应之和。

6.4.2 一阶 RL 电路的零输入响应

当 $i_S=0$，$i_L(0_+)=i_L(0_-)=i_0$，从而得到电感中电流：

$$i_L(t)=i_0\mathrm{e}^{-t/\tau} \tag{6-29}$$

式中，

$$\tau=L/R \tag{6-30}$$

是电路的时间常数。则电感电压 $u_L(t)$ 为

$$u_L(t)=L\frac{\mathrm{d}i_L}{\mathrm{d}t}=-Ri_0\mathrm{e}^{-t/\tau}\quad(t>0) \tag{6-31}$$

电感上的电压为负，这是因为电流下降，自感电压 $u_L(t)$ 的实际方向与电流方向相反。

电流和电压随时间变动的曲线如图 6-9 所示。随着时间的推移，电流逐渐减小；电感中原先所储存的磁场能量 $W_m=Li_0^2/2$ 在电阻中全部消耗之后，电流便等于零。这个过程从理论上看需要经历无限长的时间，实际上只需经过 $3\tau\sim5\tau$ 就可以认为基本结束。电阻越大能量消耗得越快，而电感越大，表明原先储存的能量越多，因此可以理解 RL 电路的时间常数 τ 与电阻成反比，而与电感成正比的原因。

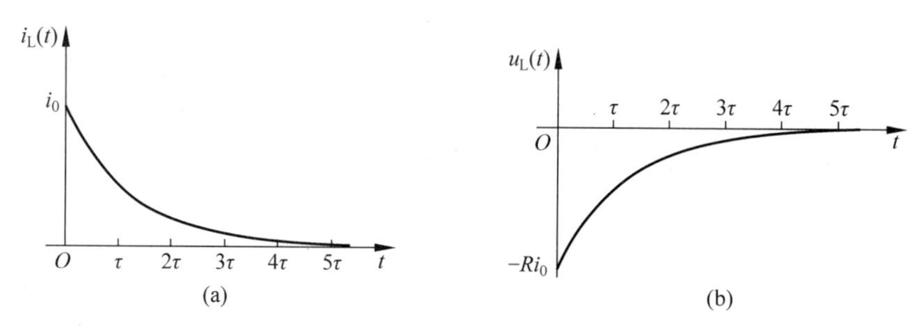

图 6-9 一阶 RL 电路的零输入响应

对一阶 RC 电路和一阶 RL 电路零输入响应的分析进行总结，可知求解零输入响应的规律如下。

从物理意义上说，零输入响应是在零输入时非零初始状态下产生的，它取决于电路的初始状态，也取决于电路的特性。对一阶电路来说，它是通过时间常数 τ 或电路固有频率来体现的。

从数学意义上说，零输入响应就是线性齐次常微分方程在非零初始条件下的解。

在激励为零时，线性电路的零输入响应与电路的初始状态呈线性关系，初始状态可看作是电路的"激励"或"输入信号"。若初始状态增大 A 倍，则零输入响应也增大 A 倍，这种关系称为"零输入线性"。

【例 6-5】 电路如图 6-10 所示。线圈损耗电阻及 $R=2\Omega$、$L=0.1\text{mH}$，接于 12V 直流电源工作。在 $t=0$ 时，开关 S_1 打开切断电源，与此同时，开关 S_2 闭合接入灭磁电阻 R_f。问：要使线圈两端电压不超过 10 倍工作电压，应接入多大阻值的灭磁电阻 R_f？

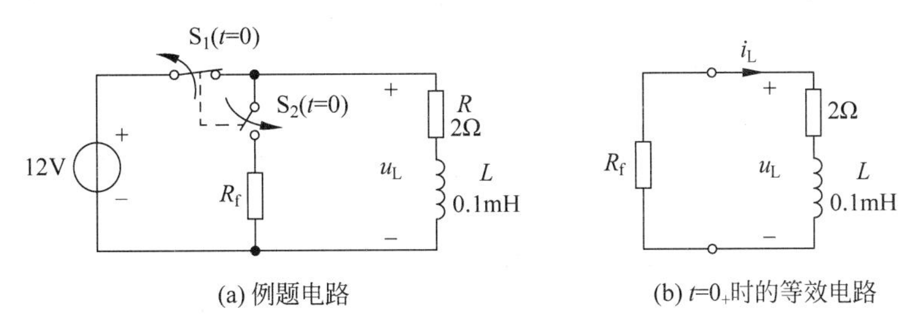

(a) 例题电路　　(b) $t=0_+$时的等效电路

图 6-10　例 6-5 图

解：因为换路(断开电源)前线圈的电流为

$$i(0_-)=12/2=6\text{A}$$

所以，换路后线圈电流初值为

$$i(0_+)=i(0_-)=12/2=6\text{A}$$

$t\geqslant 0$ 时的电路如图 11-10(b)所示，根据零输入响应表达式，回路电流为

$$i(t)=i(0_+)\text{e}^{-\frac{t}{\tau}}=6\text{e}^{-\frac{t}{\tau}}$$

由上式可知，电流呈指数衰减变化，初始时刻即 $t=0_+$ 时电流最大，故断开电源接入 R_f 的瞬间，线圈两端出现的电压为最大值。根据题意，此时不应使 $u_L(0_+)\geqslant 10\times 12=120\text{V}$，即

$$R_f i(0_+)<120\text{V}$$

因此可解得

$$R_f<120/6=20\Omega$$

6.4.3 一阶 RL 电路的零状态响应

当 $i_0=0$，将此值代入式(6-29)得电流：

$$i_L(t)=i_S\left(1-\text{e}^{-\frac{1}{GL}t}\right)\quad(t>0)\tag{6-32}$$

电感的端电压：

$$u_L(t)=L\frac{\text{d}i(t)}{\text{d}t}=\frac{i_S}{G}\text{e}^{-\frac{1}{GL}t}\quad(t>0)\tag{6-33}$$

在图 6-11 中画出了 $i_L(t)$ 与 $u_L(t)$ 随时间变化的曲线。整个动态过程就是在电感中建立电流的过程。由于电感中的电流不能突变，在我们讨论的情况下，电流从零开始逐渐增加。当 $t=0_+$ 时，电流为零，电流源的电流全部经过电阻，使电感电压跃变为 Ri_S，它与电感的感应电压相平衡，故在初始时刻电感相当于开路。当 $t=\infty$ 时，电流达到稳态值 $i(\infty)=i_S$，此时电感电压 $u_L(\infty)=0$，故电感在稳态时相当于短路。这与前面所讨论的 RC 电路的性质正相反，电容在初始时刻相当于短路，而在稳态时相当于开路。这一概念对分析某些实际电路问题很有用处。

总结一阶 RC 电路和一阶 RL 电路的零状态响应，其规律如下。

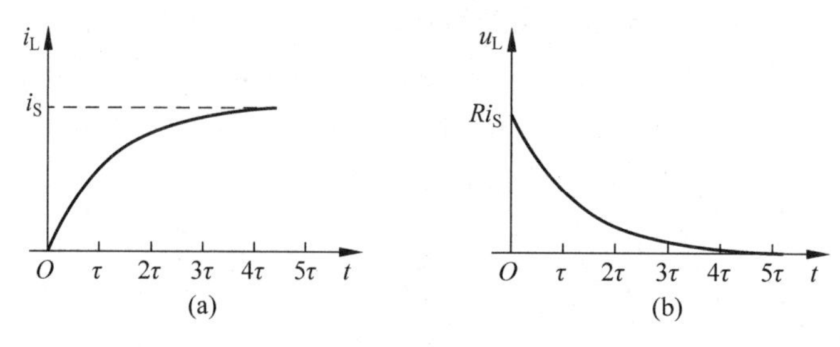

图 6-11　一阶 RL 电路的零状态响应

从物理意义上说，电路的零状态响应是由外加激励和电路特性决定的。一阶电路零状态响应反映的物理过程，实质上是动态元件的储能从无到有逐渐增加的过程，电容电压或电感电流都是从零值开始按指数规律上升到稳态值，上升的快慢由时间常数 τ 决定。

从数学意义上说，零状态响应就是线性非齐次常微分方程在零初始条件下的解。

当系统的起始状态为零时，线性电路的零状态响应与外施激励呈线性关系，即激励增大到 A 倍，响应也增大到 A 倍。多个独立源作用时，总的零状态响应为各独立源分别作用的响应的总和，这就是所谓“零状态线性”。

6.5　一阶电路分析的三要素法

前面分析了只包含一个储能元件和一个电阻的最简单的一阶电路中的暂态过程。当一个电路虽包含多个电阻和电源支路，但仍只有一个独立储能元件时，依然属于一阶电路的范畴。对任意复杂的一阶电路而言，总可以把储能元件支路单独分出来，而使其他部分归并成一个电阻性的含源二端网络，如图 6-12(a)和(b)所示。

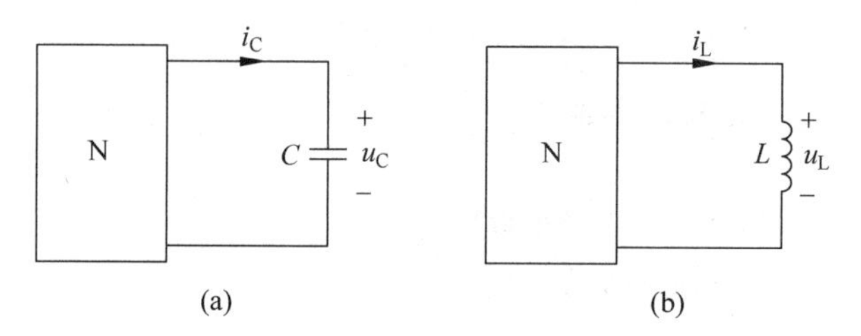

图 6-12　任意一阶电路模型

由前面的讨论可知，动态电路的响应由独立电源和动态元件的储能共同产生。仅仅由动态元件初始条件引起的响应称为零输入响应；仅仅由独立电源引起的响应称为零状态响应。动态电路分析的基本方法是建立微分方程，然后用数学方法求解微分方程，得到电压电流响应的表达式。

这样，只要用戴维南等效电路(或诺顿等效电路)代替图 6-12 中的含源一端口网络 N，图 6-12 等效电路的微分方程则为一阶非齐次微分方程。电路的时间常数 $\tau=RC$ 或 $\tau=L/R$，R 为一端口网络 N 的戴维南等效电阻。同一电路中各个变量(电压和电流)的暂态分量的时间常数相同，只是稳态分量和积分常数不同。现在假设 $f(t)$表示电路中任意支路的电压或电流，满足如下的微分方程：

$$\frac{\mathrm{d}f(t)}{\mathrm{d}t}+\frac{1}{\tau}f(t)=g(t) \tag{6-34}$$

该微分方程的解可表示为

$$f(t)=f_{\mathrm{p}}(t)+K\mathrm{e}^{-t/\tau} \tag{6-35}$$

$f_{\mathrm{p}}(t)$为式(6-34)的一个特解，其形式与$g(t)$相似；τ为时间常数，若已知初始值为$f(0_+)$，将$t=0$代入式(6-35)，得

$$f(0_+)=f_{\mathrm{p}}(0_+)+K \tag{6-36}$$

所以待定系数为

$$K=f(0_+)-f_{\mathrm{p}}(0_+)$$

将此K值代入式(6-36)，得

$$f(t)=f_{\mathrm{p}}(t)+[f(0_+)-f_{\mathrm{p}}(0_+)]\mathrm{e}^{-t/\tau} \tag{6-37}$$

$f(t)$代表电路中某支路的电压或者电流。其中，$f(0_+)$为初始值，$f_{\mathrm{p}}(t)$为稳态解，τ为时间常数。一般来说，只要能确定$f(0_+)$、$f_{\mathrm{p}}(t)$和τ这三个要素，就能够确定一阶电路中某支路电流或电压的时间响应表达式。

式(6-37)是计算一阶电路中任意电压或电流响应的一般公式。只要求得$f(0_+)$、$f_{\mathrm{p}}(t)$和τ这三个要素，就能直接写出电路暂态过程中的电流和电压，这称为分析一阶电路的三要素法。对于含直流电源的一阶电路，特解$f_{\mathrm{p}}(t)=f(\infty)$，此时响应的表达式为

$$f(t)=f(\infty)+[f(0_+)-f(\infty)]\mathrm{e}^{-t/\tau} \tag{6-38}$$

由此可见，直流电源作用下的一阶电路的完全响应是由$f(0_+)$、$f_{\mathrm{p}}(t)$和τ三个要素决定的，只要求出这三个要素，即可求得一阶电路在恒定输入信号激励下的完全响应。在直流电源的作用下，这三个要素的求解方法如下。

(1) 求初始值$f(0_+)$。

当变量是电容电压或电感电流时，可根据换路定律，直接通过$t=0_-$时的等效电路求初始值；当变量是其他支路的电压或电流时，必须先求出$t=0_-$时的$u_{\mathrm{C}}(0_-)$或$i_{\mathrm{L}}(0_-)$，然后再根据$t=0_+$时的等效电路求初始值。

(2) 求稳态值$f(\infty)$。

稳态值是指$t\to\infty$时的终值$f(\infty)$，其值可根据$t\to\infty$时的等效电路求出。当$t\to\infty$时，电路中的电容C相当于开路，电感L相当于短路。

(3) 求时间常数τ。

当电路中的动态元件是电容C时，$\tau=R_{\mathrm{eq}}C$；当动态元件是电感L时，$\tau=G_{\mathrm{eq}}L=L/R_{\mathrm{eq}}$。式中，$R_{\mathrm{eq}}$是根据换路后的电路，将电路中的电源置零(即电压源短路、电流源开路)后，从储能元件C(或L)两端看进去的等效电阻。

(4) 求全响应$f(t)$。

将上面所求出的三个要素代入全响应的一般表达式中，并注明时间条件即可。

上述三要素法只适用于一阶电路，且电路中的激励必须是直流或者是阶跃信号。当电路中的外施激励是正弦信号时，其三要素法的公式为

$$f(t)=f_{\infty}(t)+[f(0_+)-f_{\infty}(t)]\mathrm{e}^{-t/\tau}$$

式中，$f_{\infty}(t)$是变量的稳态响应，是与激励同频的正弦函数，其值可根据换路后的电路用相量法求出；$f_{\infty}(0_+)$是稳态响应的初始值，即$f_{\infty}(t)$在$t=0_+$时的值；$f(0_+)$是变量电压、

电流的初始值；τ 是时间常数。

【例 6-6】 图 6-13 所示电路在开关闭合前已达到稳定状态，$t=0$ 时开关闭合，求 $t\geqslant 0$ 时的 $u_C(t)$。

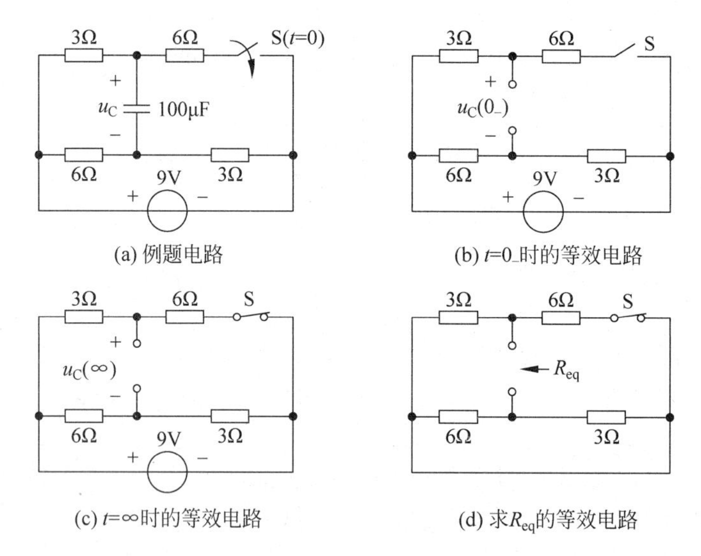

(a) 例题电路　(b) $t=0_-$时的等效电路

(c) $t=\infty$时的等效电路　(d) 求R_{eq}的等效电路

图 6-13　例 6-6 图

解：(1) 求初始值 $u_C(0_+)$。

在 $t=0_-$ 时，电容相当于开路，等效电路如图 6-13(b)所示。由等效电路可得

$$u_C(0_+)=u_C(0_-)=9\times\frac{6}{6+3}=6\text{V}$$

(2) 求稳态分量 $u_C(\infty)$。

在 $t\to\infty$时，电容相当于开路，等效电路如图 6-13(c)所示。由图 6-13(c)可得

$$u_C(\infty)=9\times\frac{6}{6+3}-9\times\frac{3}{6+3}=3\text{V}$$

(3) 求时间常数 τ。

在换路后的电路中，断开电容元件，令电压源为零即短路，如图 6-13(d)所示。从电容两端看进去的等效电阻为

$$R_{eq}=(3//6)+(6//3)=4\Omega$$

$$\tau=R_{eq}C=4\times 100\times 10^{-6}=4\times 10^{-4}\text{s}$$

(4) 求全响应 $u_C(t)$。

$$u_C(t)=u_C(\infty)+[u_C(0_+)-u_C(\infty)]e^{-t/\tau}\quad (t\geqslant 0_+)$$

$$=3+(6-3)e^{-\frac{t}{4\times 10^{-4}}}=3+3e^{-2500t}\text{ V}$$

【例 6-7】 电路如图 6-14(a)所示。已知 $u_C(0_-)=-5\text{V}$，开关 S 在 $t=0$ 时闭合。求 $t\geqslant 0$ 时的 u_C 和 i_C。

解：图 6-14(a)的戴维南等效电路如图 6-14(b)所示。其中，U_{OC} 和 R_{eq} 由开路、短路法求得。对图 6-14(a)，由 KVL 得

$$(R_1+R_2)i_1+100i_1=(200+100)i_1+100i_1=10\text{V}$$

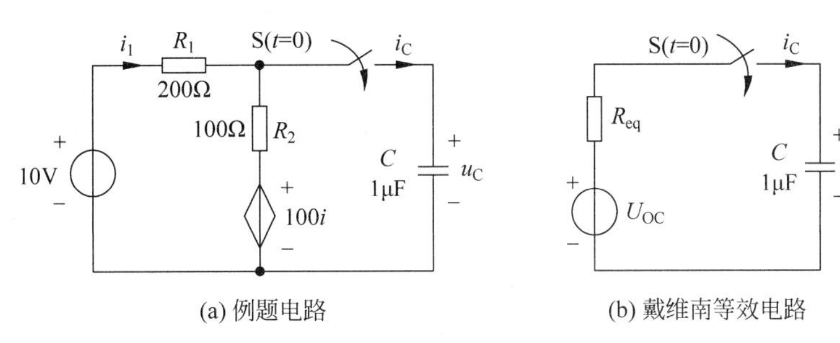

图 6-14　例 6-7 图

解得

$$i_1 = 0.025\text{A}$$

开路电压为

$$U_{OC} = R_2 i_1 + 100 i_1 = 100 i_1 + 100 i_1 = 5\text{V}$$

短路电流为

$$I_{SC} = \frac{10}{R_1} + \frac{100 i_1}{R_2} = \frac{10}{200} + \frac{100 \times \frac{10}{200}}{100} = 0.1\text{A}$$

等效电阻为

$$R_{eq} = \frac{U_{OC}}{I_{SC}} = \frac{5}{0.1} = 50\Omega$$

根据图 6-14(b)的等效电路，用三要素法求 $u_C(t)$。

$$u_C(0_+) = u_C(0_-) = -5\text{V}$$

$$\tau = R_{eq} C = 50 \times 1 \times 10^{-6} = 5 \times 10^{-5}\text{s}$$

$$u_C(\infty) = 5\text{V}$$

$$u_C(t) = u_C(\infty) + [u_C(0_+) - u_C(\infty)]\text{e}^{-t/\tau} \quad (t \geqslant 0_+)$$

$$= 5 + (-5 - 5)\text{e}^{-\frac{t}{5\times 10^{-5}}} = 5 - 10\text{e}^{-20000t}\text{V}$$

$$i_C(t) = C\frac{\text{d}u_C}{\text{d}t} = 0.2\text{e}^{-20000t}\text{A} \quad (t \geqslant 0_+)$$

6.6　简单二阶动态电路

当电路中同时含有电感和电容两种不同性质的储能元件时，其暂态过程将与只含单一储能元件电路的暂态过程有所不同，出现了一些新的现象。我们知道，电路暂态过程的性质主要取决于暂态分量变动的规律，而暂态分量变动规律是与外加电源无关的，只决定于电路的参数和结构。因此，为了突出重点，只分析电容器 C 通过 RL 放电的过程，即 RLC 电路的零输入响应。当 RLC 电路与直流电源或正弦电源接通时，其暂态分量的形式与零输入响应的形式相同，只是稳态分量和积分常数不同而已。

6.6.1 RLC 串联电路方程的建立

图 6-15 所示是一个 RLC 串联电路，电容的初始电压为 $u_C(0_-)=u_0$，电感的初始电流为 $i_L(0_-)=i_0$，在 $t=0$ 时将开关 S 闭合，电容器将通过电阻和电感放电。电路方程为

$$L\frac{\mathrm{d}i}{\mathrm{d}t}+Ri+u_C=u_S$$

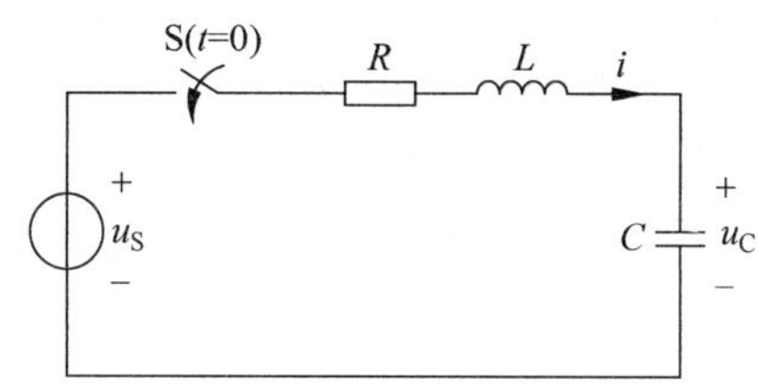

图 6-15　RLC 串联电路

将 $i=C\dfrac{\mathrm{d}u_C}{\mathrm{d}t}$代入上式，得微分方程：

$$LC\frac{\mathrm{d}^2u_C}{\mathrm{d}t^2}+RC\frac{\mathrm{d}u_C}{\mathrm{d}t}+u_C=u_S$$

这是一个二阶线性常系数微分方程。为求出方程的解，需要知道两个初始条件 $u_C(0_+)$ 和 $\dot{u}_C(0_+)$。分析电路电流与电压的特点可知，$\dot{u}_C(0_+)$的确定可以根据 $i_L=i=C\dot{u}_C$ 得到：

$$\dot{u}_C(0_+)=C^{-1}i_L(0_+)$$

$u_C(0_+)$和 $i_L(0_+)$的确定与一阶电路完全相同，先求换路前电路处于稳态时的 $u_C(0_-)$和 $i_L(0_-)$，由换路定则得到：

$$u_C(0_+)=u_C(0_-),\quad i_L(0_+)=i_L(0_-)=i(0_+)$$

根据以上分析，图 6-15 表示的 RLC 串联电路满足的微分方程为

$$LC\frac{\mathrm{d}^2u_C}{\mathrm{d}t^2}+RC\frac{\mathrm{d}u_C}{\mathrm{d}t}+u_C=u_S$$

$$u_C(0_+)=u_0,\quad i_L(0_+)=i_0 \tag{6-39}$$

根据常系数微分方程的求解方法，此微分方程的通解为

$$u_C(t)=u_{Cp}(t)+u_{Ch}(t) \tag{6-40}$$

式中，$u_{Ch}(t)$为齐次微分方程的通解。齐次微分方程对应的特征方程为

$$LCs^2+RCs+1=0 \tag{6-41}$$

特征根为

$$s_1=-\frac{R}{2L}+\sqrt{\frac{R^2}{4L^2}-\frac{1}{LC}}=-\alpha+\sqrt{\alpha^2-\omega_0^2} \tag{6-42}$$

$$s_2=-\frac{R}{2L}-\sqrt{\frac{R^2}{4L^2}-\frac{1}{LC}}=-\alpha-\sqrt{\alpha^2-\omega_0^2} \tag{6-43}$$

式中，

$$\alpha=\frac{R}{2L} \tag{6-44}$$

$$\omega_0=\frac{1}{\sqrt{LC}} \tag{6-45}$$

齐次微分方程的通解可表示为

$$u_{Ch}(t)=A_1'\mathrm{e}^{s_1t}+A_2'\mathrm{e}^{s_2t} \tag{6-46}$$

A_1'与 A_2'为待定系数。RLC 串联电路在直流电源 u_S 的作用下，非齐次微分方程的特解为

$$u_{Cp}(t)=u_S \tag{6-47}$$

因而微分方程(6-39)的解为

$$u_C(t)=A'_1e^{s_1t}+A'_2e^{s_2t}+u_S \tag{6-48}$$

根据初始条件

$$u_C(0_-)=u_0,\quad i(0_-)=i_0$$

代入式(6-48),可得

$$A'_1=\frac{1}{s_2-s_1}\left[s_2(u_0-u_S)-\frac{1}{C}i_0\right] \tag{6-49}$$

$$A'_2=\frac{1}{s_1-s_2}\left[s_1(u_0-u_S)-\frac{1}{C}i_0\right] \tag{6-50}$$

即得到电路满足初始条件的特解。

6.6.2 RLC串联电路的零输入响应

前文已指出,电路在没有独立电源作用的情况下,仅由初始储能引起的响应,称为零输入响应。现在讨论二阶RLC电路零输入响应的电气特性。

当$u_S=0$,由式(6-49)和式(6-50)得待定系数:

$$A_1=\frac{1}{s_2-s_1}\left(s_2u_0-\frac{1}{C}i_0\right) \tag{6-51}$$

$$A_2=\frac{1}{s_1-s_2}\left(s_1u_0-\frac{1}{C}i_0\right) \tag{6-52}$$

由式(6-44)和式(6-45)可知,α与ω_0由参数R、L、C决定,因而电路暂态过程的电气特性与α和ω_0的相对大小有关。下面分$\alpha>\omega_0$、$\alpha<\omega_0$及$\alpha=\omega_0$三种情况分别加以讨论。

1. $\alpha>\omega_0$,过阻尼情况

当$\alpha>\omega_0$时,由式(6-42)和式(6-43)可知,s_1、s_2是两个不相等的负实根。由于外加输入$u_S=0$,因而电路建立稳态后,电容电压及电流都等于零,即稳态分量$u_{Cp}=0$。电容电压和电流的零输入响应分别为

$$u_C(t)=u_{Cp}+u_{Ch}=A_1e^{s_1t}+A_2e^{s_2t} \tag{6-53}$$

$$i(t)=C\frac{du_C(t)}{dt}=CA_1s_1e^{s_1t}+CA_2s_2e^{s_2t} \tag{6-54}$$

当$i_0=0$时,将式(6-51)和式(6-52)代入式(6-53)和式(6-54)可得

$$u_C(t)=\frac{u_0}{s_2-s_1}(s_2e^{s_1t}-s_1e^{s_2t}) \tag{6-55}$$

$$i(t)=\frac{u_0}{L(s_2-s_1)}(e^{s_1t}-e^{s_2t}) \tag{6-56}$$

图6-16给出了当$i_0=0$时,$u_C(t)$和$i(t)$随时间的演化曲线。此时,实际上是电容器C通过RL的放电过程。从式(6-42)和式(6-43)知道$|s_1|<|s_2|$,所以$u_C(t)$的前一项$s_2e^{s_1t}$的绝对值较大,衰减得较慢;后一项$s_1e^{s_2t}$的绝对值较小,衰减得较快;$u_C(t)$与这两项之差成正比,而且是从初始值u_0连续下降的,如图6-16(a)所示。由于$s_2-s_1=-2\sqrt{\alpha^2-\omega_0^2}<0$,由

式(6-55)和式(6-56)可知,电流 i 恒为负值。电流随时间变动的曲线如图 6-16(b)所示。

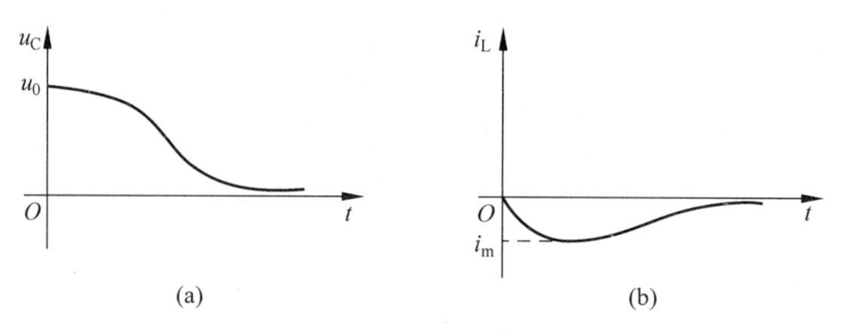

图 6-16　过阻尼状态响应曲线

现在来看电路中的能量过程。电路接通后,电容器就要放电,电压 $u_C(t)$下降,而电流 $i(t)$的绝对值增加。说明电容器中储存的电场能量 $W_e=Cu_C^2(t)/2$ 逐渐释放出来。其中一部分转化为磁场能量 $W_m=Li^2(t)/2$ 储存于电感中,另一部分则消耗在电阻中。由于电阻比较大 $R^2>4L/C$,电阻消耗能量迅速。到 $t=t_m$ 时电流达到最大值,以后磁场储能不再增加,并随着电流的下降而逐渐放出。因此,电容电压单调下降,形成非振荡的放电过程。

2. $\alpha<\omega_0$,欠阻尼情况

当电阻 R 较小时,$\alpha<\omega_0$,特征方程(6-41)有两共轭复数根 s_1、s_2,可写为

$$s_1=-\alpha+j\sqrt{\omega_0^2-\alpha^2}=-\alpha+j\omega_d \tag{6-57}$$

$$s_2=-\alpha-j\sqrt{\omega_0^2-\alpha^2}=-\alpha-j\omega_d \tag{6-58}$$

式中,

$$\omega_d=\sqrt{\omega_0-\alpha^2} \tag{6-59}$$

把式(6-57)和式(6-58)的 s_1 和 s_2 的值代入式(6-48),在 $u_S=0$ 条件下得

$$u_C(t)=Ae^{-\alpha t}\sin(\omega_d t+\varphi) \tag{6-60}$$

其中,

$$A=\sqrt{A_1^2+A_2^2} \tag{6-61}$$

$$\varphi=-\arctan\frac{A_2}{A_1} \tag{6-62}$$

图 6-17 给出了当 $i_0=0$ 时,在欠阻尼情况下 $u_C(t)$ 和 $i_C(t)$随时间的变化曲线。

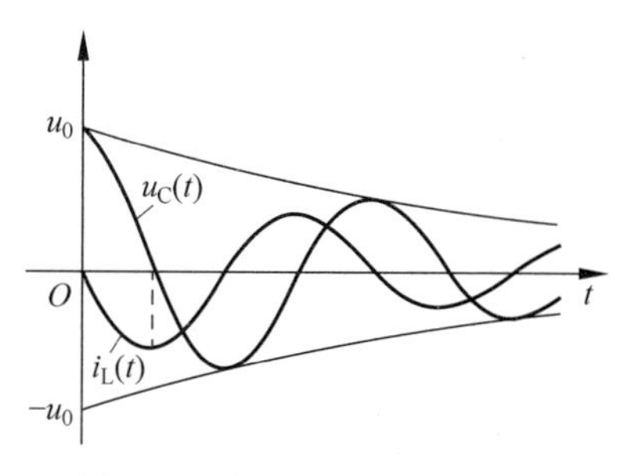

图 6-17　欠阻尼状态响应曲线

从图 6-17 可见,此时电路中电流及电压都是具有衰减振幅的正弦函数,它们是按照一定周期正负交替变动的,这种现象称为自由振荡。它是依靠电容器原先储能($i_0\neq0$ 时,也可以是线圈中储能)来维持振荡的。衰减谐振角频率:

$$\omega_d=\sqrt{\frac{1}{LC}-\frac{R^2}{4L^2}}$$

由于电阻要不断地消耗能量,振荡的振幅将逐渐减小而趋于零,所以这种自由振荡称为

衰减振荡或阻尼振荡，$\alpha=R/2L$ 称为衰减系数。

3. $\alpha=\omega_0$，临界阻尼情况

当 $\alpha=\omega_0$ 时，特征方程(6-42)有一对相等的实数根 s_1、s_2，可写为

$$s_1=s_2=\frac{-R}{2L}=-\alpha$$

s_1、s_2 为一对负实数的重根，这种情况恰好介于振荡过程和非振荡过程之间，所以称为临界状态。此时回路电阻 $R=2\sqrt{L/C}$ 称为临界电阻。电路中的电阻小于临界电阻是振荡情形，否则就是非振荡情形。

在临界条件下，电容电压 $u_C(t)$ 及电流 $i(t)$ 分别为

$$u_C(t)=(A_1+A_2t)e^{-\alpha t} \tag{6-63}$$

$$i(t)=C(-A_1\alpha+A_2-A_2\alpha t)e^{-\alpha t} \tag{6-64}$$

根据 u_C 及 i 的初始条件，可确定积分常数 A_1 及 A_2 的值。临界情形仍属于非振荡情形，这时电流、电压的波形与非振荡情形相似，故此处不多叙述。

图 6-18 给出了当 $i_0=0$ 时，在临界阻尼情况下 $u_C(t)$ 和 $i_C(t)$ 随时间的变化曲线。

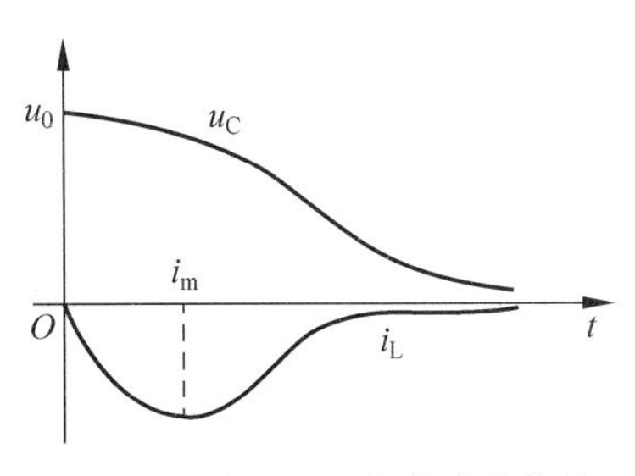

图 6-18 临界阻尼状态响应曲线

6.6.3 RLC 串联电路对阶跃函数的零状态响应

在图 6-15 的 RLC 串联电路中，如果为 $u_C(0_-)=0$，$i_L(0_-)=0$。在 $t=0$ 时，将开关 S 闭合，阶跃函数 $u_S\cdot\varepsilon(t)$ 作用于电路中，由式(6-48)～式(6-50)，在过阻尼情况下得

$$u_C(t)=u_S-\frac{u_S}{s_2-s_1}(s_2e^{s_1t}-s_1e^{s_2t})\cdot\varepsilon(t) \tag{6-65}$$

$$i(t)=\frac{u_S}{L(s_1-s_2)}(e^{s_1t}-e^{s_2t})\cdot\varepsilon(t) \tag{6-66}$$

在欠阻尼情况下得

$$u_C(t)=u_S-\frac{\omega_0}{\omega_d}u_Se^{-\alpha t}\sin(\omega_dt+\varphi)\cdot\varepsilon(t) \tag{6-67}$$

$$i(t)=\frac{u_S}{\omega_dL}e^{-\alpha t}\sin(\omega_dt)\cdot\varepsilon(t) \tag{6-68}$$

在图 6-19 中绘出了电压 $u_C(t)$ 随时间变动的曲线。从图中可见，由于电路发生振荡，在某一段时间内电容电压超过了外加电压 u_S。但这是衰减振荡，所以电容电压最后将趋于外加电压 u_S 这一稳态值。

【例 6-8】 电路如图 6-20 所示，$R_1=1\Omega$，$L=0.2\text{H}$，$C=1.25\text{F}$，$R_2=2\Omega$，$u_S=3\text{V}$，开关闭合已久，$t=0$ 时断开，求电流 i 和电压 u_C。

解：换路前，电感相当于短路，电容相当于开路，i 和 u_C 的初始值分别为

$$i(0_-)=\frac{u_S}{R_1+R_2}=1\text{A}$$

$$u_C(0_-)=R_2i(0_-)=2\text{V}$$

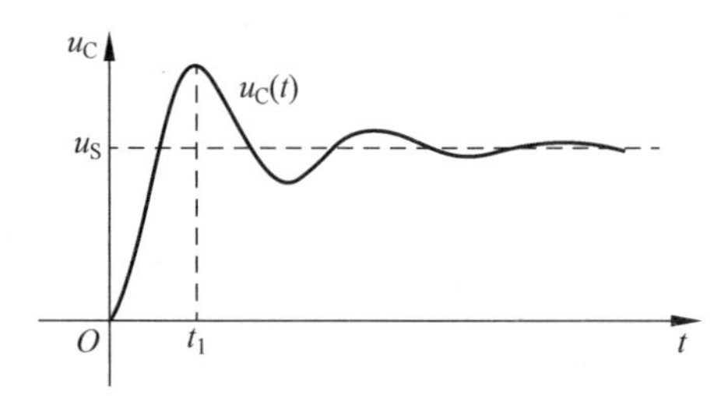

图 6-19 $u_C(t)$的振荡波形

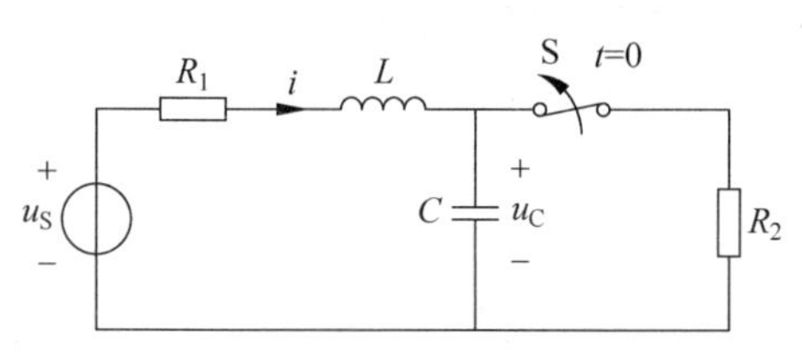

图 6-20 例 6-8 图

换路后，以 u_C 为变量的微分方程为

$$LC\frac{d^2u_C}{dt^2}+R_1C\frac{du_C}{dt}+u_C=u_S$$

显然，u_C 的特解为 $u_{Cp}=u_S=3V$

特征方程为 $LCs^2+R_1Cs+1=0$

即 $s^2+5s+4=0$

解出特征根： $s_1=-1,\quad s_2=-4$

微分方程的通解为

$$u_C=u_{Cp}+A_1e^{s_1t}+A_2e^{s_2t}=3+A_1e^{-t}+A_2e^{-4t}$$

根据初始条件：

$$u_C(0_+)=2$$

$$\left.\frac{du_C}{dt}\right|_{t=0_+}=\frac{i(0_+)}{C}=0.8$$

则

$$A_1+A_2=-1$$

$$-A_1-4A_2=0.8$$

解出 $A_1=-1.067, A_2=0.067$，将 A_1 和 A_2 代入 u_C 表达式，有

$$u_C=3-1.067e^{-t}+0.067e^{-4t}\,V$$

由电容的伏安关系，电流 i 为

$$i=C\frac{du_C}{dt}=1.333e^{-t}-0.333e^{-4t}\,A$$

6.6.4 一般二阶电路分析

前面讨论的 RLC 串联电路是最简单的二阶电路。为了能够分析任意结构的一般二阶电路的电气特性，和简单二阶电路的分析类似，首先要根据 KCL、KVL 及元器件的 VAR 建立以 u_C 或 i_L 为变量的二阶微分方程。若电路为零输入响应，则求二阶齐次微分方程的通解；若电路为零状态响应或完全响应，则求二阶非齐次微分方程的解。

建立二阶微分方程的主要步骤如下。

(1) 以 $u_C(t)$和 $i_L(t)$为变量列出两个微分方程。

(2) 利用微分算子 $s=\frac{d}{dt}$ 和 $\frac{1}{s}=\int dt$ 将微分方程变换为两个代数方程。

(3) 联立求解两个代数方程得到解答 $f(t)=P(s)/Q(s)$，其中 $f(t)$ 表示电容电压 $u_C(t)$ 或电感电流 $i_L(t)$，$P(s)$ 和 $Q(s)$ 是 s 的多项式。

(4) 将 $f(t)=P(s)/Q(s)$ 改写为 $Q(s)f(t)=P(s)$ 形式，再反变换列出二阶微分方程。

【例 6-9】 电路如图 6-21 所示，试列写出以 $i_1(t)$ 为变量的微分方程。

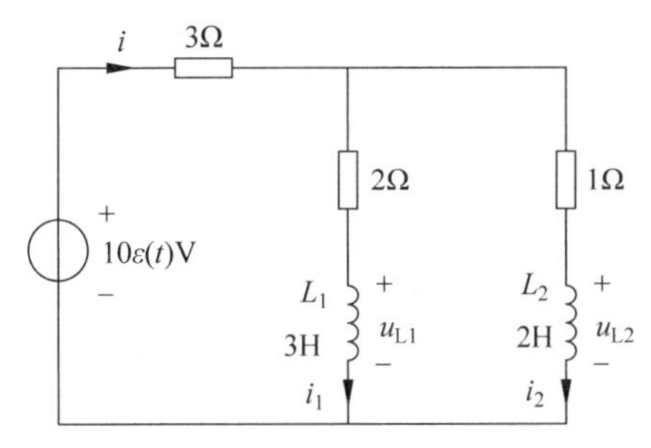

图 6-21 例 6-9 图

解：由 KVL 方程得

$$2i_1+u_{L1}-u_{L2}-i=0 \tag{1}$$

$$3i+2i_1+u_{L1}=10 \tag{2}$$

由 KCL 得

$$-i+i_1+i_2=0 \tag{3}$$

根据题意，选择 $i_1(t)$ 为变量，由式(1)得

$$2i_1+3\frac{di_1}{dt}-2\frac{di_2}{dt}-i_2=0 \tag{4}$$

由式(3)得 $i_2=i-i_1$

由式(2)得

$$i=\frac{1}{3}\left(10-2i_1-3\frac{di_1}{dt}\right)$$

将上述两式代入式(4)得

$$2\frac{d^2i_1}{dt^2}+\frac{22}{3}\frac{di_1}{dt}+\frac{11}{3}i_1=\frac{10}{3}$$

即

$$6\frac{d^2i_1}{dt^2}+22\frac{di_1}{dt}+11i_1=10$$

习 题 6

6-1 图 6-22 所示电路原处于稳态，当 $t=0$ 时开关突然断开，已知 $I_S=10\text{mA}$，$R_1=R_2=2\text{k}\Omega$，$C=0.1\text{mF}$，求初始值 $u_C(0_+)$、$i_1(0_+)$、$i_C(0_+)$。

6-2 电路如图 6-23 所示，换路前电路处于稳态，$t=0$ 时开关 S 闭合，求电感电压 $u_L(0_+)$。

6-3 如图 6-24 所示，电路原已处于稳态，$t=0$ 时开关 S 闭合。已知：$U_S=60\text{V}$，$R_1=30\Omega$，$R_2=60\Omega$，$L=0.1\text{H}$，$C=50\mu\text{F}$。求以下初始值：$u_C(0_+)$、$i_1(0_+)$、$i_2(0_+)$、$u_1(0_+)$、$u_2(0_+)$、$u_L(0_+)$。

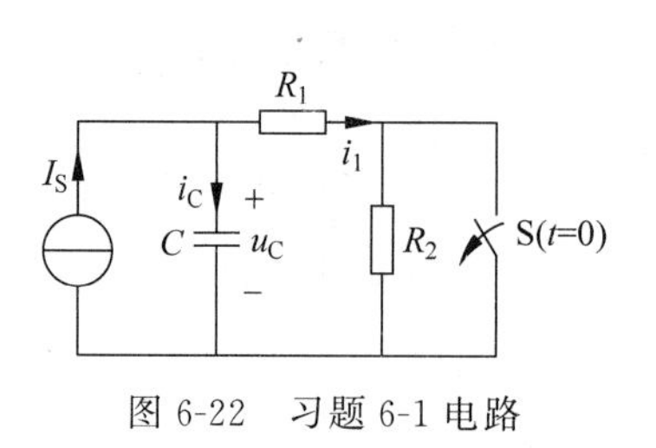

图 6-22 习题 6-1 电路

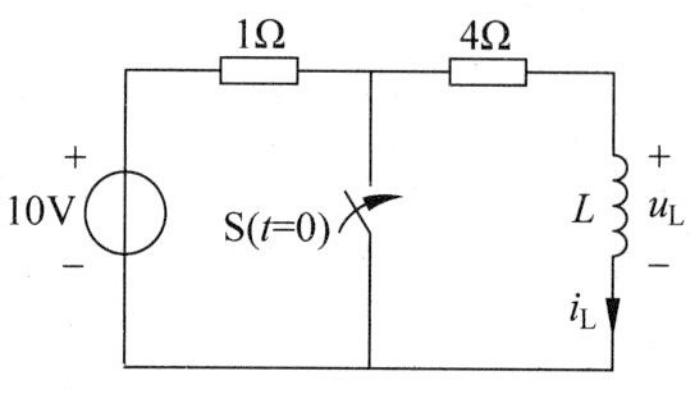

图 6-23 习题 6-2 电路

6-4 如图 6-25 所示电路中，直流电流源的电流 $I_S=3\text{A}$，$R_1=36\Omega$，$R_2=12\Omega$，$L=0.04\text{H}$，$R_3=24\Omega$，电路原先已经稳定。试求换路后的 $i(0_+)$和$\left.\frac{\mathrm{d}i_L}{\mathrm{d}t}\right|_{t=0_+}$。

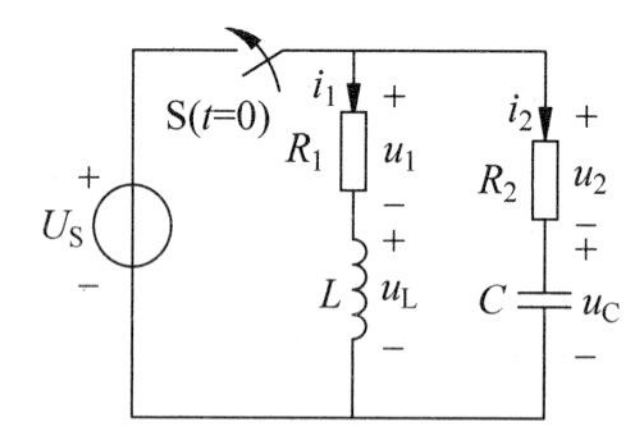

图 6-24 习题 6-3 电路

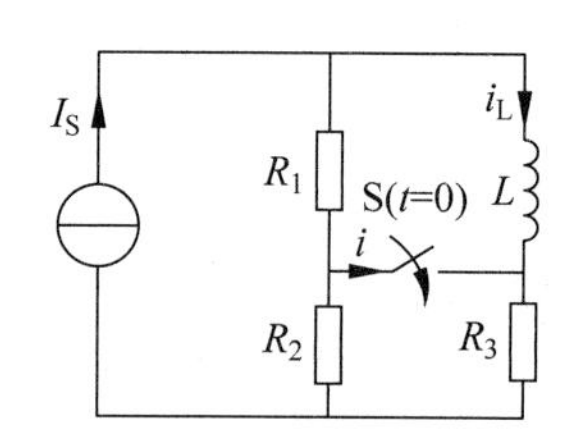

图 6-25 习题 6-4 电路

6-5 如图 6-26 所示电路已处于稳态，在 $t=0$ 时开关 S 闭合。试求：闭合后电路的时间常数。

6-6 求图 6-27 所示电路的时间常数。

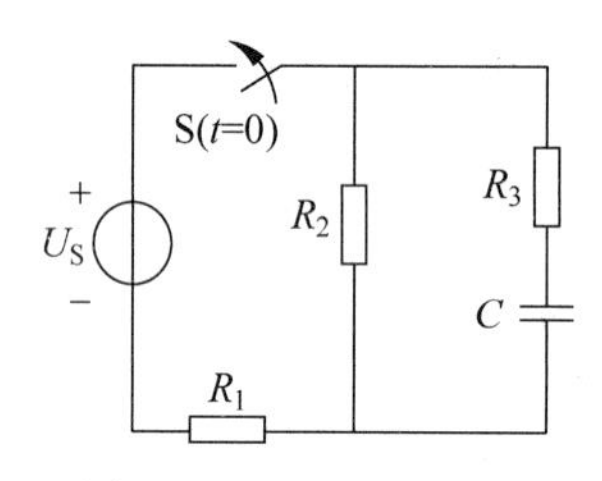

图 6-26 习题 6-5 电路

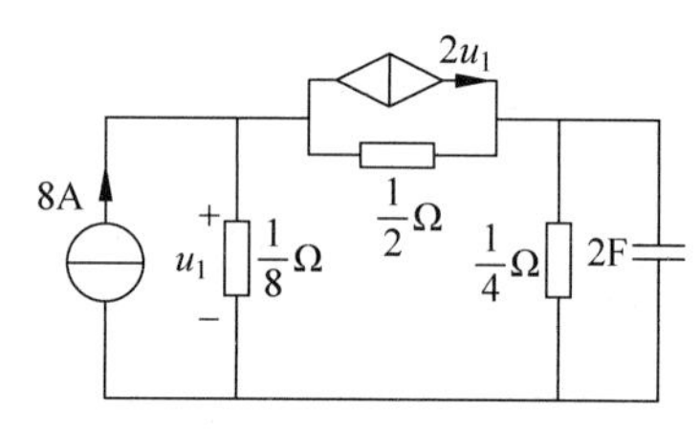

图 6-27 习题 6-6 电路

6-7 如图 6-28 所示电路，换路前电路已处于稳态，$t=0$ 时将开关 S 闭合，试用三要素法求 $t\geqslant0$ 时的 u_C。

6-8 如图 6-29 所示电路，换路前电路已处于稳态，$t=0$ 时将开关 S 打开，试用三要素法求 $t\geqslant0$ 时的 u_L。

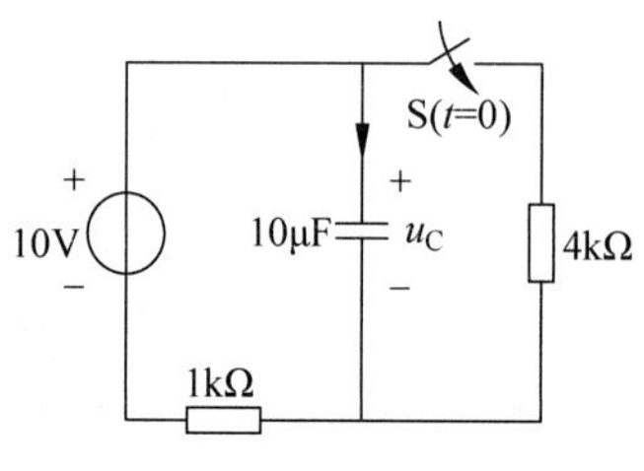

图 6-28 习题 6-7 电路

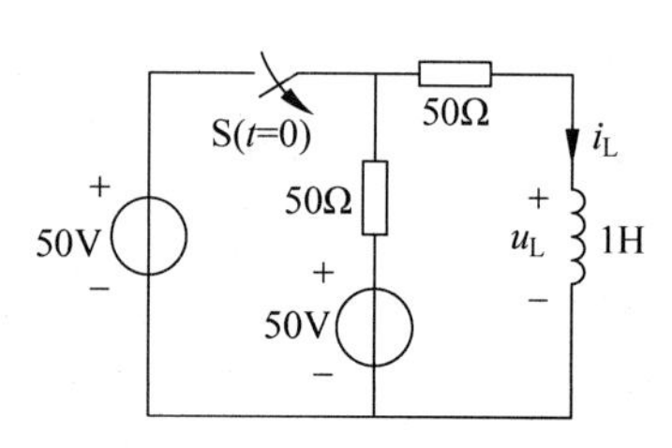

图 6-29 习题 6-8 电路

6-9　如图 6-30 所示电路，换路前已达稳态，$t=0$ 时将开关 S 闭合，求 $t\geqslant0$ 时的 u_C 和 i_C。

6-10　在图 6-31 所示电路中，已知换路前电路达到稳态，$t=0$ 时将开关 S 闭合，求 $t\geqslant0$ 时的 i_L。

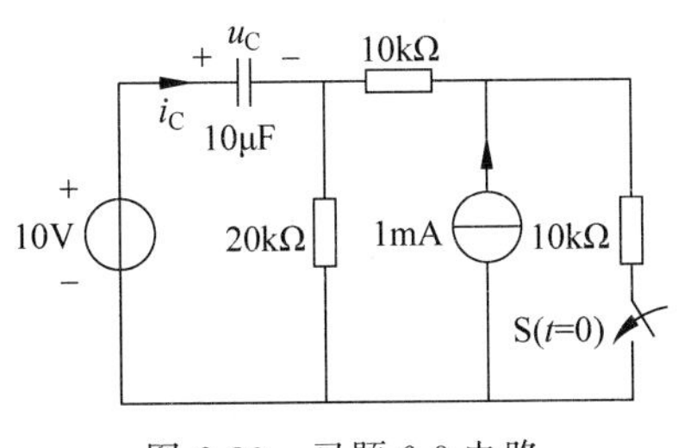

图 6-30　习题 6-9 电路

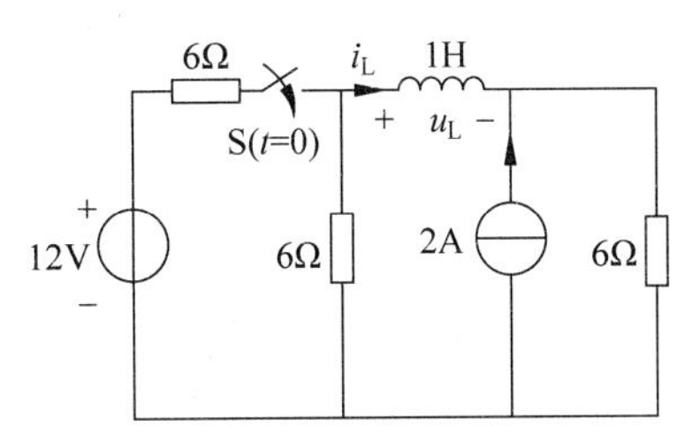

图 6-31　习题 6-10 电路

6-11　电路如图 6-32(a)所示，已知电压源波形如图 6-31(b)所以，求零状态响应 i_L 和 u_L，并画出其变化曲线。

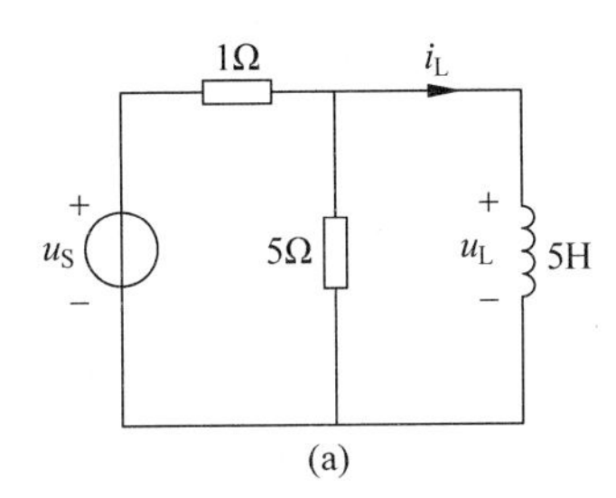

图 6-32　习题 6-11 电路

第7章

非正弦周期稳态电路

在现代工程技术中，除了广泛应用着正弦交流电和直流电以外，还大量地应用着各种各样的非正弦周期信号，特别是在自动控制、测量技术、电子计算机、无线电工程中应用得相当广泛，因此研究非正弦周期电路是很有必要的。本章主要研究在非正弦周期电源和信号的作用下，线性电路的稳态分析和计算方法，并简要地介绍信号频谱的初步概念。本章重点是非正弦周期量的有效值、平均功率及非正弦周期稳态电路的计算方法。

7.1 非正弦周期信号

交流信号除正弦波外，还有各种非正弦波；即使在直流信号中，除恒定直流外，还有许多周期性脉动直流。而在非正弦波中，又可分为周期性波和非周期性波。在电力系统中，发电机和变压器很难产生纯正弦形式的电压，一般是接近正弦形式的非正弦周期电压；电信工程中传输的各种信号许多是非正弦周期函数，如方波信号、锯齿波信号和三角波信号等，如图7-1所示。这些周期性非正弦波一般均能按傅里叶级数展开为一系列不同频率的正弦波，再根据线性电路的叠加原理，分别计算在各频率正弦波单独作用下电路中产生的电压分量和电流分量，最后把各分量按时域形式叠加，就得到电路在非正弦周期激励下的稳态电流和电压。这种方法称为谐波分析法。它的实质是把非正弦周期电流、电压的计算转换为一系列不同频率的正弦电流、电压的计算。

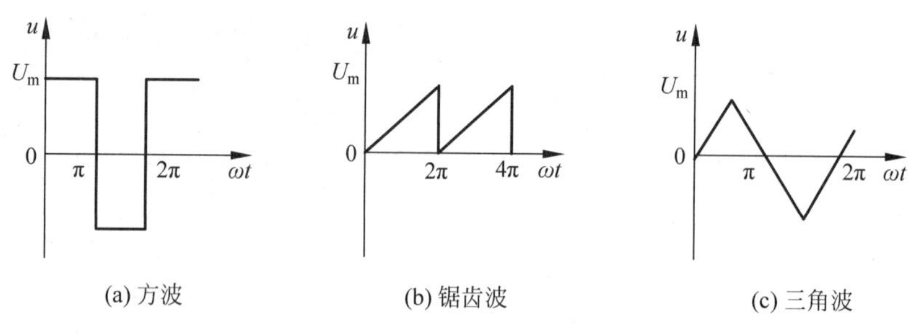

图7-1 非正弦周期波

非正弦周期电流、电压和信号等都可以用周期函数表示，即

$$f(t)=f(t+nT)$$

式中，T 为周期函数 $f(t)$ 的周期；n 为自然数 0,1,2,3…。

如果给定的周期函数 $f(t)$ 满足狄里赫利条件：①周期函数极值点的数目为有限个；②间断点的数目为有限个；③在一个周期内绝对可积，即有

$$\int_0^T |f(t)| \mathrm{d}t < \infty \quad (\text{有界})$$

则 $f(t)$ 可以展开成为一个收敛的傅里叶级数：

$$\begin{aligned} f(t) &= \frac{a_0}{2} + (a_1\cos\omega t + b_1\sin\omega t) + (a_2\cos2\omega t + b_2\sin2\omega t) + \cdots + \\ &\quad (a_k\cos k\omega t + b_k\sin k\omega t) + \cdots \\ &= \frac{a_0}{2} + \sum_{k=1}^{\infty}(a_k\cos k\omega t + b_k\sin k\omega t) \end{aligned} \tag{7-1}$$

式中，$\omega=\frac{2\pi}{T}$；T 为 $f(t)$ 的周期；a_0、a_k、b_k 称为傅里叶系数，其计算公式为

$$\begin{cases} a_0 = \dfrac{1}{T}\displaystyle\int_0^T f(t)\mathrm{d}t = \dfrac{1}{T}\displaystyle\int_{-\frac{T}{2}}^{\frac{T}{2}} f(t)\mathrm{d}t \\ a_k = \dfrac{2}{T}\displaystyle\int_0^T f(t)\cos k\omega t\,\mathrm{d}t = \dfrac{1}{\pi}\displaystyle\int_0^{2\pi} f(t)\cos k\omega t\,\mathrm{d}t = \dfrac{1}{\pi}\displaystyle\int_{-\pi}^{\pi} f(t)\cos k\omega t\,\mathrm{d}t \\ b_k = \dfrac{2}{T}\displaystyle\int_0^T f(t)\sin k\omega t\,\mathrm{d}t = \dfrac{1}{\pi}\displaystyle\int_0^{2\pi} f(t)\sin k\omega t\,\mathrm{d}t = \dfrac{1}{\pi}\displaystyle\int_{-\pi}^{\pi} f(t)\sin k\omega t\,\mathrm{d}t \end{cases} \tag{7-2}$$

电路分析中用到的非正弦周期信号一般都满足狄里赫利条件，都可以展开成傅里叶级数，故在本书中不需要去讨论狄里赫利条件。

为了和正弦函数的一般表达式相对应，式(7-1)还可写成另一种形式：

$$\begin{aligned} f(t) &= A_0 + A_{1\mathrm{m}}\sin(\omega t + \varphi_1) + A_{2\mathrm{m}}\sin(2\omega t + \varphi_2) + \cdots + \\ &\quad A_{k\mathrm{m}}\sin(k\omega t + \varphi_k) + \cdots \\ &= A_0 + \sum_{k=1}^{\infty} A_{k\mathrm{m}}\sin(k\omega t + \varphi_k) \end{aligned} \tag{7-3}$$

式中，$A_0=a_0$，$A_{k\mathrm{m}}=\sqrt{a_n^2+b_n^2}$，$\varphi_k=\arctan\left(\frac{b_n}{a_n}\right)$。

傅里叶级数是一个无穷三角级数。A_0 为 $f(t)$ 在一个周期内的平均值，也称为直流分量或恒定分量。第二项 $\sum_{k=1}^{\infty} A_{k\mathrm{m}}\sin(k\omega t+\varphi_k)$ 是一系列正弦量，称为谐波分量。$A_{k\mathrm{m}}$ 为各次谐波分量的幅值，φ_k 为其初相角。$n=1$ 时的谐波分量 $A_{1\mathrm{m}}\sin(\omega t+\varphi_1)$ 称为基波或一次谐波分量；其余统称为高次谐波分量。当 n 为偶数时所对应的谐波分量称为偶次谐波分量，当 n 为奇数时所对应的谐波分量称为奇次谐波分量。

几种常见的非正弦周期函数(电压、电流信号)，如图 7-2 所示矩形波、锯齿波、半波整流波、全波整流波、三角波和矩形脉冲波的傅里叶级数$\left(\omega=\frac{2\pi}{T}\right)$展开式分别如下。

矩形波(见图 7-2(a))：

$$f(t) = \frac{4I_\mathrm{m}}{\pi}\left(\sin\omega t + \frac{1}{3}\sin3\omega t + \frac{1}{5}\sin5\omega t + \cdots\right) \tag{7-4}$$

锯齿波(见图 7-2(b))：

$$f(t) = I_\mathrm{m}\left(\frac{1}{2} - \frac{1}{\pi}\sin\omega t - \frac{1}{2\pi}\sin2\omega t - \frac{1}{3\pi}\sin3\omega t - \cdots\right) \tag{7-5}$$

半波整流波(见图 7-2(c))：

$$f(t)=\frac{2I_{\mathrm{m}}}{\pi}\left(\frac{1}{2}+\frac{\pi}{4}\cos\omega t+\frac{1}{3}\cos2\omega t-\cdots\right) \tag{7-6}$$

全波整流波(见图 7-2(d))：

$$f(t)=\frac{4I_{\mathrm{m}}}{\pi}\left(\frac{1}{2}+\frac{1}{3}\cos2\omega t-\frac{1}{15}\cos4\omega t-\cdots\right) \tag{7-7}$$

三角波(见图 7-2(e))：

$$f(t)=\frac{8I_{\mathrm{m}}}{\pi^{2}}\left(\sin\omega t-\frac{1}{9}\sin3\omega t+\frac{1}{25}\sin5\omega t-\cdots\right) \tag{7-8}$$

矩形脉冲波(见图 7-2(f))：

$$f(t)=\frac{\pi I_{\mathrm{m}}}{T}+\frac{2I_{\mathrm{m}}}{\pi}\left(\sin\omega t\ \frac{\pi}{2}\cos\omega t+\frac{\sin2\omega t\ \frac{\pi}{2}}{2}\cos2\omega t+\cdots\right) \tag{7-9}$$

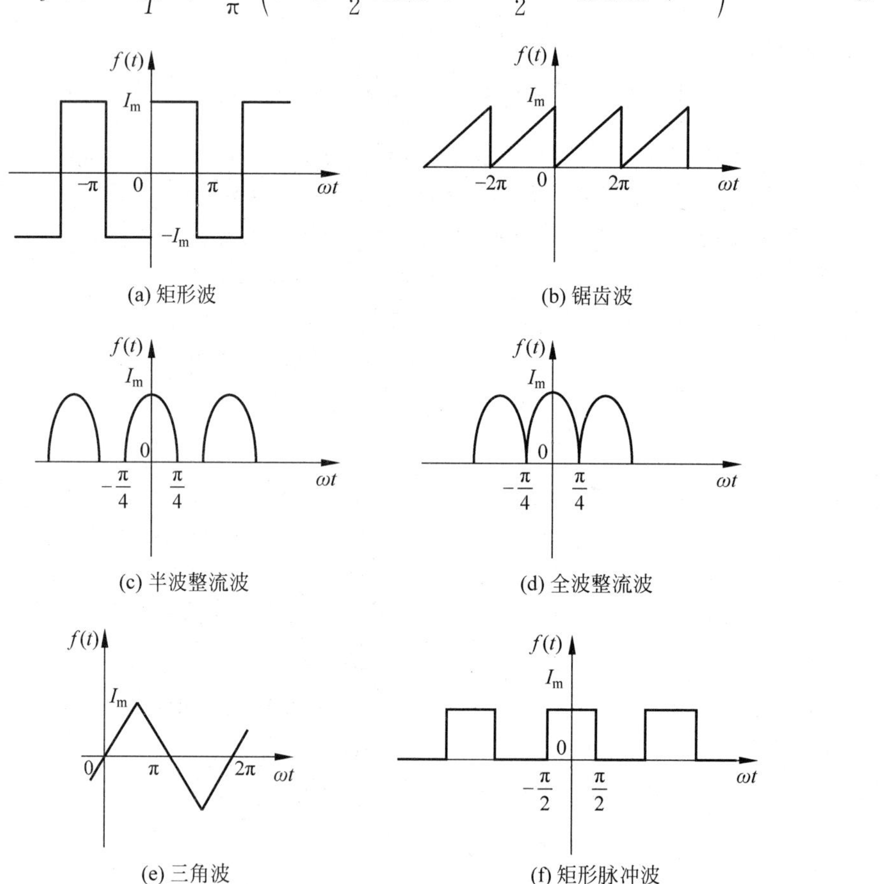

图 7-2 典型非正弦周期波

由上述例子可知，各次谐波的幅值不等，频率越高，幅值越小，可见傅里叶级数具有收敛性。在存在恒定分量时，恒定分量、基波和接近基波的高次谐波是非正弦周期量的主要组成部分。傅里叶级数理论上可以取无穷多项，但在实际计算时则根据级数的收敛情况以及对求解结果准确度的要求选取有限项。一般所取的项数越多，其合成的波形越接近于原信号

$f(t)$。

在求解非正弦周期信号的傅里叶级数时，可利用信号波形的对称性简化傅里叶级数的计算。信号波形对称性与傅里叶级数的关系有以下规律。

(1) 奇函数只含有正弦项。在数学中，奇函数的定义是 $f(-t)=-f(t)$，其函数对称于原点。式(7-1)中，$\cos k\omega t$ 为偶函数，$\sin k\omega t$ 为奇函数。因此奇函数的傅里叶级数展开式中只含有正弦项，不含有余弦项。如图 7-2(a)和(b)中矩形波和三角波等。

(2) 偶函数只含有直流分量和余弦项。偶函数的定义是 $f(-t)=f(t)$，其函数对称于纵轴。偶函数的傅里叶级数中只含有偶函数成分，即只含有余弦项和直流分量(可看作为 ωt)的零次谐波，不含有正弦项。如图 7-2(c)和(d)中半波整流波、全波整流波等。

需要指出的是，函数的奇偶性与计时起点的选择有关，如图 7-3 所示。同样是矩形波，由于计时起点不同，它的奇偶性也不同，其傅里叶级数也不同。因此同一波形，适当选择计时起点，可使非正弦周期波分解简化。

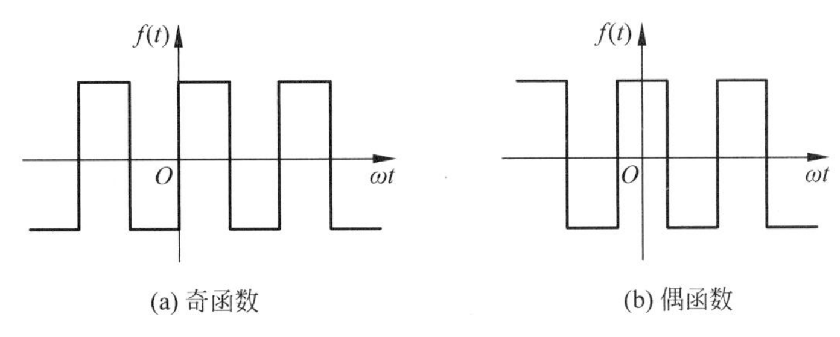

(a) 奇函数　　(b) 偶函数

图 7-3　函数奇偶性与计时起点的关系

(3) 半波对称函数只含有奇次谐波。非正弦周期函波移动半个周期，与原函数波形互为镜像(对称于横轴)，如图 7-4 所示，即 $f(t)=-f\left(t+\frac{T}{2}\right)$，称为半波对称函数或奇谐波函数，矩形波、三角波和梯形波只含有奇次谐波，即 $k=1,3,5\cdots$，不含有偶次谐波。

(4) 正、负半波面积相等的函数直流分量为 0。正、负半波面积相等的函数，在一个周期内的积分为 0，如图 7-5 所示。因此其傅里叶级数无常数项，即直流分量是 0。

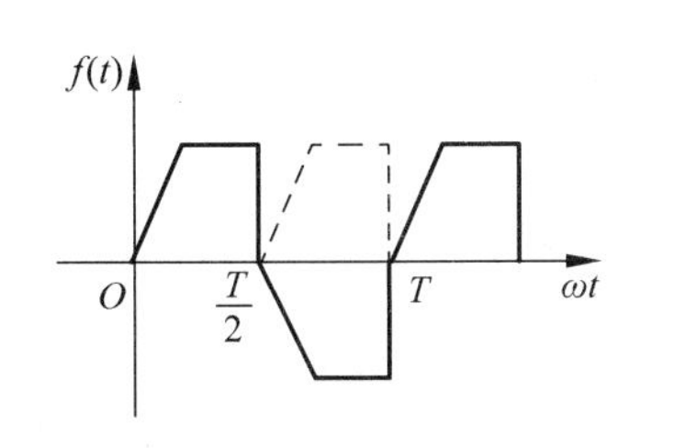

图 7-4　半波对称函数

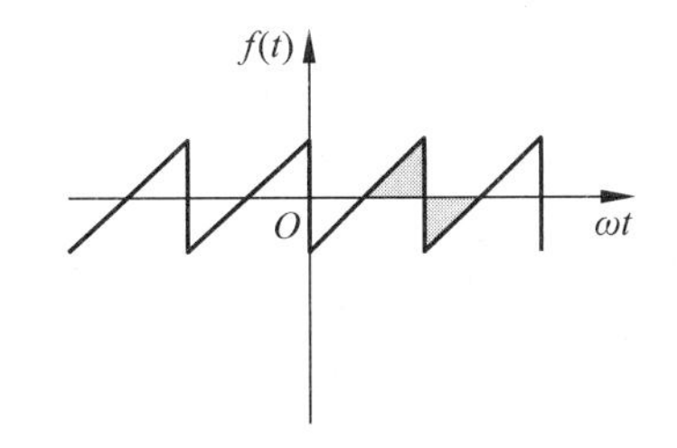

图 7-5　正、负半波面积相等函数

非正弦周期信号能够分解为直流分量和各次谐波分量，它们都具有一定的幅值和初相。虽然它们可以表示组成非正弦周期信号的各次谐波分量，但不够直观。为了直观反映出各次谐波幅值 A_{km} 和初相位 φ_k 与频率 $k\omega$ 之间的关系，通常以 $k\omega$ 为横坐标，A_{km} 和 φ_k 为纵坐标，对应 $k\omega$ 的 A_{km} 和 φ_k 用竖线段表示，这样就得到了一系列离散竖线段所构成的幅度频谱图和相位频谱图，简称幅度频谱和相位频谱。图 7-6 就是某方波信号的幅度频谱和相位频谱。在实际应用中，普遍使用的是幅度频谱，一般简称频谱。

由于各次谐波的角频率 ω 是基波角频率的整数倍，所以非正弦周期信号的频谱具有离散性、谐波性和收敛性的特点。

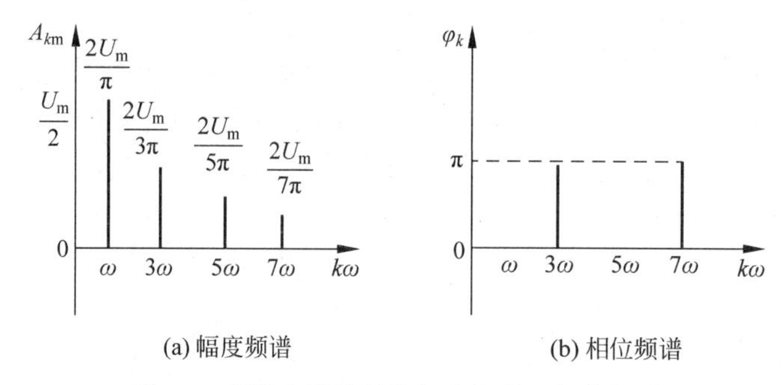

图 7-6　周期方波信号的幅度频谱和相位频谱

7.2　非正弦周期稳态电路的有效值、平均值和平均功率

1. 非正弦周期信号的平均值

数学中的平均值是正数、负数的平均值，即非正弦周期波傅里叶展开式中的常数项或直流分量。凡是波形在一个周期内，正、负面积相等的函数，其数学平均值都为 0。例如，图 7-2 所示的矩形波、三角波等。但从电流热效应的角度看，无论电流为正、为负，流过耗能元件时，均要消耗一定电能，产生一定热量。

设非正弦周期电流为 $i(t)$，其平均值定义为所述的平均值，即按电流热效应定义的热效应平均值，简称平均值。

$$I_{av}=\frac{1}{T}\int_0^T |i(t)|\,dt \tag{7-10}$$

即非正弦周期电流的平均值等于此电流绝对值的平均值。同理，非正弦周期电压 $u(t)$ 的平均值定义为

$$U_{av}=\frac{1}{T}\int_0^T |u(t)|\,dt \tag{7-11}$$

2. 非正弦周期信号的有效值

任何周期信号的有效值是根据电流热效应确定的，在数值上等于其瞬时值的方均根值，所以正弦电流、电压有效值的定义式对求非正弦周期电流、电压的有效值仍然是适用的，如式(7-10)、式(7-11)所示。

$$I=\sqrt{\frac{1}{T}\int_0^T i^2(t)\,dt} \tag{7-12}$$

$$U=\sqrt{\frac{1}{T}\int_0^T u^2(t)\,dt} \tag{7-13}$$

设非正弦周期电流：

$$i=I_0+\sum_{k=1}^{\infty} I_{km}\sin(k\omega t+\varphi_k)$$

代入式(7-12)，则有

$$I=\sqrt{\frac{1}{T}\int_0^T\left[I_0+\sum_{k=1}^{\infty}I_{km}\sin(k\omega t+\varphi_k)\right]^2\mathrm{d}t}$$

因为
$$\int_0^T[\sin(n\omega t)\sin(k\omega t)]\mathrm{d}t=0,\quad k\neq n$$

$$\int_0^T[\cos(n\omega t)\cos(k\omega t)]\mathrm{d}t=0,\quad k\neq n$$

所以
$$I=\sqrt{I_0^2+\sum_{k=1}^{\infty}I_k^2}=\sqrt{I_0^2+I_1^2+I_2^2+\cdots+I_k^2}\tag{7-14}$$

同理，非正弦周期电压 u 的有效值为

$$U=\sqrt{U_0^2+\sum_{k=1}^{\infty}U_k^2}=\sqrt{U_0^2+U_1^2+U_2^2+\cdots+U_k^2}\tag{7-15}$$

需要说明的是，在计算非正弦周期电压、电流时，按照式(7-14)和式(7-15)，I_k 和 U_k 有无穷多项。但根据傅里叶级数展开的特点，谐波频率越高，其振幅越小，相应的有效值也越小。一般可根据计算精度需要取其振幅较大的前几项，剩余各项忽略不计，在工程计算中就能满足精度要求。

【例 7-1】 试求下面非正弦周期电流的有效值。

$$i(t)=[400+300\sin\omega t+200\sin(3\omega t-60°)+100\sin(5\omega t+330°)]\mathrm{mA}$$

解：$i(t)$的有效值为

$$I=\sqrt{400^2+\left(\frac{300}{\sqrt{2}}\right)^2+\left(\frac{200}{\sqrt{2}}\right)^2+\left(\frac{100}{\sqrt{2}}\right)^2}=479.6\mathrm{mA}$$

上述非正弦周期电压、电流的平均值和有效值的计算公式是从理论上推导出来的，且需要求出其傅里叶级数展开式，计算一般比较烦琐。在实际应用中，常用仪表对非正弦周期电压、电流进行测量，当用不同的仪器进行测量时，会得到不同的结果。例如，用磁电系仪表(直流仪表)测量，所得到的结果将是电流的恒定分量，这是因为磁电系仪表的偏转角与电流成正比，只能测量直流。磁电系仪表与整流器配合时，也可测量交流。此时其偏转角正比于电流平均值，即正比于 $\frac{1}{T}\int_0^T|i(t)|\mathrm{d}t$。由此可见，在测量非正弦周期电压和电流时，要注意选择合适的仪表，并注意不同仪表读数表示的含义。

3. 非正弦周期信号电路的平均功率

若某无源二端网络端口处的电压 u 和电流 i 为同基波频率的非正弦周期函数，其相应的傅里叶级数展开式为

$$u=U_0+\sum_{k=1}^{\infty}U_{km}\sin(k\omega t+\varphi_{ku})$$

$$i=I_0+\sum_{k=1}^{\infty}I_{km}\sin(k\omega t+\varphi_{ki})$$

则该二端网络的瞬时功率为

$$p=ui$$

$$=\left[U_0+\sum_{k=1}^{\infty}U_{km}\sin(k\omega t+\varphi_{ku})\right]\times\left[I_0+\sum_{k=1}^{\infty}I_{km}\sin(k\omega t+\varphi_{ki})\right]$$

根据平均功率的定义：

$$P=\frac{1}{T}\int_0^T p(t)\mathrm{d}t=\frac{1}{T}\int_0^T u(t)i(t)\mathrm{d}t \tag{7-16}$$

根据三角函数的正交性可知，在非正弦周期信号电路中，不同频率的正弦电压和电流乘积的上述积分为0（即不产生平均功率）；同频率的正弦电压和电流乘积的上述积分不为0。这样不难证明

$$P=P_0+\sum_{k=1}^{\infty}P_k=U_0I_0+\sum_{k=1}^{\infty}U_kI_k\cos\varphi_k \tag{7-17}$$

式中，$U_k=\frac{U_{km}}{\sqrt{2}}$，$I_k=\frac{I_{km}}{\sqrt{2}}$，$\varphi_k=\varphi_{ku}-\varphi_{ki}$ 为 n 次谐波电压与电流的相位差。式(7-17)表明：非正弦周期信号电路的平均功率等于恒定分量构成的功率和各次谐波平均功率的代数和。

【例 7-2】 已知二端网络两端电压和电流如下，试求其有功功率。

$$u(t)=[40+180\sin\omega t+60\sin(3\omega t+45^\circ)+20\sin(5\omega t+18^\circ)]\mathrm{V}$$

$$i(t)=[1.43\sin(\omega t+85.3^\circ)+6\sin(3\omega t+45^\circ)+0.78\sin(5\omega t-60^\circ)]\mathrm{A}$$

解：有功功率为

$$\begin{aligned}P&=P_0+P_1+P_3+P_5\\&=U_0I_0+U_1I_1\cos\varphi_1+U_3I_3\cos\varphi_3+U_5I_5\cos\varphi_5\\&=40\times0+\frac{180}{\sqrt{2}}\times\frac{1.43}{\sqrt{2}}\cos(-85.3^\circ)+\frac{60}{\sqrt{2}}\times6\cos(0^\circ)+\frac{20}{\sqrt{2}}\times\frac{0.78}{\sqrt{2}}\cos(78^\circ)\\&=0+10.6+180+1.62\\&=192.22(\mathrm{W})\end{aligned}$$

【例 7-3】 铁心线圈是一种非线性元件，通以 $u=311\sin314t\,\mathrm{V}$ 的正弦电压后，将产生 $i(t)=0.8\sin(314t-85^\circ)+0.25\sin(942t-105^\circ)\mathrm{A}$ 的非正弦周期电流。试求其等效正弦电流。

解：等效正弦电流的有效值与实际非正弦周期电流的有效值相等，即

$$I=\sqrt{\left(\frac{0.8}{\sqrt{2}}\right)^2+\left(\frac{0.25}{\sqrt{2}}\right)^2}\approx0.6\mathrm{A}$$

平均功率为

$$P=U_1I_1\cos\varphi_1=\frac{311}{\sqrt{2}}\times\frac{0.8}{\sqrt{2}}\cos85^\circ=10.8\mathrm{W}$$

则等效正弦电流与正弦电压之间的相位差为

$$\varphi=\arccos\frac{P}{UI}=\arccos\frac{10.8}{\frac{311}{\sqrt{2}}\times0.6}=85.2^\circ$$

因此等效正弦电流为

$$i=\sqrt{2}\times0.6\sin(314t-85.2^\circ)\mathrm{A}$$

7.3 非正弦周期稳态电路的分析

由于非正弦周期电压和电流可按傅里叶级数分解为直流分量和一系列不同频率的正弦分量，因此分解后，可按直流分析法和正弦交流分析法(相量法)计算各次谐波分量，然后按叠加定理求出总的电压和电流。具体步骤和注意事项如下。

(1) 把给定的非正弦周期电压或电流分解为傅里叶级数，高次谐波取到哪一项，要根据所需准确度的高低而定。

(2) 分别计算直流分量及各次谐波分量单独作用时产生的响应。

此步骤应注意以下两点。

① 直流分量单独作用时，电容视为开路，电感视为短路。

② 各次谐波分量用相量法进行求解，但需注意感抗、容抗与频率有关，不同频率的激励和响应，因其感抗和容抗不同，不能混在一起计算。

(3) 应用叠加定理，把步骤(2)所计算出的结果化为时域表达式后进行相加，最终以时间函数表示系统响应。所谓叠加即仅用"+"连接起来，而不是相量相加。因此，叠加后的电压、电流响应也是傅里叶级数形式。

【例 7-4】 在 RLC 串联电路中，已知 $R=10\Omega$，$L=0.05\text{H}$，$C=22.5\mu\text{F}$，输入电源电压为 $u=[40+180\sin(\omega t)+60\sin(3\omega t+45^\circ)+20\sin(5\omega t+18^\circ)]\text{V}$，基波频率 $f=50\text{Hz}$，求电路中的电流。

解：(1) 直流分量电流 $I_0=0$(电容元件相当于开路)。

(2) 基波分量：

$$Z_1=R+\text{j}\left(\omega L-\frac{1}{\omega C}\right)=10+\text{j}\left(314\times0.05-\frac{1}{314\times22.5\times10^{-6}}\right)$$

$$=(10-\text{j}125.8)\Omega$$

$$|Z_1|=\sqrt{10^2+(125.8)^2}=126.2\Omega$$

$$\varphi_1=\arctan\left(\frac{\omega L-\frac{1}{\omega C}}{R}\right)=\arctan\left(\frac{-125.8}{10}\right)=-85.5^\circ \quad (\text{此时电路呈容性})$$

$$I_{1\text{m}}=\frac{U_{1\text{m}}}{|Z_1|}=\frac{180}{126.2}=1.42\text{A}$$

(3) 三次谐波分量：

$$Z_3=R+\text{j}\left(3\omega L-\frac{1}{3\omega C}\right)=10+\text{j}\left(3\times314\times0.05-\frac{1}{3\times314\times22.5\times10^{-6}}\right)$$

$$=10\Omega$$

$$|Z_3|=10\Omega$$

$$\varphi_3=0^\circ \quad (\text{此时电路呈电阻性})$$

$$I_{3\text{m}}=\frac{U_{3\text{m}}}{|Z_3|}=\frac{60}{10}=6\text{A}$$

(4) 五次谐波分量:

$$Z_5 = R + \mathrm{j}\left(5\omega L - \frac{1}{5\omega C}\right) = 10 + \mathrm{j}\left(5 \times 314 \times 0.05 - \frac{1}{5 \times 314 \times 22.5 \times 10^{-6}}\right)$$

$$= (10 + \mathrm{j}50.2)\Omega$$

$$|Z_5| = \sqrt{10^2 + (50.2)^2} = 51.2\Omega$$

$$\varphi_5 = \arctan\left(\frac{50.2}{10}\right) = 78.7°\text{(此时电路呈感性)}$$

$$I_{5\mathrm{m}} = \frac{U_{5\mathrm{m}}}{|Z_5|} = \frac{20}{51.2} = 0.39\mathrm{A}$$

电路电流为

$$i = I_0 + i_1 + i_3 + i_5 = [1.42\sin(\omega t + 85.5°) + 6\sin(3\omega t + 45°) + 0.39\sin(5\omega t - 60.7°)]\mathrm{A}$$

【例 7-5】 电路如图 7-7(a)所示,已知 $L=5\mathrm{H}$,$C=10\mu\mathrm{F}$,负载电阻 $R=2\mathrm{k}\Omega$,u_{S} 为正弦全波整流波形,设 $\omega=314\mathrm{rad/s}$,$U_{\mathrm{m}}=157\mathrm{V}$。求负载两端电压 u_{O} 的各谐波分量。

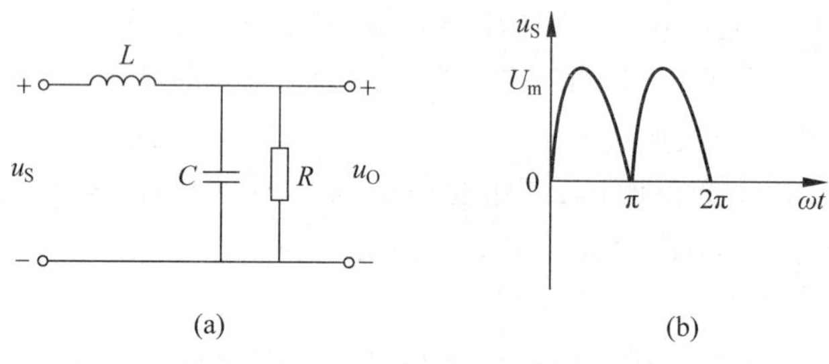

图 7-7 例 7-5 的电路图及输入信号波形

解:给定电压 u_{S} 分解为傅里叶级数,得

$$u_{\mathrm{S}} = \frac{4}{\pi} \times 157 \times \left(\frac{1}{2} + \frac{1}{3}\cos 2\omega t - \frac{1}{15}\cos 4\omega t + \cdots\right)$$

设负载两端电压的第 k 次谐波为 $\dot{U}_{1\mathrm{m}(k)}$,则

$$\left(\frac{1}{\mathrm{j}k\omega L} + \frac{1}{R} + \mathrm{j}k\omega C\right)\dot{U}_{1\mathrm{m}(k)} = \frac{1}{\mathrm{j}k\omega L}\dot{U}_{\mathrm{Sm}(k)}$$

所以有

$$\dot{U}_{1\mathrm{m}(k)} = \frac{\dot{U}_{\mathrm{Sm}(k)}}{1 + \mathrm{j}k\omega L\left(\frac{1}{R} + \mathrm{j}k\omega C\right)}$$

① 直流作用: $k=0$, $U_0 = 100\mathrm{V}$ (电容开路,电感短路)

② 2 次谐波作用: $k=2$, $\dot{U}_{1\mathrm{m}(2)} = 3.55\angle -175.15°\mathrm{V}$

③ 4 次谐波作用: $k=4$, $\dot{U}_{1\mathrm{m}(4)} = 0.171\angle -177.6°\mathrm{V}$

可见滤波后,尚有约 3.5%的二次谐波。

感抗和容抗对各次谐波的反应是不同的,要充分注意到电容元件和电感元件对不同次谐波的作用。电感元件对高次谐波有着较强的抑制作用,而电容元件对高次谐波电流则有畅通作用。这种特性可以组成含有电感和电容的各种滤波电路,连接在输入和输出之间,可以让某些所需的频率分量顺利通过而抑制某些不需要的分量。

需要注意的是，虽然非正弦波在电信设备中广泛应用，但在电力系统中，由于发电机内部结构的原因，输出能量除基波能量以外，还有高次谐波能量。高次谐波会给整个系统带来极大的危害，如使电能质量降低，损坏电力电容器、电缆、电动机设备，增加线路损耗等。因此，要想办法消除高次谐波分量。

本章小结

本章主要研究周期性非正弦激励作用的稳态电路分析方法——谐波分析法。该方法首先将周期性非正弦激励进行傅里叶级数分解，然后采用直流电路分析方法、正弦稳态电路分析方法和叠加原理进行计算。

(1) 非正弦周期信号。

① 电路分析中常见的非正弦周期电压或电流信号，通常都可以展开成一个收敛的傅里叶级数，即

$$f(t)=A_0+\sum_{k=1}^{\infty}A_{km}\sin(k\omega t+\varphi_k)$$

式中，A_0 为常数项，即直流分量或数学平均值。$k=1$ 时，称为基波，$k\geqslant 2$ 时，统称为高次谐波。

② 信号波形对称性与傅里叶级数展开式的关系：a. 奇函数只含有正弦项；b. 偶函数只含有直流分量和余弦项；c. 半波对称函数只含有奇次谐波；d. 正、负半波面积相等的函数直流分量为0；e. 同一波形选择不同的计时起点，其奇偶对称性不同，傅里叶展开式也不同。

③ 非正弦周期信号的频谱。以 $k\omega$ 为横坐标，以各次谐波振幅为纵坐标的线段图形称为频谱图。

(2) 对任何非正弦周期电流、电压的平均值定义为

$$I=\sqrt{\frac{1}{T}\int_0^T i^2(t)\mathrm{d}t}$$

$$U=\sqrt{\frac{1}{T}\int_0^T u^2(t)\mathrm{d}t}$$

有效值为

$$I=\sqrt{I_0^2+I_1^2+I_2^2+\cdots+I_k^2}$$

$$U=\sqrt{U_0^2+U_1^2+U_2^2+\cdots+U_k^2}$$

非正弦周期电流、电压的平均值和有效值的计算烦琐，常用仪表测量求得。平均值应选用整流磁电系仪表，有效值应选用电磁系和电动系仪表。

(3) 非正弦周期信号电路的平均功率等于各次谐波单独作用时所产生的平均功率之和，即

$$P=U_0I_0+\sum_{k=1}^{\infty}U_kI_k\cos\varphi_k$$

式中，φ_k 为 n 次谐波电压与电流的相位差。

注意：根据三角函数的正交性可知，非正弦周期信号电路中，不同频率的电压和电流不构成平均功率。

(4) 分析非正弦周期信号激励下的线性电路可采用建立在傅里叶级数和叠加定理基础上的谐波分析法进行,具体步骤如下。

① 把给定的非正弦周期电压或电流分解为傅里叶级数,高次谐波取到哪一项,要根据所需准确度的高低而定。

② 分别求出电源电压或电流的恒定分量及各次谐波分量单独作用时的响应。

③ 应用叠加定理,把步骤(2)所计算出的结果化为时域表达式后进行相加,最终以时间函数表示系统响应。

习题 7

7-1 非正弦周期奇函数和偶函数的傅里叶级数各有什么特点?

7-2 什么叫幅度频谱?有何特点?

7-3 已知锯齿波如图 7-8 所示,$U_m=10V$,试将其分解成傅里叶级数(精确到 4 次谐波),求其直流分量、基波和二次谐波。

7-4 已知某电压波如图 7-9 所示,试将其分解成傅里叶级数,并求其直流分量、基波和二次谐波。

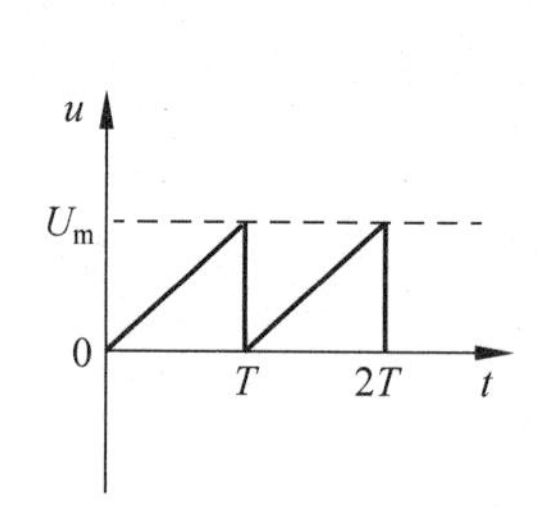

图 7-8 习题 7-3 波形图

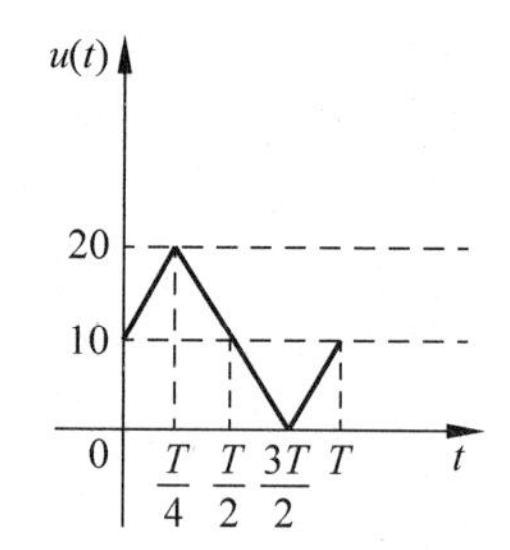

图 7-9 习题 7-4 波形图

7-5 已知非正弦周期电压波如图 7-10 所示,试求其有效值和平均值。

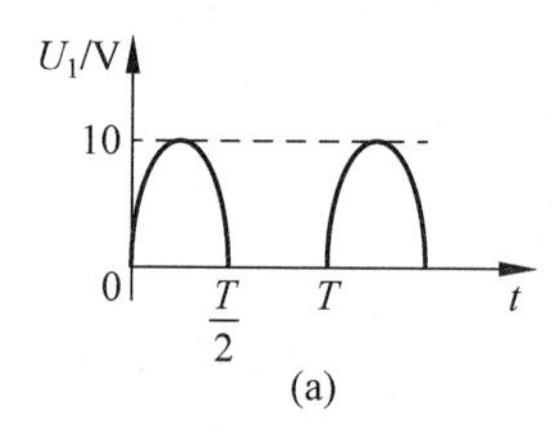

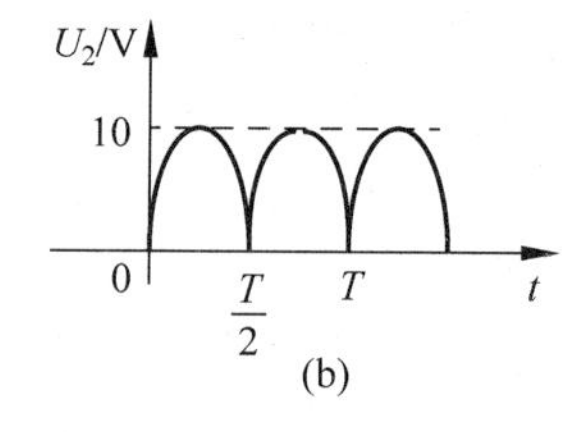

图 7-10 习题 7-5 的波形图

7-6 流过 5Ω 电阻的电流为 $i(t)=(5+14.14\cos t+7.07\cos 2t)$ A ,试计算电阻吸收的功率。

7-7 已知电感 L 在有效值为 100V、角频率 ω 为的正弦电压作用下,电流有效值为 10A。现有一非正弦周期性电压,包括基波和 2 次谐波,电压有效值为 100V,基波角频率仍为 ω,在该电压作用下,电流有效值为 $\sqrt{52}$ A,求该非正弦周期电压基波和二次谐波电压的有效值。

7-8　电路如图7-11所示，已知 $u_I=(20+100\sin\omega t+70\sin3\omega t)$V，$R=100\Omega$，$L=1$H，$f=50$Hz，试求输出电压 u_O。

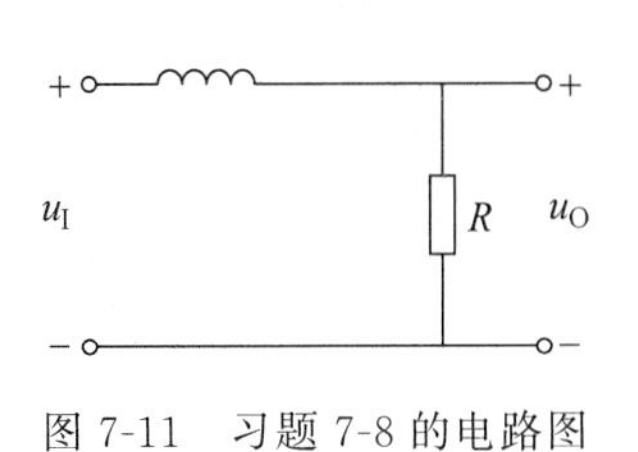

图7-11　习题7-8的电路图

7-9　已知RL串联电路，$R=3\Omega$、$L=12.74$mH，外施电压 $u=(30+60\sin314t)$V，试求：(1)电流 i 和 I；(2)电路的吸收功率。

7-10　已知RLC串联电路的端电压和电流分别为

$$u=[100\sin314t+50\sin(942t-30^\circ)]\text{V}$$

$$i=[10\sin314t+1.755\sin(942t+\varphi_{i3})]\text{A}$$

试求：(1)R、L、C 的值；(2)电流三次谐波的初相角；(3)电路的吸收功率。

第8章

磁耦合电路分析

8.1 耦合电感及其等效

8.1.1 耦合电感

根据物理学的知识，当把一个电感线圈放在另一个通有变化电流的线圈附近时，该线圈将产生感应电动势，这种现象称为互感现象，所产生的感应电动势称为互感电动势。之所以如此，是两线圈中发生了磁通的耦合。

图 8-1(a)是互相靠近的两线圈示意图。若线圈 N_1 和 N_2 分别流过电流 i_1 和 i_2，则 i_1 产生的磁通将有一部分耦合到 N_2 中；i_2 产生的磁通也有一部分耦合到 N_1 中。这样，N_1 中的总磁通(或称磁链)Ψ_1 和 N_2 中的总磁通 Ψ_2 与电流之间应有如下的函数关系：

$$\Psi_1 = f_1(i_1, i_2)$$
$$\Psi_2 = f_2(i_1, i_2)$$

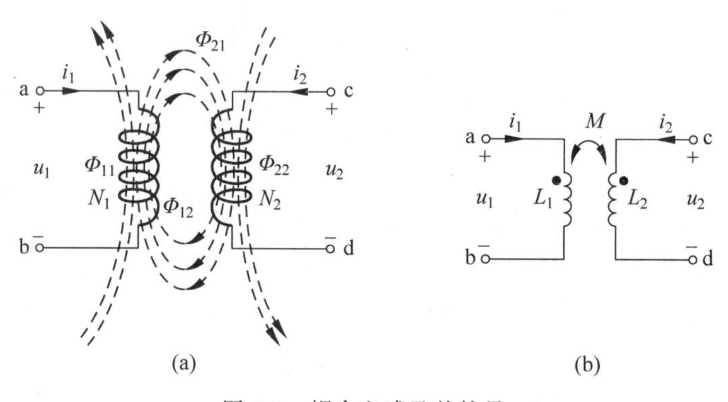

图 8-1　耦合电感及其符号

设电流 i_1 在 N_1 中产生的自磁通为 Φ_{11}，耦合到 N_2 中的耦合磁通为 Φ_{21}；电流 i_2 在 N_2 中产生的自磁通为 Φ_{22}，耦合到 N_1 中的耦合磁通为 Φ_{12}，则在线性情况下，各磁通均与电流成正比，即磁链(全磁通)

$$\begin{cases} \Psi_{11} = N_1\Phi_{11} = L_1 i_1 \\ \Psi_{22} = N_2\Phi_{22} = L_2 i_2 \\ \Psi_{21} = N_2\Phi_{21} = M_{21} i_1 \\ \Psi_{12} = N_1\Phi_{12} = M_{12} i_2 \end{cases}$$

式中，L_1 和 L_2 分别为 N_1 和 N_2 的自电感(self-inductance)；M_{21} 和 M_{12} 分别为 N_1 对 N_2 和 N_2 对 N_1 的互感(mutual inductance)。由物理学已知，$M_{21}=M_{12}=M$，所以，以后都写作 M。

在图 8-1(a)所示电流 i_1、i_2 的方向下，根据右手定则，可知 Φ_{11} 和 Φ_{12} 方向相同，Φ_{22} 和 Φ_{21} 方向相同，称为磁通相助。由此可以得出，两个互相耦合的电感，在线性情况下，可以抽象出一个理想的线性耦合电感元件(简称互感)，该元件在磁通相助时，其 i-Ψ 关系可以表示为

$$\begin{cases}\Psi_1=\Psi_{11}+\Psi_{12}=L_1i_1+Mi_2\\ \Psi_2=\Psi_{22}+\Psi_{21}=L_2i_2+Mi_1\end{cases} \tag{8-1}$$

图 8-1(b)为耦合电感元件的电路符号。图中标“•”端称为同名端或对应端。它表示当电流 i_1 和 i_2 分别从 a、c 端(即黑点端)流入(或流出)时，互感元件的自磁通和耦合磁通方向相同(磁通相助)。但要注意，同名端与 i_1 和 i_2 的参考方向无关，仅与线圈的绕向有关。

如图 8-2(a)所示耦合电路，在所示的 i_1 和 i_2 的方向下，根据右手定则，N_1 中的自磁通 Φ_{11} 和耦合磁通 Φ_{12} 方向相反；N_2 中的自磁通 Φ_{22} 和耦合磁通 Φ_{21} 方向相反，称为磁通相消。在线性情况下，N_1 和 N_2 构成互感元件，其 i-Ψ 特性为

$$\begin{cases}\Psi_1=\Psi_{11}-\Psi_{12}=L_1i_1-Mi_2\\ \Psi_2=\Psi_{22}-\Psi_{21}=L_2i_2-Mi_1\end{cases} \tag{8-2}$$

图 8-2(b)表示磁通相消时的电路模型。其中 a、d 端为同名端。它表明，当 i_1 从同名端流入，i_2 从同名端流出；或 i_1 从同名端流出，i_2 从同名端流入时，在互感元件上磁通相消。

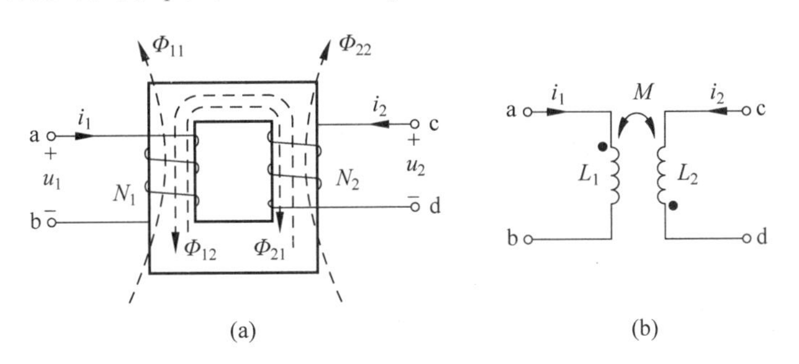

图 8-2 耦合电感及同名端

当互感元件两端口的电压与电流方向分别一致时，根据电磁感应定律，有

$$u_1(t)=\frac{\mathrm{d}\Psi_1}{\mathrm{d}t},\quad \Psi_1=L_1i_1+Mi_2$$

$$u_2(t)=\frac{\mathrm{d}\Psi_2}{\mathrm{d}t},\quad \Psi_2=L_2i_2+Mi_1$$

由式(8-1)和式(8-2)可以得到耦合电感元件的电压、电流关系(VCR)如下。

(1) 对图 8-3(a)，当 i_1 和 i_2 均从同名端流入，则有

$$\begin{cases}u_1=L_1\dfrac{\mathrm{d}i_1}{\mathrm{d}t}+M\dfrac{\mathrm{d}i_2}{\mathrm{d}t}\\ u_2=L_2\dfrac{\mathrm{d}i_2}{\mathrm{d}t}+M\dfrac{\mathrm{d}i_1}{\mathrm{d}t}\end{cases} \tag{8-3}$$

(2) 对图 8-3(b),当 i_1 流入同名端,i_2 流出同名端,则有

$$\begin{cases} u_1 = L_1 \dfrac{\mathrm{d}i_1}{\mathrm{d}t} - M \dfrac{\mathrm{d}i_2}{\mathrm{d}t} \\ u_2 = L_2 \dfrac{\mathrm{d}i_2}{\mathrm{d}t} - M \dfrac{\mathrm{d}i_1}{\mathrm{d}t} \end{cases} \tag{8-4}$$

上面两个公式非常重要,希望牢记。

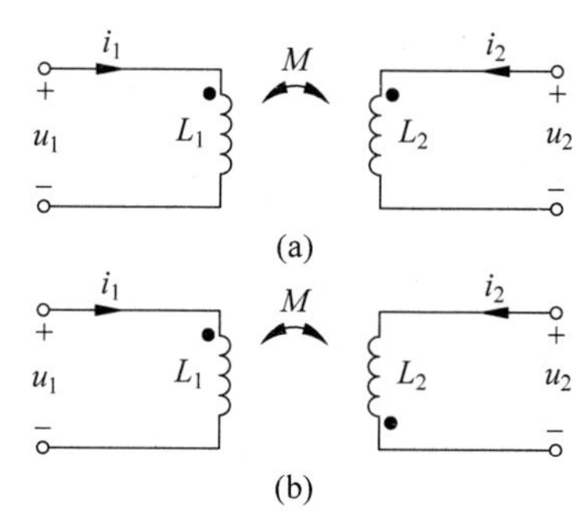

图 8-3 耦合电感元件的 VCR

式中,$L_1\dfrac{\mathrm{d}i_1}{\mathrm{d}t}$ 和 $L_2\dfrac{\mathrm{d}i_2}{\mathrm{d}t}$ 为自感电压,恒为正;$M\dfrac{\mathrm{d}i_2}{\mathrm{d}t}$ 和 $M\dfrac{\mathrm{d}i_1}{\mathrm{d}t}$ 为互感电压,有正、负之分。当 i_1 和 i_2 均从同名端流入时,互感电压为正;当一个电流从同名端流入,另一个电流从同名端流出时,互感电压为负。

为了衡量互感元件中两电感耦合的松紧程度,定义耦合系数(coupling coefficient),用 k 表示

$$k = \frac{M}{\sqrt{L_1 L_2}} \tag{8-5}$$

因为

$$\frac{M}{\sqrt{L_1 L_2}} = \sqrt{\frac{M i_1 M i_2}{L_2 i_2 L_1 i_1}} = \sqrt{\frac{\Phi_{12}\Phi_{21}}{\Phi_{11}\Phi_{22}}}$$

又因为

$$\Phi_{12} \leqslant \Phi_{22}, \quad \Phi_{21} \leqslant \Phi_{11}$$

所以有

$$k = \frac{M}{\sqrt{L_1 L_2}} \leqslant 1$$

通常,$k<0.5$ 称松耦合,$0.5<k<1$ 称紧耦合,$k=1$ 时称全耦合。在全耦合时,互感最大为

$$M = \sqrt{L_1 L_2} \tag{8-6}$$

在正弦稳态下,由式(8-3)和式(8-4)得耦合电感的相量 VCR 为

$$\begin{cases} \dot{U}_1 = \mathrm{j}\omega L_1 \dot{I}_1 \pm \mathrm{j}\omega M \dot{I}_2 \\ \dot{U}_2 = \mathrm{j}\omega L_2 \dot{I}_2 \pm \mathrm{j}\omega M \dot{I}_1 \end{cases} \tag{8-7}$$

式中,当 $\dot{I}_1$ 和 $\dot{I}_2$ 均从同名端流入时,互感电压项取正;当一个电流从同名端流入,另一个电流从同名端流出时,互感电压项取负。其相量模型电路如图 8-4 所示。

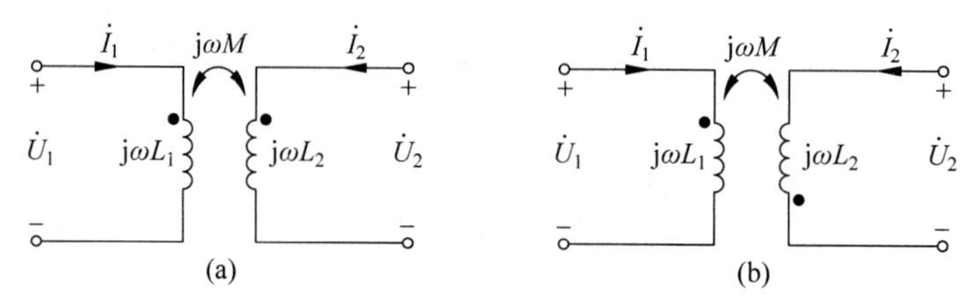

图 8-4 耦合电感的相量模型

8.1.2 耦合电感的等效

不含铁心(或磁心)的耦合电感在电子、通信和测量仪器等设备中被广泛应用。耦合电感一次侧(原边、初级)一般接信号源,而二次侧(副边、次级)接负载,利用互感耦合实现能量的传递。为了方便分析这类耦合电感(又称空心变压器)电路,这里介绍它的T形等效电路和一次等效电路。

1. T形等效电路

图8-5是空心变压器及其对应的T形等效电路。为了分析方便,像图8-5(a)或8-5(c)这样同名端相连或异名端相连后,由KCL知,不会影响电路性能。图8-5(a)是同名端相连的情况,图8-5(b)是其对应的T形等效电路;图8-5(c)是异名端相连的情况,图8-5(d)是其对应的T形等效电路。通过等效变换,用T形等效电路代替原来的空心变压器后,就不必再考虑互感M,这种方法称为互感消除法。不过,图8-5(b)、(d)中均比原图多了一个节点,这是保证外部端口等效所必需的。

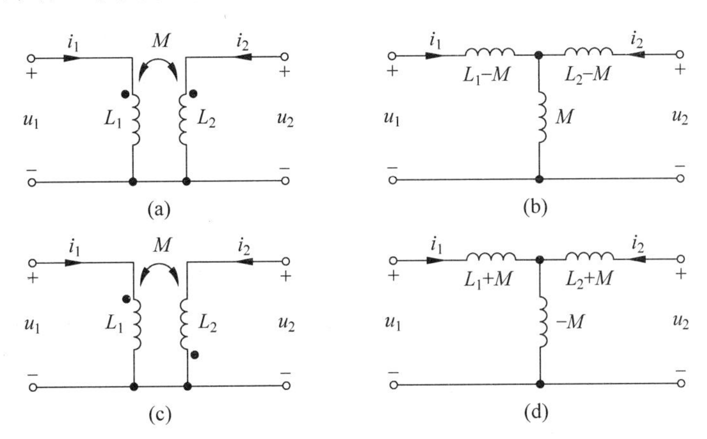

图8-5 耦合电感的T形等效电路

下面分别证明图8-5(a)与(b)、图8-5(c)与(d)是互相等效的。

同名端相连时,在正弦稳态下,由图8-5(a)对应的相量模型图8-4(b),可列出电压方程为

$$\begin{cases}\dot{U}_1 = \mathrm{j}\omega L_1\dot{I}_1 + \mathrm{j}\omega M\dot{I}_2\\ \dot{U}_2 = \mathrm{j}\omega L_2\dot{I}_2 + \mathrm{j}\omega M\dot{I}_1\end{cases}$$

把上式改写为

$$\begin{cases}\dot{U}_1 = \mathrm{j}\omega L_1\dot{I}_1 - \mathrm{j}\omega M\dot{I}_1 + \mathrm{j}\omega M\dot{I}_1 + \mathrm{j}\omega M\dot{I}_2\\ \dot{U}_2 = \mathrm{j}\omega L_2\dot{I}_2 - \mathrm{j}\omega M\dot{I}_2 + \mathrm{j}\omega M\dot{I}_2 + \mathrm{j}\omega M\dot{I}_1\end{cases}$$

即

$$\begin{cases}\dot{U}_1 = \mathrm{j}\omega(L_1 - M)\dot{I}_1 + \mathrm{j}\omega M(\dot{I}_1 + \dot{I}_2)\\ \dot{U}_2 = \mathrm{j}\omega(L_2 - M)\dot{I}_2 + \mathrm{j}\omega M(\dot{I}_1 + \dot{I}_2)\end{cases} \tag{8-8}$$

式(8-8)正是图8-5(b)所示电路的电压方程,所以图8-5(a)与(b)所示电路对于$\dot{U}_1$、$\dot{U}_2$、$\dot{I}_1$、

$\dot{I}_2$ 而言是互相等效的。

异名端相连时，由图 8-5(c)可列出电压方程为

$$\begin{cases}\dot{U}_1 = \mathrm{j}\omega L_1 \dot{I}_1 - \mathrm{j}\omega M \dot{I}_2 \\ \dot{U}_2 = \mathrm{j}\omega L_2 \dot{I}_2 - \mathrm{j}\omega M \dot{I}_1\end{cases}$$

仿前，上式也可以改写为

$$\begin{cases}\dot{U}_1 = \mathrm{j}\omega (L_1 + M)\dot{I}_1 - \mathrm{j}\omega M(\dot{I}_1 + \dot{I}_2) \\ \dot{U}_2 = \mathrm{j}\omega (L_2 + M)\dot{I}_2 - \mathrm{j}\omega M(\dot{I}_1 + \dot{I}_2)\end{cases} \tag{8-9}$$

式(8-9)也正是图 8-5(d)所示电路所具有的电压方程，所以图 8-5(c)与(d)所示电路对于 $\dot{U}_1$、$\dot{U}_2$、$\dot{I}_1$、$\dot{I}_2$ 而言也是互相等效的。

【例 8-1】 如图 8-6(a)所示电路，已知 $\dot{U}_S = 10\angle 0°\mathrm{V}$，$\omega L_1 = 4\Omega$，$\omega L_2 = 3\Omega$，$\omega M = 2\Omega$，$\frac{1}{\omega C} = 2\Omega$，求电压 $\dot{U}_{ab}$。

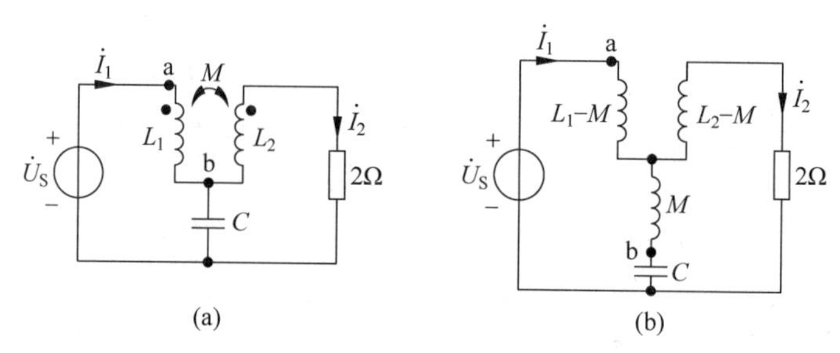

图 8-6 例 8-1 电路图

解：先将电路进行 T 形等效。在正弦稳态下，由相量模型得知阻抗为

$$\mathrm{j}\omega M + \frac{1}{\mathrm{j}\omega C} = \mathrm{j}2 - \mathrm{j}2 = 0$$

故 $\dot{I}_2 = 0$，从而电流：

$$\dot{I}_1 = \frac{\dot{U}_S}{\mathrm{j}\omega L_1 - \mathrm{j}\omega M} = \frac{10\angle 0°}{\mathrm{j}2} = -\mathrm{j}5\mathrm{A}$$

故

$$\begin{aligned}\dot{U}_{ab} &= (\mathrm{j}\omega L_1 - \mathrm{j}\omega M + \mathrm{j}\omega M)\dot{I}_1 \\ &= \mathrm{j}4 \times (-\mathrm{j}5) \\ &= 20\mathrm{V}\end{aligned}$$

2. 变压器的一次侧等效电路

设有空心变压器，其一次侧(原边、初级)经 Z_1 接于电源，二次侧(副边、次级)接于负载 Z_2，如图 8-7(a)所示。现在研究它的一次侧等效电路。

由图 8-7(a)，列出 KVL 方程：

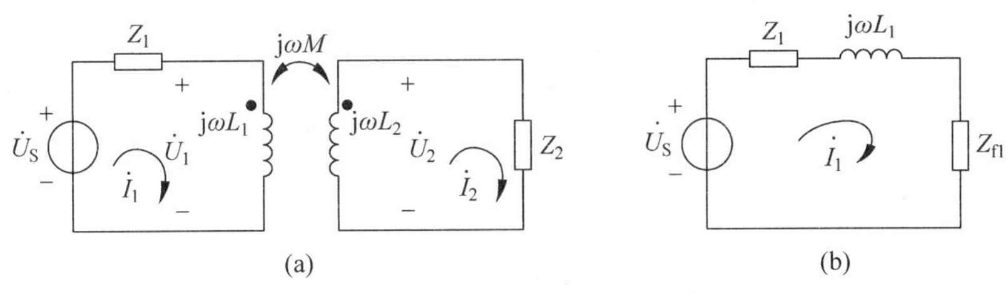

图 8-7 空心变压器的等效电路

$$
\begin{cases}
\mathrm{j}\omega L_1\dot{I}_1-\mathrm{j}\omega M\dot{I}_2=\dot{U}_1\\
-\mathrm{j}\omega M\dot{I}_1+(Z_2+\mathrm{j}\omega L_2)\dot{I}_2=0
\end{cases}
\tag{8-10}
$$

可解得

$$
\begin{cases}
\dot{I}_2=\dfrac{\mathrm{j}\omega M}{Z_2+\mathrm{j}\omega L_2}\dot{I}_1\\
\dot{U}_1=\left[\mathrm{j}\omega L_1-\dfrac{\mathrm{j}\omega M(\mathrm{j}\omega M)}{Z_2+\mathrm{j}\omega L_2}\right]\dot{I}_1
\end{cases}
$$

从而得变压器一次侧输入阻抗为

$$
Z_{\mathrm{in}}=\frac{\dot{U}_1}{\dot{I}_1}=\mathrm{j}\omega L_1+\frac{(\omega M)^2}{Z_2+\mathrm{j}\omega L_2}=\mathrm{j}\omega L_1+Z_{\mathrm{f1}}
\tag{8-11}
$$

上式表征图 8-7(b)所示的等效电路。式中第一项由一次侧电感 L_1 决定,第二项 Z_{f1} 是由于电磁耦合而产生的,可以想象为二次侧回路阻抗对一次侧的反射阻抗(reflected impedance)。即

$$
Z_{\mathrm{f1}}=\frac{(\omega M)^2}{Z_2+\mathrm{j}\omega L_2}=\frac{(\omega M)^2}{Z_{22}}
\tag{8-12}
$$

式中,$Z_{22}=Z_2+\mathrm{j}\omega L_2$ 为二次回路的总阻抗。

【例 8-2】 如图 8-8(a)所示电路,已知 $U=10\mathrm{V}$,$\omega=10^6\mathrm{rad/s}$,$L_1=L_2=1\mathrm{mH}$,$X_{C2}=X_{C1}=1000\Omega$,$R_1=10\Omega$,$R_2=40\Omega$。为使 $Z_{\mathrm{f1}}=R_1$,试求所需的 M 值、负载 R_2 上的功率及 C_2 上的电压。

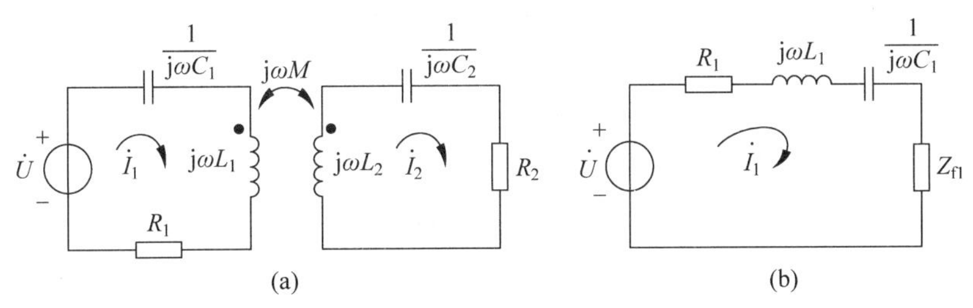

图 8-8 例 8-2 电路图

解:该电路是电子技术中经常应用的耦合电路。图 8-8(b)所示电路为图 8-8(a)所示电路的等效电路。二次侧对一次侧的反射阻抗为

$$
Z_{\mathrm{f1}}=\frac{(\omega M)^2}{R_2+\mathrm{j}\omega L_2-\mathrm{j}\dfrac{1}{\omega C_2}}
$$

由于 $L_1=L_2$，故

$$\omega L_1=\omega L_2=10^6\times1\times10^{-3}=1000\Omega$$

已知 $X_{C2}=1000\Omega$，故

$$Z_{f1}=\frac{(\omega M)^2}{R_2}$$

Z_{f1} 是纯实数，即 Z_{f1} 为电阻性。表明二次侧对一次侧的影响如同在一次回路中串入了一个电阻。

由本题要求，令

$$R_1=Z_{f1}=\frac{(\omega M)^2}{R_2}=10\Omega$$

得所需的互感：

$$M=\frac{1}{\omega}\sqrt{R_1R_2}=10^{-6}\sqrt{10\times40}=20\mu\text{H}$$

这时一次电流：

$$\dot{I}_1=\frac{\dot{U}}{R_1+Z_{f1}+\text{j}\left(\omega L_1-\dfrac{1}{\omega C_1}\right)}=\frac{10\angle0^\circ}{20}=0.5\angle0^\circ\text{A}$$

而反射电阻上吸收的功率即 R_2 上吸收的功率为

$$P_2=Z_{f1}I_1^2=10\times(0.5)^2=2.5\text{W}$$

进而电流有效值：

$$I_2=\sqrt{\frac{P_2}{R_2}}=\sqrt{\frac{2.5}{40}}=0.25\text{A}$$

所以电压有效值为

$$U_{C2}=\frac{1}{\omega C_2}I_2=1000\times0.25=250\text{V}$$

8.2 变压器电路分析

8.2.1 全耦合变压器

若变压器一次绕组的磁通全部穿过二次绕组，二次绕组的磁通也全部穿过一次绕组，即耦合系数 $k=1$，称这种状态为全耦合。因为在全耦合时，有

$$\begin{cases}\Phi_{11}=\Phi_{21}\\\Phi_{22}=\Phi_{12}\end{cases}$$

所以有

$$\begin{cases}\dfrac{L_1i_1}{Mi_1}=\dfrac{N_1\Phi_{11}}{N_2\Phi_{21}}=\dfrac{N_1}{N_2}\\[2ex]\dfrac{L_2i_2}{Mi_2}=\dfrac{N_2\Phi_{22}}{N_1\Phi_{12}}=\dfrac{N_2}{N_1}\end{cases}$$

取以上二式之比，得

$$\frac{L_1}{L_2}=\left(\frac{N_1}{N_2}\right)^2 \tag{8-13}$$

下面研究全耦合变压器(perfect coupled transformer)的电压和电流的关系。图 8-9(a)所示电路是全耦合变压器电路，其 KVL 方程为

$$\dot{U}_1=\mathrm{j}\omega L_1\dot{I}_1-\mathrm{j}\omega M\dot{I}_2 \tag{8-14}$$

$$\dot{U}_2=\mathrm{j}\omega M\dot{I}_1-\mathrm{j}\omega L_2\dot{I}_2 \tag{8-15}$$

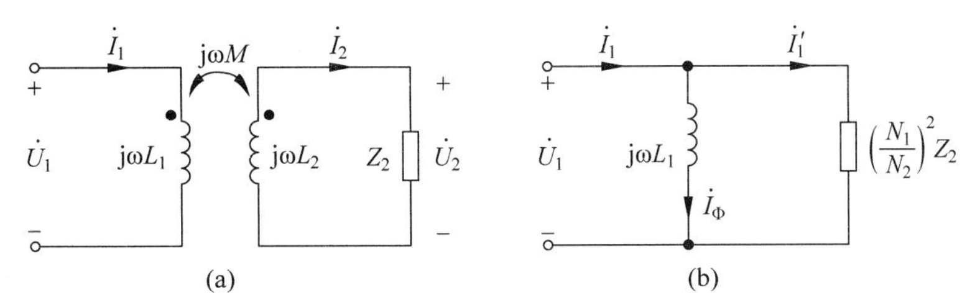

图 8-9 全耦合变压器及其等效电路

由于在全耦合下，$M=\sqrt{L_1L_2}$，代入式(8-14)和式(8-15)得

$$\dot{U}_1=\mathrm{j}\omega(L_1\dot{I}_1-\sqrt{L_1L_2}\dot{I}_2)=\mathrm{j}\omega\sqrt{L_1}(\sqrt{L_1}\dot{I}_1-\sqrt{L_2}\dot{I}_2)$$

$$\dot{U}_2=\mathrm{j}\omega(\sqrt{L_1L_2}\dot{I}_1-L_1\dot{I}_2)=\mathrm{j}\omega\sqrt{L_2}(\sqrt{L_1}\dot{I}_1-\sqrt{L_2}\dot{I}_2)$$

将上面二式相除，并代入式(8-13)，得

$$\frac{\dot{U}_1}{\dot{U}_2}=\sqrt{\frac{L_1}{L_2}}=\frac{N_1}{N_2} \tag{8-16}$$

即全耦合变压器 $\dot{U}_1$、$\dot{U}_2$ 电压比等于它们的匝数之比。这是全耦合变压器的第一个重要特性。由式(8-14)可得

$$\dot{I}_1=\frac{\dot{U}_1}{\mathrm{j}\omega L_1}+\frac{\mathrm{j}\omega M}{\mathrm{j}\omega L_1}\dot{I}_2$$

由于$\frac{L_1}{M}=\frac{N_1}{N_2}$，代入上式，得

$$\dot{I}_1=\frac{\dot{U}_1}{\mathrm{j}\omega L_1}+\frac{N_2}{N_1}\dot{I}_2 \tag{8-17}$$

上式是全耦合变压器的另一个重要关系。若令

$$\dot{I}_\Phi=\frac{\dot{U}_1}{\mathrm{j}\omega L_1},\quad \dot{I}_1'=\frac{N_2}{N_1}\dot{I}_2$$

则式(8-17)可以写为

$$\dot{I}_1=\dot{I}_\Phi+\dot{I}_1'$$

当 $\dot{I}_2=0$ 时，$\dot{I}_\Phi$ 就是变压器的一次侧电流，该电流称为磁化电流。考虑到

$$\dot{U}_2=\dot{I}_2Z_2,\quad \dot{U}_1=\dot{U}_2\frac{N_1}{N_2}$$

所以

$$\dot{I}_2=\frac{\dot{U}_1}{\frac{N_1}{N_2}Z_2},\quad \dot{I}'_1=\frac{N_2}{N_1}\dot{I}_2=\frac{\dot{U}_1}{\left(\frac{N_2}{N_1}\right)^2Z_2}$$

综合起来,即

$$\dot{I}_1=\frac{\dot{U}_1}{\mathrm{j}\omega L_1}+\frac{\dot{U}_1}{\left(\frac{N_1}{N_2}\right)^2Z_2} \tag{8-18}$$

上式正意味着等效电路如图 8-9(b)所示。其中,二次侧负载 Z_2 在等效电路中相当于扩大为 $(N_1/N_2)^2$ 倍的阻抗。这体现了全耦合变压器变换阻抗的作用。

8.2.2 理想变压器

前面介绍的全耦合变压器有两个假设:一是耦合系数 $k=1$,二是变压器本身无任何损耗。如果再增加一个条件,即 L_1、L_2 和 M 均趋于无限大,但 $\sqrt{L_1/L_2}=N_1/N_2$ 为有限值,则称其为理想变压器(ideal transformer)。

由上述理想条件,从全耦合的关系式(8-16)和式(8-17)可得理想变压器的端口特性为

$$\begin{cases}\dfrac{u_1}{u_2}=\dfrac{N_1}{N_2}=n\\[2ex]\dfrac{i_1}{i_2}=-\dfrac{N_2}{N_1}=-\dfrac{1}{n}\end{cases} \tag{8-19}$$

式中,n 称为匝比。图 8-10(b)为理想变压器模型的电路符号。式(8-19)中电流关系中的负号是因电路中电流 i_2 假设流入同名端所致。

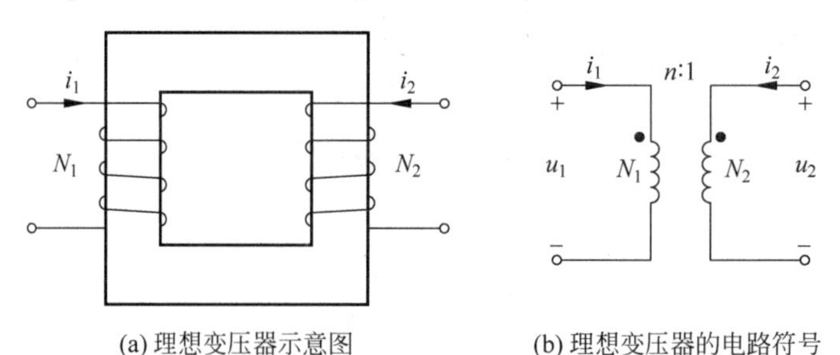

(a) 理想变压器示意图　　(b) 理想变压器的电路符号

图 8-10　理想变压器

在正弦稳态下,理想变压器的特性表示为

$$\begin{cases}\dfrac{\dot{U}_1}{\dot{U}_2}=\dfrac{N_1}{N_2}=n\\[2ex]\dfrac{\dot{I}_1}{\dot{I}_2}=-\dfrac{N_2}{N_1}=-\dfrac{1}{n}\end{cases} \tag{8-20}$$

或

$$\begin{cases}\dot{U}_1 = n\dot{U}_2 \\ \dot{I}_1 = -\dfrac{1}{n}\dot{I}_2\end{cases} \tag{8-21}$$

由上式可知,理想变压器是关于电压和电流的线性变换器。

当理想变压器二次侧接入负载 Z_2 时,由于 $Z_2=-\dot{U}_2/\dot{I}_2$,如图 8-11(a)所示,则它的输入阻抗:

$$Z_{in}=\frac{\dot{U}_1}{\dot{I}_1}=\frac{n\dot{U}_2}{-\frac{1}{n}\dot{I}_2}=n^2Z_2 \tag{8-22}$$

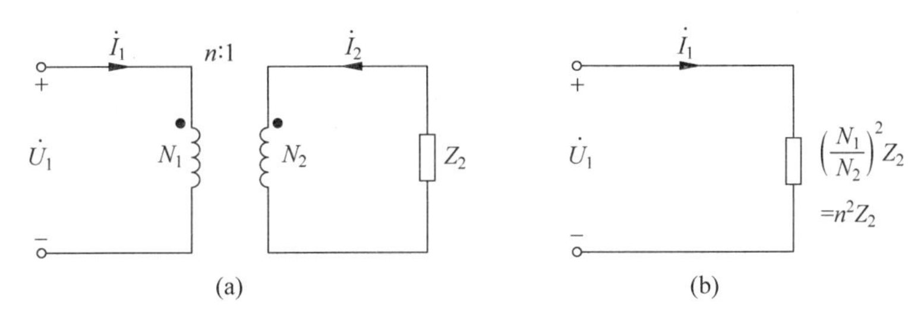

图 8-11 理想变压器的输入阻抗

式(8-22)表明:理想变压器可以进行阻抗变换,其大小与匝数比的平方成正比。用电路表示,图 8-11(b)是图 8-11(a)的入口等效电路。

顺便指出,实际铁心变压器的电磁性能是非常复杂的,在理论分析时,可以先不考虑次要因素的影响,以理想变压器的 VCR 为依据进行分析,然后再考虑实际因素。

【例 8-3】 如图 8-12(a)所示电路,电源电压有效值 $U=10$V,其内阻为 500Ω。若设负载电阻为 5Ω,则负载得到的功率很小。今在电源与负载间接入一理想变压器,使变压器的输入阻抗为 500Ω,则负载可获得最大功率。如图 8-12(b)所示,求变压器的匝数比。

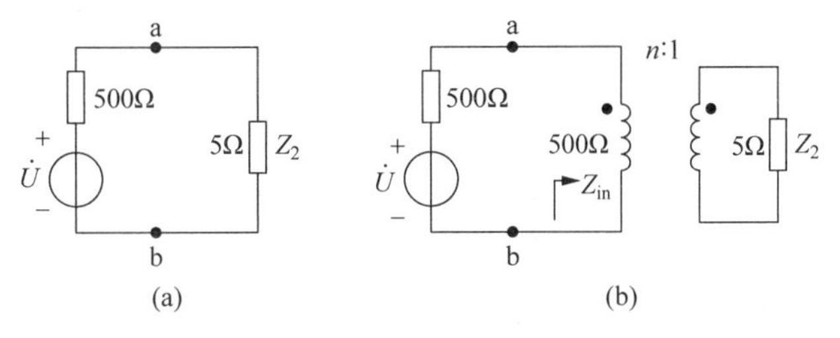

图 8-12 例 8-3 图

解:由于变压器的输入阻抗:

$$Z_{in}=Z_{ab}=\left(\frac{N_1}{N_2}\right)^2 Z_2=n^2Z_2$$

即应该使

$$Z_{ab}=\left(\frac{N_1}{N_2}\right)^2\times 5=500\Omega$$

从而得

$$n=\frac{N_1}{N_2}=\sqrt{\frac{500}{5}}=10$$

即变压器的一次匝数是二次匝数的 10 倍。这里的变压器是起阻抗匹配作用的。

实际变压器的结构和形状是多种多样的。图 8-13 是其中的两种结构。

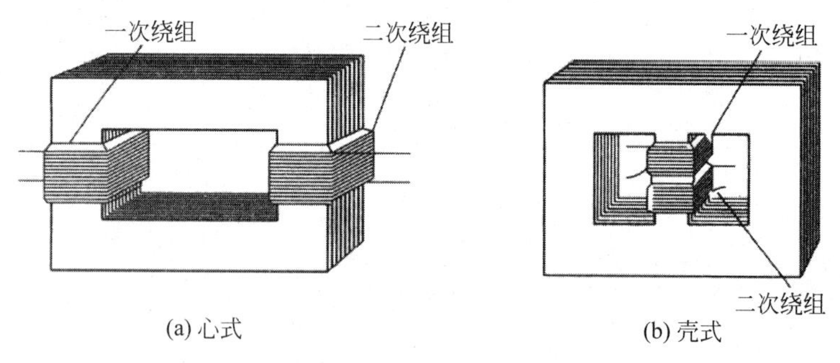

图 8-13　心式和壳式变压器

最后介绍实际变压器的模型。实际变压器的一、二次绕组电感不可能为无穷大，而且还有各种损耗。例如，一次绕组不仅有漏磁通，而且有导线损耗电阻。如图 8-14 所示，L_{S1} 为漏电感，R_1 为导线电阻，L_1 为励磁电感，R_S 为铁心的磁滞及涡流损耗电阻。变压器二次绕组也存在漏电感 L_{S2} 和绕组损耗电阻 R_2。这样，一个理想变压器和实际因素一并考虑，就构成了实际变压器的电路模型。

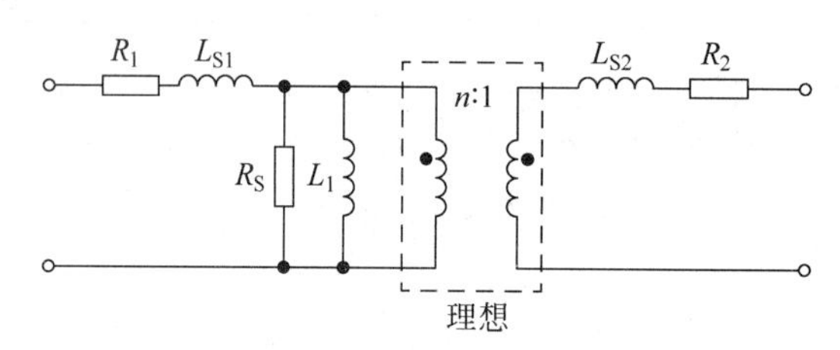

图 8-14　实际变压器的模型

本章小结

(1) 耦合电感(互感)元件是通过磁耦合传递能量的。互感电压的正、负取决于电流方向和同名端的位置。同名端是互感电压的同极性端。

(2) 为了便于分析，耦合电感电路常常用 T 形等效或一次侧等效。

(3) 全耦合变压器和理想变压器是多量变换器，它们有三个重要特性：变换电压、变换电流和变换阻抗。

(4) 理想变压器本质上是一个电阻元件，它与耦合电感是两类不同的元件模型。

习　题　8

8-1　已知两个线圈的自感分别为 $L_1=2\text{H}$，$L_2=8\text{H}$。

(1) 若两个线圈全耦合，互感 M 为多大？

(2) 若互感 $M=3\text{H}$，耦合系数 k 为多大？

(3) 若两个线圈耦合系数 $k=1$，分别将它们顺接串联和反接串联，等效电感为多少？

(4) 若两个线圈耦合系数 $k=0.5$，分别将它们同侧并联和异侧并联，等效电感为多少？

8-2　互感线圈如图 8-15 所示，试判定它们的同名端。

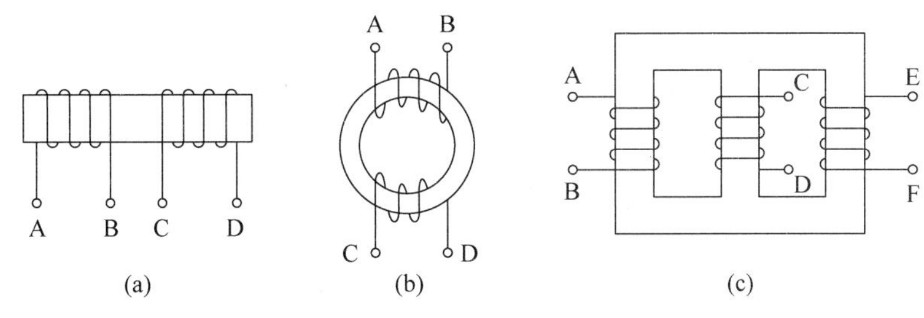

图 8-15　习题 8-2 电路

8-3　写出图 8-16 所示电路中各耦合电感的伏安关系表达式。

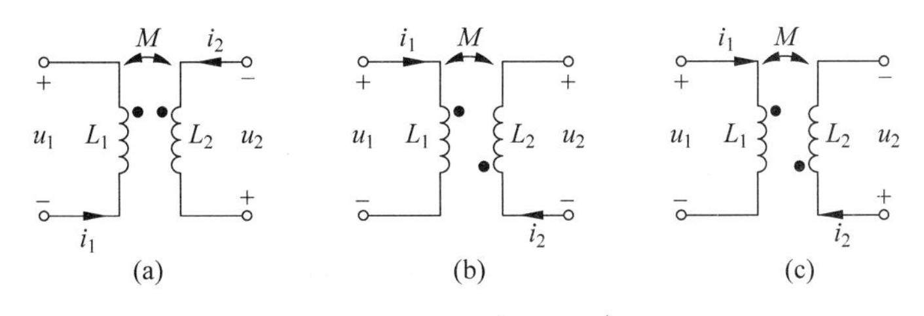

图 8-16　习题 8-3 电路

8-4　通过测量流入互感的两串联线圈的电流、功率和外施电压，可以确定两个线圈之间的互感。现在用 $U=220\text{V}$，$f=50\text{Hz}$ 的电源进行测量，当顺向串联时，测得 $I=2.5\text{A}$，$P=62.5\text{W}$；当反向串联时，测得 $P=250\text{W}$。试求互感 M。

8-5　如图 8-17 所示电路，在正弦稳态下，已知 $i_S(t)=2\sin(3t)$，求开路电压 $u(t)$。

8-6　试求图 8-18 所示电路的输入阻抗 $Z(\omega=1\text{rad/s})$。

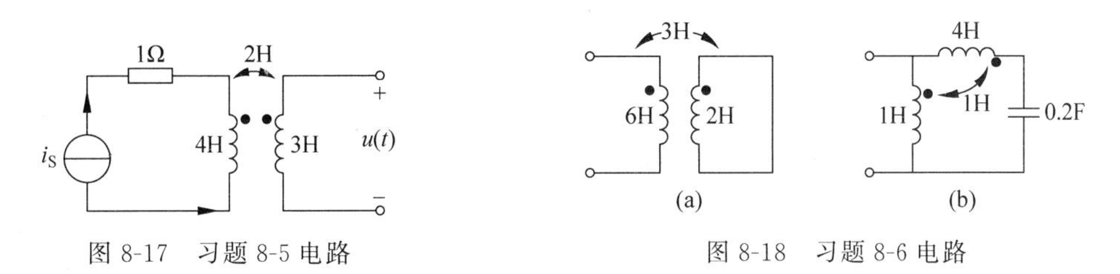

图 8-17　习题 8-5 电路

图 8-18　习题 8-6 电路

8-7　如图 8-19 所示耦合电路,试写出它的网孔方程。

8-8　在图 8-20 所示电路中,已知 $R_1=20\Omega$,$R_2=80\Omega$,$L_1=3\text{H}$,$L_2=10\text{H}$,$M=5\text{H}$,$u_S(t)=100\sqrt{2}\sin(100t)\text{V}$。欲使电流 i 与 u_S 同相位,求:(1)所需的电容 C 值;(2)电压源发出的有功功率 P。

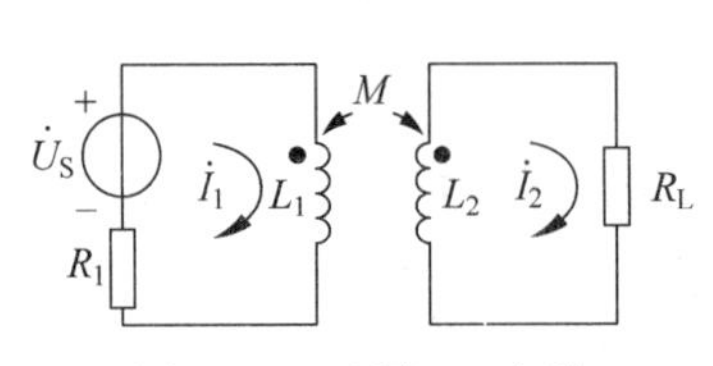

图 8-19　习题 8-7 电路

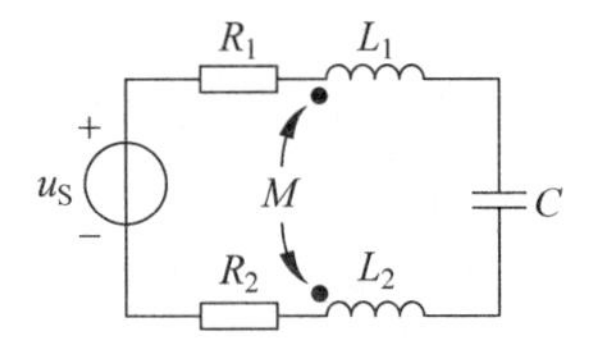

图 8-20　习题 8-8 电路

8-9　如图 8-21 所示互感电路,已知 $R_1=3\Omega$,$R_2=7\Omega$,$L_1=4.75\text{H}$,$L_2=5.25\text{H}$,$M=2.5\text{H}$,电流 $i=2\sqrt{2}\sin 2t\,\text{A}$,试求电压 u。

8-10　如图 8-22 所示电路,已知 $R_1=50\Omega$,$L_1=70\text{mH}$,$L_2=20\text{mH}$,$M=20\text{mH}$,$C=25\mu\text{F}$,正弦交流电压源电压 $\dot{U}_S=100\angle 0°\text{V}$,$\omega=10^3\text{rad/s}$,试求 $\dot{I}_1$、$\dot{I}_2$、$\dot{I}_C$ 及 $\dot{U}_{L1}$。

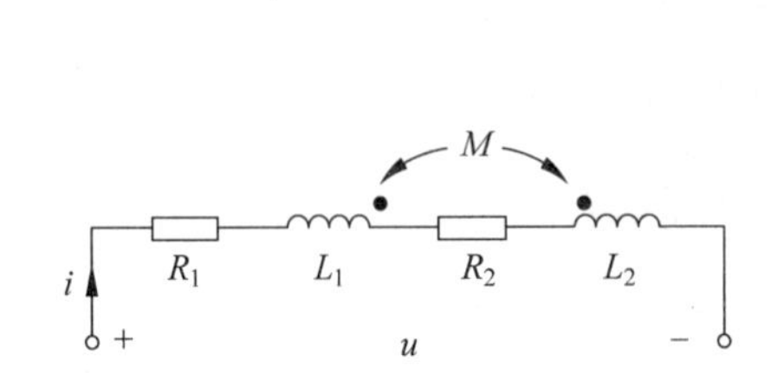

图 8-21　习题 8-9 电路

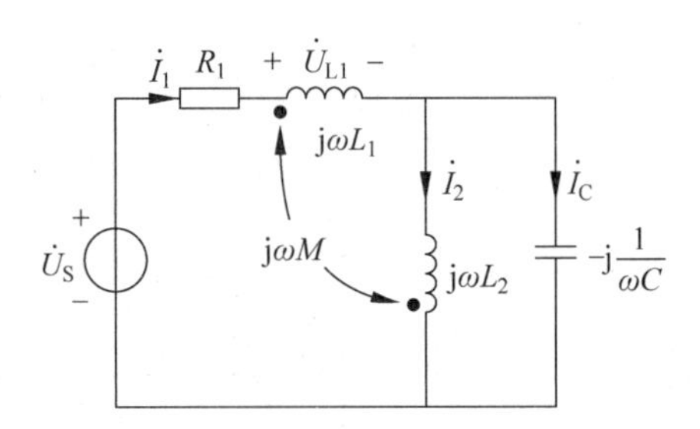

图 8-22　习题 8-10 电路

8-11　空心变压器电路如图 8-23 所示,已知 $L_1=L_2=100\text{mH}$,$M=50\text{mH}$,$R_1=100\Omega$,$C_1=C_2=10\mu\text{F}$,$u_S=50\sqrt{2}\sin 10^3 t\,\text{V}$,试求 R_2 为何值时可获得最大功率,并求此最大功率。

8-12　图 8-24 所示正弦电路中,已知 $R_1=R_2=10\Omega$,$\omega L_1=30\Omega$,$\omega L_2=20\Omega$,$\omega M=10\Omega$,电源电压 $\dot{U}=100\angle 0°\text{V}$。求电压 U_2 及 R_2 电阻消耗的功率。

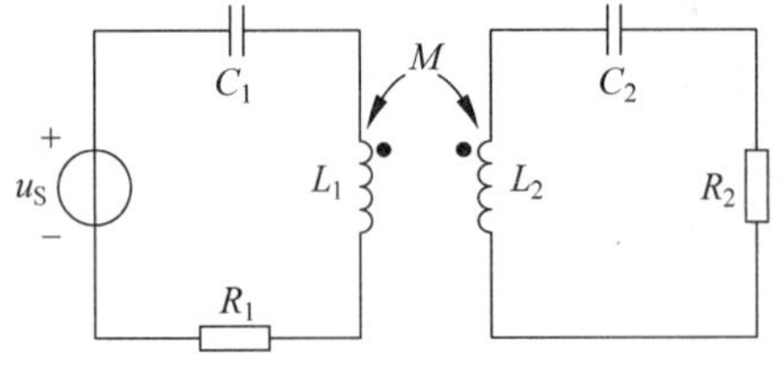

图 8-23　习题 8-11 电路

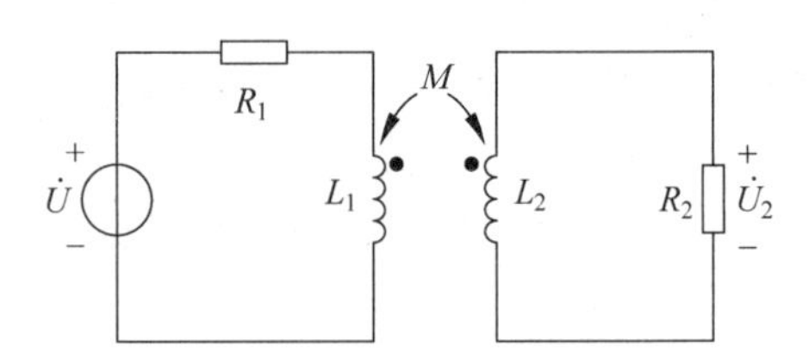

图 8-24　习题 8-12 电路

8-13　电路如图 8-25 所示,为使负载 10Ω 电阻能获得最大功率,试确定理想变压器的变比 n 及最大功率值。

8-14　图 8-26 所示电路中,已知 $\dot{U}_S=160\angle 0°\text{V}$,$R$ 为何值时,它所吸收的功率最大?求此最大功率。

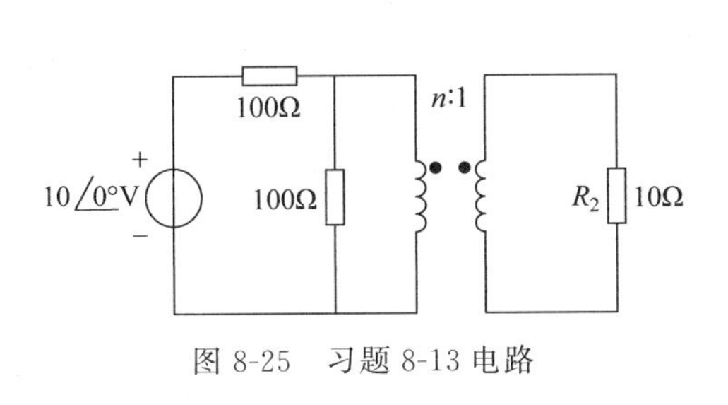

图 8-25　习题 8-13 电路

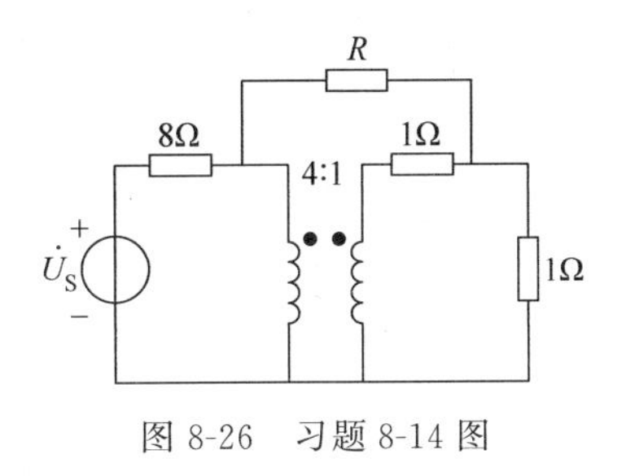

图 8-26　习题 8-14 图

8-15　电路如图 8-27 所示，求电流 $\dot{I}$。

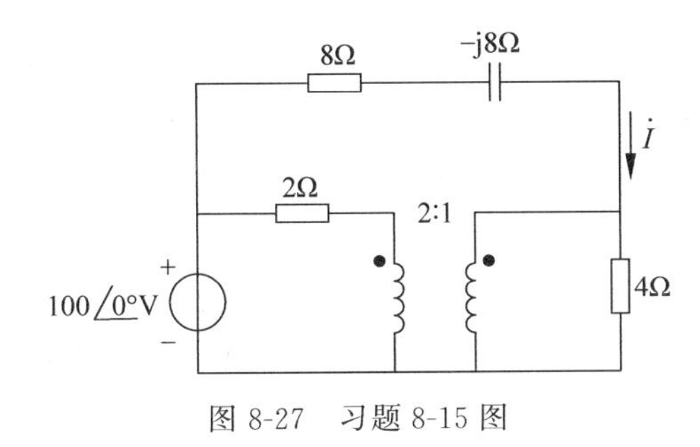

图 8-27　习题 8-15 图

第 9 章

二端口网络

本章介绍二端口网络的概念及其分析方法，主要内容包括二端口网络的方程和参数、二端口网络参数之间的关系和互易二端口网络的等效电路等。

9.1 二端口网络概述

一个电路有两个端子与外电路连接，如果从一个端子流入的电流等于从另一个端子流出的电流，这样的电路称为二端网络，即一端口。无源二端网络可用阻抗等效，有源二端网络可用电源模型等效。

如果电路具有两对端子，每对端子上都满足任一瞬间流入一个端子的电流等于流出另一个端子的电流，这种电路称为二端口网络，简称为二端口。如图 9-1 所示是几种常见的二端口网络实例。对于这些电路，都可以把两对端子之间的电路概括在一个方框中，如图 9-2 所示。一对端子 1-1′通常是输入端子，另一对端子 2-2′为输出端子。

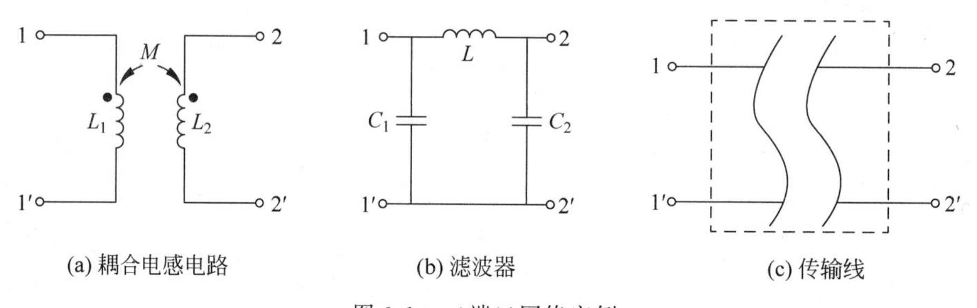

图 9-1　二端口网络实例

本章讨论由线性电阻、电感、电容、互感和线性受控电源组成的线性二端口网络，其内部不含独立电源。对二端口网络进行时域分析时，可以使用瞬时值形式，即 u_1、i_1、u_2、i_2；进行频域分析时，要使用相量形式，即 $\dot{U}_1$、$\dot{I}_1$、$\dot{U}_2$、$\dot{I}_2$，它们都是与角频率 ω 有关的复数；进行复频域分析时，要使用象函数形式，即 $U_1(s)$、$I_1(s)$、$U_2(s)$、$I_2(s)$，它们都是复频率 s 的函数。

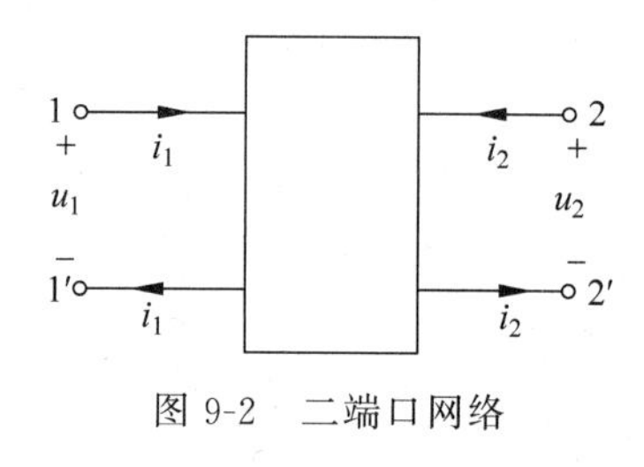

图 9-2　二端口网络

分析二端口网络的任务之一就是建立某种形式的端口方程，即端口电压与端口电流的关系。在端口电压 u_1、u_2 和端口电流 i_1、i_2 这 4 个变量中选取两个作为自变量，另外两个作为因变量，共有6种选法，所以一个二端口网络可以用6种不同的二端网口参数表征。在此用相量法分析二端口网络正弦稳态情况，建立端口 u-i 关系，其分析方法和结论也可以应用于复频域网络的分析。

9.2 二端口网络的方程和参数

9.2.1 Z 参数

在图9-3中，假定端口电流 $\dot{I}_1$ 和 $\dot{I}_2$ 已知，则可以把它们看成是由两个电流源驱动的。根据齐次定理和叠加定理，可得

$$\begin{cases}\dot{U}_1 = Z_{11}\dot{I}_1 + Z_{12}\dot{I}_2 \\ \dot{U}_2 = Z_{21}\dot{I}_1 + Z_{22}\dot{I}_2\end{cases} \tag{9-1}$$

上式称为二端口网络的 Z 参数方程，其中 Z_{11}、Z_{12}、Z_{21}、Z_{22} 称为二端口网络的阻抗参数，简称 Z 参数。它们取决于网络内部各元件的参数、连接方式及电源频率。Z 参数具有阻抗的性质。式(9-1)还可以写成矩阵形式：

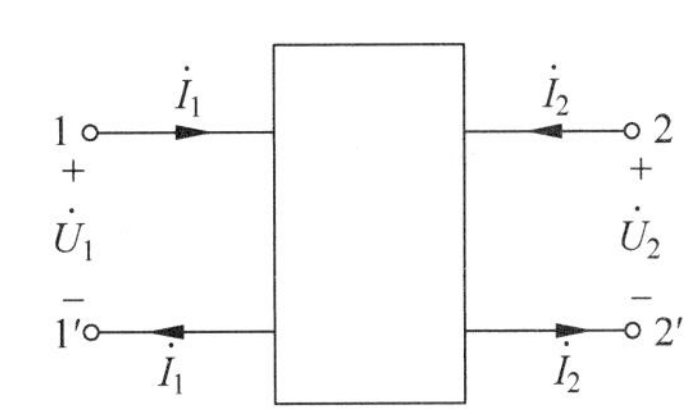

图9-3 无源线性二端口网络

$$\begin{bmatrix}\dot{U}_1 \\ \dot{U}_2\end{bmatrix} = \begin{bmatrix}Z_{11} & Z_{12} \\ Z_{21} & Z_{22}\end{bmatrix}\begin{bmatrix}\dot{I}_1 \\ \dot{I}_2\end{bmatrix} = \boldsymbol{Z}\begin{bmatrix}\dot{I}_1 \\ \dot{I}_2\end{bmatrix}$$

式中，$\boldsymbol{Z}=\begin{bmatrix}Z_{11} & Z_{12} \\ Z_{21} & Z_{22}\end{bmatrix}$，称为二端口的 Z 参数矩阵，又称为开路阻抗矩阵。

Z 参数可按下述方式计算或试验测量求得：把端口2-2′开路，即 $\dot{I}_2=0$，在端口1-1′上外加电流源 $\dot{I}_1$，如图9-4(a)所示。由式(9-1)可得

$$Z_{11} = \left.\frac{\dot{U}_1}{\dot{I}_1}\right|_{\dot{I}_2=0}, \quad Z_{21} = \left.\frac{\dot{U}_2}{\dot{I}_1}\right|_{\dot{I}_2=0}$$

式中，Z_{11} 是端口2-2′开路时，端口1-1′的输入阻抗；Z_{21} 是端口2-2′开路时，端口2-2′与端口1-1′之间的转移阻抗。

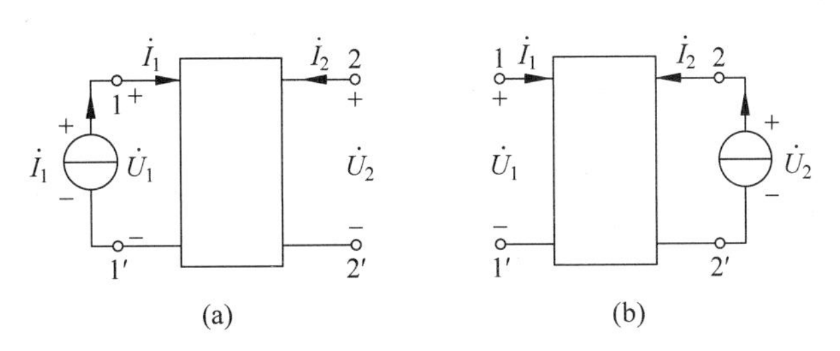

图9-4 开路阻抗参数测定

同理,把端口 1-1′开路,即 $\dot{I}_1=0$,在端口 2-2′上外加电流 $\dot{I}_2$,如图 9-4(b)所示,这时,按式(9-1)有

$$Z_{12}=\left.\frac{\dot{U}_1}{\dot{I}_2}\right|_{\dot{I}_1=0},\quad Z_{22}=\left.\frac{\dot{U}_2}{\dot{I}_2}\right|_{\dot{I}_1=0}$$

式中,Z_{12} 是端口 1-1′开路时,端口 1-1′与端口 2-2′之间的开路转移阻抗;Z_{22} 是端口 1-1′开路时,端口 2-2′的开路输入阻抗。

由线性电阻、电感、电容组成的网络满足互易定理,故称为互易网络。如果二端口网络是互易二端口网络,根据互易定理有

$$\left.\frac{\dot{U}_1}{\dot{I}_2}\right|_{\dot{I}_1=0}=\left.\frac{\dot{U}_2}{\dot{I}_1}\right|_{\dot{I}_2=0}$$

即有 $Z_{12}=Z_{21}$,此关系即为用 Z 参数表示的互易网络的条件。互易二端口网络的 Z 参数仅有三个是独立的。

如果二端口网络除了 $Z_{12}=Z_{21}$,还有 $Z_{11}=Z_{22}$,那么二端口网络的两个端口 1-1′和 2-2′互换位置后与外电路连接,其外部特性将不会有任何变化,这种特性称为电气上对称,这种网络称为对称二端口网络。在对称二端口网络中,Z 参数仅有两个是独立的。

【例 9-1】 求图 9-5 所示电路的 Z 参数。

解:

方法一:按开路法求 Z 参数。

将二端口的输出端口 2-2′开路,有

$$Z_{11}=\left.\frac{\dot{U}_1}{\dot{I}_1}\right|_{\dot{I}_2=0}=(1+\mathrm{j}2)\Omega,\quad Z_{21}=\left.\frac{\dot{U}_2}{\dot{I}_1}\right|_{\dot{I}_2=0}=\mathrm{j}2\Omega$$

将二端口的输入端口 1-1′开路,有

$$Z_{12}=\left.\frac{\dot{U}_1}{\dot{I}_2}\right|_{\dot{I}_1=0}=\mathrm{j}2\Omega,\quad Z_{22}=\left.\frac{\dot{U}_2}{\dot{I}_2}\right|_{\dot{I}_1=0}=\mathrm{j}2-\mathrm{j}3=-\mathrm{j}\Omega$$

方法二:列出 KVL 方程。

$$\dot{U}_1=\dot{I}_1\times 1+(\dot{I}_1+\dot{I}_2)\times \mathrm{j}2=\dot{I}_1(1+\mathrm{j}2)+\dot{I}_2\times \mathrm{j}2$$

$$\dot{U}_2=\dot{I}_2(-\mathrm{j}3)+(\dot{I}_1+\dot{I}_2)\times \mathrm{j}2=\dot{I}_1\times \mathrm{j}2+\dot{I}_2\times(-\mathrm{j})$$

由本例可见,$Z_{12}=Z_{21}$,二端口网络具有互易性,有三个参数是独立的。

【例 9-2】 电路如图 9-6 所示,求其 Z 参数。

解: 由电路的 KVL 方程可知

$$\dot{U}_1=\dot{I}_1(R_1+\mathrm{j}\omega L_1)+\dot{I}_2\mathrm{j}\omega M$$

$$\dot{U}_2=\dot{I}_1\mathrm{j}\omega M+\dot{I}_2(R_2+\mathrm{j}\omega L_2)$$

$$\boldsymbol{Z}=\begin{bmatrix} R_1+\mathrm{j}\omega L_1 & \mathrm{j}\omega M \\ \mathrm{j}\omega M & R2+\mathrm{j}\omega L_2 \end{bmatrix}$$

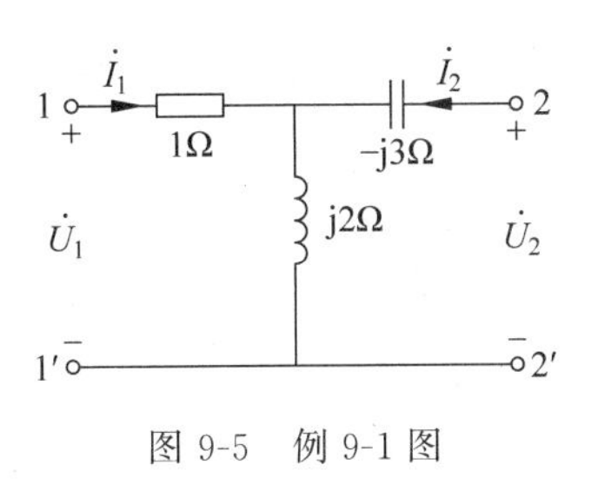

图 9-5 例 9-1 图

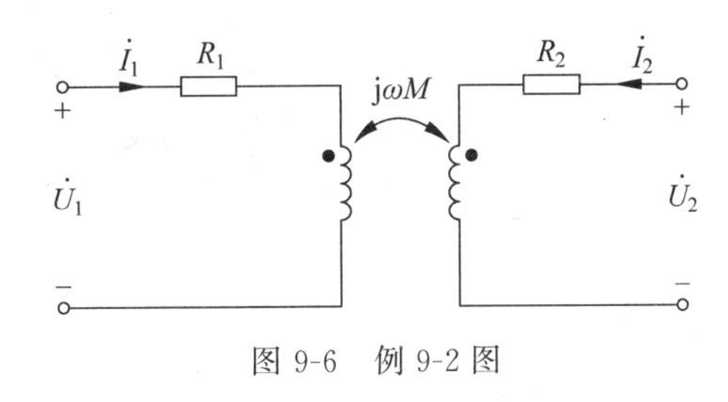

图 9-6 例 9-2 图

9.2.2 *Y* 参数

在图 9-3 中，假定端口电压 $\dot{U}_1$、$\dot{U}_2$ 为已知量，端口电流 $\dot{I}_1$、$\dot{I}_2$ 为待求量，则可以把 $\dot{U}_1$、$\dot{U}_2$ 视为激励，把 $\dot{I}_1$、$\dot{I}_2$ 视为响应。根据齐次定理和叠加定理，$\dot{I}_1$、$\dot{I}_2$ 必为 $\dot{U}_1$、$\dot{U}_2$ 的线性组合，即

$$\begin{cases}\dot{I}_1 = Y_{11}\dot{U}_1 + Y_{12}\dot{U}_2 \\ \dot{I}_2 = Y_{21}\dot{U}_1 + Y_{22}\dot{U}_2\end{cases} \tag{9-2}$$

上式称为二端口网络的 Y 参数方程，其中 Y_{11}、Y_{12}、Y_{21}、Y_{22} 称为二端口网络的导纳参数，简称 Y 参数。它们取决于网络内部各元件的参数、连接方式及电源频率。Y 参数具有导纳的性质。式(9-2)还可以写成矩阵形式：

$$\begin{bmatrix}\dot{I}_1 \\ \dot{I}_2\end{bmatrix} = \begin{bmatrix}Y_{11} & Y_{12} \\ Y_{21} & Y_{22}\end{bmatrix}\begin{bmatrix}\dot{U}_1 \\ \dot{U}_2\end{bmatrix} = \boldsymbol{Y}\begin{bmatrix}\dot{U}_1 \\ \dot{U}_2\end{bmatrix}$$

式中，$\boldsymbol{Y} = \begin{bmatrix}Y_{11} & Y_{12} \\ Y_{21} & Y_{22}\end{bmatrix}$，称为二端口的 Y 参数矩阵，又称为短路导纳矩阵。

Y 参数可以通过计算或测试确定。如果在端口 1-1′上外加电压 $\dot{U}_1$，而把输出端口 2-2′短路，如图 9-7(a)所示，有

$$Y_{11} = \left.\frac{\dot{I}_1}{\dot{U}_1}\right|_{\dot{U}_2=0}, \quad Y_{21} = \left.\frac{\dot{I}_2}{\dot{U}_1}\right|_{\dot{U}_2=0}$$

如果在端口 2-2′上外加电压 $\dot{U}_2$，而把输出端口 1-1′短路，如图 9-7(b)所示，有

$$Y_{12} = \left.\frac{\dot{I}_1}{\dot{U}_2}\right|_{\dot{U}_1=0}, \quad Y_{22} = \left.\frac{\dot{I}_2}{\dot{U}_2}\right|_{\dot{U}_1=0}$$

其中，Y_{11} 是输出端 2-2′短路时，输入端的输入导纳；Y_{21} 是输出端 2-2′短路时，输出端对输入端的转移导纳；Y_{12} 是输入端口 1-1′短路时，输入端对输出端的转移导纳；Y_{22} 是输入端口 1-1′短路时，输出端的输入导纳。

对互易网络有

$$Y_{12} = Y_{21}$$

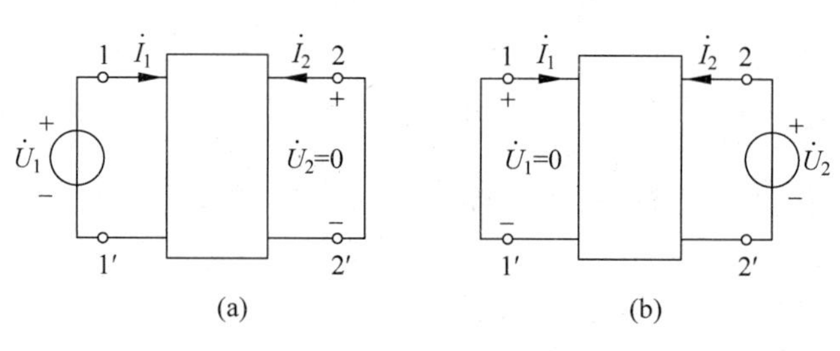

图 9-7　短路导纳参数测定

即一个互易二端口网络，最多只有三个独立参数。如果互易二端口网络还满足 $Y_{11}=Y_{22}$，则此二端口网络为对称二端口。显然，对称二端口网络的 Y 参数只有两个是独立的。

开路阻抗矩阵 $\boldsymbol{Z}$ 与短路导纳矩阵 $\boldsymbol{Y}$ 之间存在着互为逆矩阵的关系，即

$$\boldsymbol{Z}=\boldsymbol{Y}^{-1} \quad 或 \quad \boldsymbol{Y}=\boldsymbol{Z}^{-1}$$

【例 9-3】 电路如图 9-8 所示，求其 Y 参数。

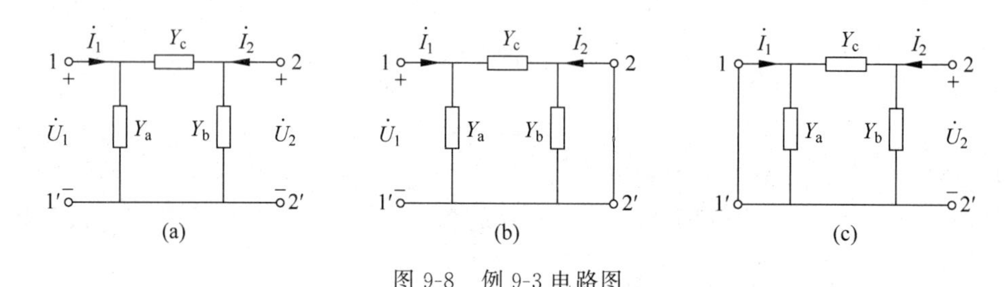

图 9-8　例 9-3 电路图

解：根据 Y 参数的物理意义，将输出端口短路 2-2′短路，在 1-1′端口加电压 $\dot{U}_1$，如图 9-8(b)所示，可得

$$Y_{11}=\left.\frac{\dot{I}_1}{\dot{U}_1}\right|_{\dot{U}_2=0}=Y_a+Y_c,\quad Y_{21}=\left.\frac{\dot{I}_2}{\dot{U}_1}\right|_{\dot{U}_2=0}=-Y_c$$

将输入端口 1-1′短路，在 2-2′端口加电压 $\dot{U}_2$，如图 9-8(c)所示，可得

$$Y_{12}=\left.\frac{\dot{I}_1}{\dot{U}_2}\right|_{\dot{U}_1=0}=-Y_c,\quad Y_{22}=\left.\frac{\dot{I}_2}{\dot{U}_2}\right|_{\dot{U}_1=0}=Y_b+Y_c$$

故二端口网络的 $\boldsymbol{Y}$ 参数矩阵为

$$\boldsymbol{Y}=\begin{bmatrix} Y_{11} & Y_{12} \\ Y_{21} & Y22 \end{bmatrix}=\begin{bmatrix} Y_a+Y_c & -Y_c \\ -Y_c & Y_b+Y_c \end{bmatrix}$$

由本例可见，$Y_{12}=Y_{21}$，二端口网络具有互易性，四个参数中有三个参数是独立的。

【例 9-4】 求图 9-9 所示二端口的 Y 参数。

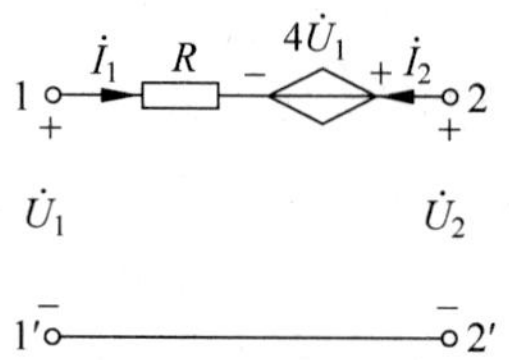

解：把端口 2 短路，得

$$\dot{U}_1=\dot{I}_1R-4\dot{U}_1$$

$$\dot{I}_1=-\dot{I}_2$$

图 9-9　例 9-4 电路图

由此可得

$$Y_{11}=\left.\frac{\dot{I}_1}{\dot{U}_1}\right|_{\dot{U}_2=0}=\frac{5}{R},\quad Y_{21}=\left.\frac{\dot{I}_2}{\dot{U}_1}\right|_{\dot{U}_2=0}=-\frac{5}{R}$$

把端口 2 短路,得

$$Y_{12}=\left.\frac{\dot{I}_1}{\dot{U}_2}\right|_{\dot{U}_1=0}=-\frac{1}{R},\quad Y_{22}=\left.\frac{\dot{I}_2}{\dot{U}_2}\right|_{\dot{U}_1=0}=\frac{1}{R}$$

由于本例题的网络中含有受控源,$Y_{12}\neq Y_{21}$,所以该网络为非互易网络。

9.2.3 *H* 参数

在低频电子线路中,常将 $\dot{U}_2$ 和 $\dot{I}_1$ 作为已知量,$\dot{U}_1$ 和 $\dot{I}_2$ 作为未知量,此时二端口的参数方程为

$$\begin{cases}\dot{U}_1=H_{11}\dot{I}_1+H_{12}\dot{U}_2\\ \dot{I}_2=H_{21}\dot{I}_1+H_{22}\dot{U}_2\end{cases}\tag{9-3}$$

上式称为二端口网络的 H 参数方程,其中 H_{11}、H_{12}、H_{21}、H_{22} 称为二端口网络的 H 参数或混合参数。式(9-3)还可以写成:

$$\begin{bmatrix}\dot{U}_1\\ \dot{I}_2\end{bmatrix}=\begin{bmatrix}H_{11} & H_{12}\\ H_{21} & H_{22}\end{bmatrix}\begin{bmatrix}\dot{I}_1\\ \dot{U}_2\end{bmatrix}=\boldsymbol{H}\begin{bmatrix}\dot{I}_1\\ \dot{U}_2\end{bmatrix}$$

式中,

$$\boldsymbol{H}=\begin{bmatrix}H_{11} & H_{12}\\ H_{21} & H_{22}\end{bmatrix}$$

称为二端口的 H 参数矩阵。

由式(9-3)可得

$$H_{11}=\left.\frac{\dot{U}_1}{\dot{I}_1}\right|_{\dot{U}_2=0},\quad H_{12}=\left.\frac{\dot{U}_1}{\dot{U}_2}\right|_{\dot{I}_1=0}$$

$$H_{21}=\left.\frac{\dot{I}_2}{\dot{I}_1}\right|_{\dot{U}_2=0},\quad H_{22}=\left.\frac{\dot{I}_2}{\dot{U}_2}\right|_{\dot{I}_1=0}$$

式中,H_{11} 是输出端口 2-2′短路时,输入端的输入阻抗;H_{12} 是输入端口 1-1′开路时,输入端电压与输出端电压之比;H_{21} 是输出端口 2-2′短路时,输出端电流与输入端电流之比;H_{22} 是输入端口 1-1′开路时,输出端的输入导纳。

对于互易二端口,有 $H_{12}=-H_{21}$。

对于互易性对称二端口网络既满足上式,还满足 $H_{12}H_{22}-H_{12}H_{21}=1$。

【例 9-5】 图 9-10 为晶体管在小信号工作条件下的简化等效电路,求此电路的混合参数。

解:直接列方程求解,KVL 方程和 KCL 方程为

$$\dot{U}_1 = \dot{I}_1 r_{be}$$

$$\dot{I}_2 = \beta \dot{I}_1 + \frac{1}{R_C}\dot{U}_2$$

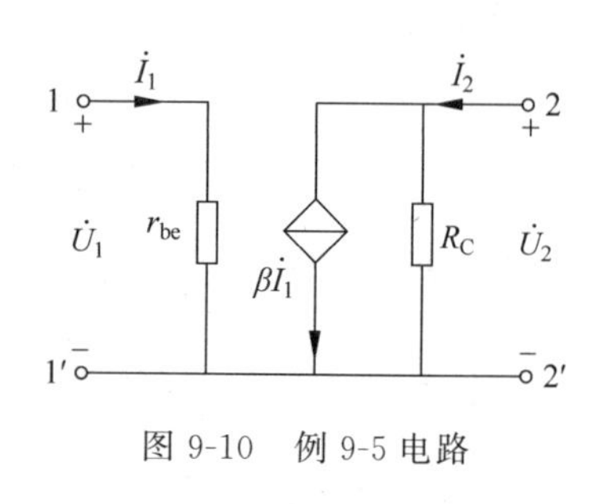

图 9-10　例 9-5 电路

比较 H 参数方程有

$$H_{11} = \left.\frac{\dot{U}_1}{\dot{I}_1}\right|_{\dot{U}_2=0} = r_{be}, \quad H_{12} = \left.\frac{\dot{U}_1}{\dot{U}_2}\right|_{\dot{I}_1=0} = 0$$

$$H_{21} = \left.\frac{\dot{I}_2}{\dot{I}_1}\right|_{\dot{U}_2=0} = \beta, \quad H_{22} = \left.\frac{\dot{I}_2}{\dot{U}_2}\right|_{\dot{I}_1=0} = \frac{1}{R_C}$$

实际上，r_{be} 为晶体管的输入电阻；β 为晶体管电流放大倍数。

9.2.4　T 参数

在电力和电信传输中，往往需要找到一个端口的电压、电流与另一个端口的电压、电流之间的相互关系。例如，放大器、滤波器输入与输出之间的关系，传输线的始端与终端之间的关系等。在这种情况下，采用 T 参数及方程分析二端口网络比较方便。

如图 9-3 所示，设 $\dot{U}_2$ 和 $\dot{I}_2$ 为已知量，$\dot{U}_1$ 和 $\dot{I}_1$ 为未知量，可得

$$\begin{cases}\dot{U}_1 = A\dot{U}_2 + B(-\dot{I}_2) \\ \dot{I}_1 = C\dot{U}_2 + D(-\dot{I}_2)\end{cases} \tag{9-4}$$

上式称为二端口网络的 T 参数方程，其中 A、B、C、D 称为二端口网络的 T 参数或传输参数。式(9-4)还可以写成矩阵形式：

$$\begin{bmatrix}\dot{U}_1 \\ \dot{I}_1\end{bmatrix} = \begin{bmatrix}A & B \\ C & D\end{bmatrix}\begin{bmatrix}\dot{U}_2 \\ -\dot{I}_2\end{bmatrix} = \boldsymbol{T}\begin{bmatrix}\dot{U}_2 \\ -\dot{I}_2\end{bmatrix}$$

式中，

$$\boldsymbol{T} = \begin{bmatrix}A & B \\ C & D\end{bmatrix}$$

称为二端口的 T 参数矩阵。考虑到这类二端口输出端口一般是接负载，负载电压和负载电流常取关联参考方向，所以，列 T 参数方程时，选用 $-\dot{I}_2$ 为输出端口的电流变量，即与图 9-3 中假定的参考方向相反。

分别令端口开路和短路，可得 T 参数的计算式：

$$A = \left.\frac{\dot{U}_1}{\dot{U}_2}\right|_{\dot{I}_2=0}, \quad B = \left.\frac{\dot{U}_1}{-\dot{I}_2}\right|_{\dot{U}_2=0}, \quad C = \left.\frac{\dot{I}_1}{\dot{U}_2}\right|_{\dot{I}_2=0}, \quad D = \left.\frac{\dot{I}_1}{-\dot{I}_2}\right|_{\dot{U}_2=0}$$

式中，A 是输出端口 2-2′开路时两个端口之间的转移电压比；B 是输出端口 2-2′短路时的转移阻抗；C 是输出端口 2-2′开路时的转移导纳；D 是输出端口 2-2′短路时输入端口的电流与输出端口的转移电流比。

实际上，由式(9-2)可以解出：

$$\begin{cases}\dot{U}_1=\dfrac{Y_{22}}{Y_{21}}\dot{U}_2+\dfrac{1}{Y_{21}}\dot{I}_2\\[2mm]\dot{I}_1=\left(Y_{12}-\dfrac{Y_{11}Y_{22}}{Y_{21}}\right)\dot{U}_2+\dfrac{Y_{11}}{Y_{21}}\dot{I}_2\end{cases}\tag{9-5}$$

所以可以用 Y 参数表示各 T 参数：

$$A=-\frac{Y_{22}}{Y_{21}},\quad B=-\frac{1}{Y_{21}},\quad C=Y_{12}-\frac{Y_{11}Y_{22}}{Y_{21}},\quad D=-\frac{Y_{11}}{Y_{21}}$$

对于互易二端口，因为 $Y_{12}=Y_{21}$，所以有 $AD-BC=1$。这表示互易二端口网络的四个参数中只有三个是独立的。对于对称的二端口网络，因为 $Y_{11}=Y_{22}$，所以 $A=D$，即只有两个 T 参数是独立的。

【例 9-6】 求图 9-11 所示二端口网络的 T 参数矩阵。

解：由 T 参数的计算公式可得

$$A=\left.\frac{\dot{U}_1}{\dot{U}_2}\right|_{\dot{I}_2=0}=\frac{5\dot{U}_2}{\dot{U}_2}=5,\quad B=\left.\frac{\dot{U}_1}{\dot{I}_2}\right|_{\dot{U}_2=0}=\frac{-2\dot{I}_2}{-\dot{I}_2}=2\Omega$$

$$C=\left.\frac{\dot{I}_1}{\dot{U}_2}\right|_{\dot{I}_2=0}=\frac{4\dot{U}_2}{\dot{U}_2}=4\mathrm{S},\quad D=\left.\frac{\dot{I}_1}{-\dot{I}_2}\right|_{\dot{U}_2=0}=\frac{-\dot{I}_2}{-\dot{I}_2}=1$$

故得 T 参数矩阵为

$$\boldsymbol{T}=\begin{bmatrix}5 & 2\\ 4 & 1\end{bmatrix}$$

在图 9-12 所示的理想变压器模型中，根据理想变压器变电压和变电流特性有

$$\begin{cases}u_1=nu_2\\ i_1=-\dfrac{1}{n}i_2\end{cases}$$

即

$$\begin{bmatrix}u_1\\ i_1\end{bmatrix}=\begin{bmatrix}n & 0\\ 0 & 1/n\end{bmatrix}\begin{bmatrix}u_2\\ -i_2\end{bmatrix}$$

则

$$\boldsymbol{T}=\begin{bmatrix}n & 0\\ 0 & 1/n\end{bmatrix}$$

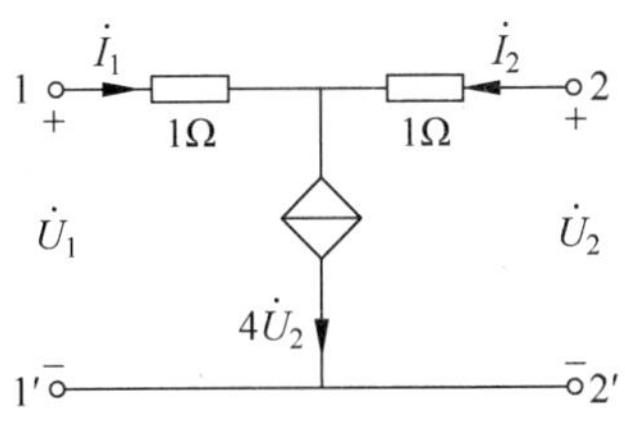

图 9-11　例 9-6 电路

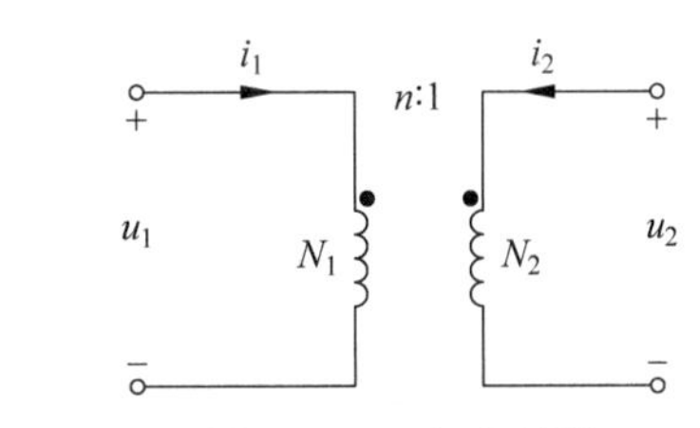

图 9-12　理想变压器

9.3 二端口网络参数间的关系

以上介绍的 Y、Z、T、H 四种参数方程，均可表示二端口网络的端口特性。具体采用哪种矩阵参数进行分析计算，需要根据实际情况考虑。比如所选用的参数是否便于计算，所选用的参数方程对分析该问题是否方便。例如，在电子电路中广泛采用 H 参数；在电力和电信传输中，常采用 T 参数；在高频电路中用得较多的是 Y 参数。另外，并不一定每一个二端口网络都可以由四种参数描述。例如，理想变压器，既无 Y 参数矩阵，也无 Z 参数矩阵。各种参数之间的相互转换关系都可以由四种参数方程推导而得，不同参数之间的转换如表 9-1 所示。

表 9-1　各种参数之间的转换关系

参数名称	Y 参数	Z 参数	T 参数	H 参数
Y 参数	$\begin{matrix} Y_{11} & Y_{12} \\ Y_{21} & Y_{22} \end{matrix}$	$\begin{matrix} \frac{Z_{22}}{\Delta_Z} & -\frac{Z_{12}}{\Delta_Z} \\ -\frac{Z_{21}}{\Delta_Z} & \frac{Z_{11}}{\Delta_Z} \end{matrix}$	$\begin{matrix} \frac{D}{B} & -\frac{\Delta_T}{B} \\ -\frac{1}{B} & \frac{A}{B} \end{matrix}$	$\begin{matrix} \frac{1}{H_{11}} & -\frac{H_{12}}{H_{11}} \\ \frac{H_{21}}{H_{11}} & \frac{\Delta_H}{H_{11}} \end{matrix}$
Z 参数	$\begin{matrix} \frac{Y_{22}}{\Delta_Y} & -\frac{Y_{12}}{\Delta_Y} \\ -\frac{Y_{21}}{\Delta_Y} & \frac{Y_{11}}{\Delta_Y} \end{matrix}$	$\begin{matrix} Z_{11} & Z_{12} \\ Z_{21} & Z_{22} \end{matrix}$	$\begin{matrix} \frac{A}{C} & \frac{\Delta_T}{C} \\ \frac{1}{C} & \frac{D}{C} \end{matrix}$	$\begin{matrix} \frac{\Delta_H}{H_{22}} & \frac{H_{12}}{H_{22}} \\ \frac{H_{21}}{H_{22}} & \frac{1}{H_{22}} \end{matrix}$
T 参数	$\begin{matrix} -\frac{Y_{22}}{Y_{21}} & -\frac{1}{Y_{21}} \\ -\frac{\Delta_Y}{Y_{21}} & -\frac{Y_{11}}{Y_{21}} \end{matrix}$	$\begin{matrix} \frac{Z_{11}}{Z_{21}} & \frac{\Delta_Z}{Z_{21}} \\ \frac{1}{Z_{21}} & \frac{Z_{22}}{Z_{21}} \end{matrix}$	$\begin{matrix} A & B \\ C & D \end{matrix}$	$\begin{matrix} -\frac{\Delta_H}{H_{21}} & -\frac{H_{11}}{H_{21}} \\ \frac{H_{22}}{H_{21}} & -\frac{1}{H_{21}} \end{matrix}$
H 参数	$\begin{matrix} \frac{1}{Y_{11}} & -\frac{Y_{12}}{Y_{11}} \\ \frac{Y_{21}}{Y_{11}} & \frac{\Delta_Y}{Y_{11}} \end{matrix}$	$\begin{matrix} \frac{\Delta_Z}{Z_{22}} & \frac{Z_{12}}{Z_{22}} \\ -\frac{Z_{21}}{Z_{22}} & \frac{1}{Z_{22}} \end{matrix}$	$\begin{matrix} \frac{B}{D} & \frac{\Delta_T}{D} \\ -\frac{1}{D} & \frac{C}{D} \end{matrix}$	$\begin{matrix} H_{11} & H_{12} \\ H_{21} & H_{22} \end{matrix}$
互易条件	$Y_{12}=Y_{21}$	$Z_{12}=Z_{21}$	$AD-BC=1$	$H_{12}=-H_{21}$
互易对称二端口	$Y_{12}=Y_{21}$ $Y_{11}=Y_{22}$	$Z_{12}=Z_{21}$ $Z_{11}=Z_{22}$	$AD-BC=1$ $A=D$	$H_{12}=-H_{21}$ $\Delta_H=1$

注：$\Delta_Y=Y_{11}Y_{22}-Y_{12}Y_{21}$；$\Delta_Z=Z_{11}Z_{22}-Z_{12}Z_{21}$；$\Delta_T=AB-CD$；$\Delta_H=H_{11}H_{22}-H_{12}H_{21}$。

9.4 二端口网络的等效电路

9.4.1 互易二端口网络的等效电路

当两个线性二端口网络具有相同的参数时，称两个二端口网络相互等效。一个线性互易二端口网络中仅有三个参数是独立的，因此等效二端口网络最少也要有三个独立的阻抗或导纳元件。由三个独立参数组成的二端口网络可能有两种形式，即 T 形电路或 π 形电路，如图 9-13 所示。

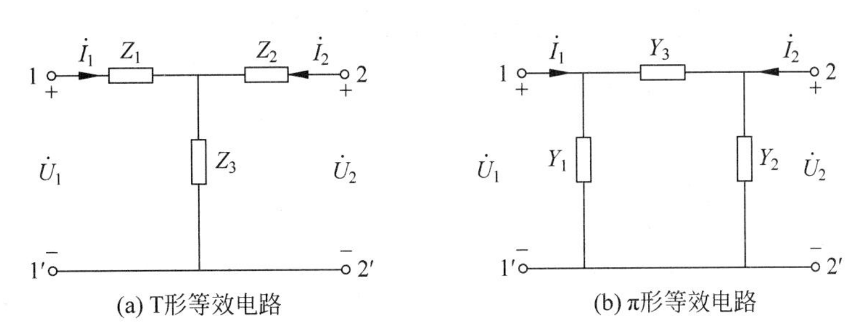

(a) T形等效电路　　(b) π形等效电路

图 9-13　互易二端口网络的等效电路

1. T 形等效电路

如果给定二端口网络的 Z 参数，要确定此二端口网络的等效 T 形电路中 Z_1、Z_2、Z_3 的值，如图 9-13(a)所示，网孔电流方程为

$$\begin{cases}\dot{U}_1=\dot{I}_1(Z_1+Z_3)+\dot{I}_2Z_3\\ \dot{U}_2=\dot{I}_1Z_3+\dot{I}_2(Z_2+Z_3)\end{cases}\tag{9-6}$$

将式(9-6)与式(9-1)对比，有

$$\begin{cases}Z_{11}=Z_1+Z_3\\ Z_{12}=Z_{21}=Z_3\\ Z_{22}=Z_2+Z_3\end{cases}$$

整理，可得

$$\begin{cases}Z_1=Z_{11}-Z_{12}\\ Z_2=Z_{22}-Z_{12}\\ Z_3=Z_{12}=Z_{21}\end{cases}\tag{9-7}$$

所以，T 形等效电路的三个参数可以通过原网络的 Z 参数求解。

2. π 形等效电路

对于图 9-13(b)所示 π 形电路，节点电压方程为

$$\begin{cases}\dot{I}_1=(Y_1+Y_3)\dot{U}_1-Y_3\dot{U}_2\\ \dot{I}_2=-Y_3\dot{U}_1+(Y_2+Y_3)\dot{U}_2\end{cases}\tag{9-8}$$

用 Y 参数表述的二端网络与 π 形电路等效，比较式(9-8)和式(9-2)，有

$$\begin{cases}Y_{11}=Y_1+Y_3\\ Y_{12}=Y_{21}=-Y_3\\ Y_{22}=Y_2+Y_3\end{cases}$$

整理，可得

$$\begin{cases}Y_1=Y_{11}+Y_{12}\\ Y_2=Y_{22}+Y_{12}\\ Y_3=-Y_{12}=-Y_{21}\end{cases}\tag{9-9}$$

所以，π 形等效电路的 3 个参数可以通过原网络的 Y 参数求解。

如果给定二端口网络的其他参数，欲求等效T形电路时，可先根据二端口网络参数之间的关系，求出 Z 参数，再按式(9-7)确定 Z_1、Z_2、Z_3；欲求等效π形电路，可先根据二端口网络参数之间的关系，求出 Y 参数，再按式(9-9)确定 Y_1、Y_2、Y_3。

【例 9-7】 已知某二端口网络的 Z 参数矩阵 $\boldsymbol{Z}=\begin{bmatrix}9 & 2\\2 & 6\end{bmatrix}$，求此二端网络的T形和π形等效电路。

解：由 $\boldsymbol{Z}$ 矩阵可以写出 Z 参数方程为

$$\begin{cases}\dot{U}_1=9\dot{I}_1+2\dot{I}_2\\ \dot{U}_2=2\dot{I}_1+6\dot{I}_2\end{cases}$$

由于 $Z_{12}=Z_{21}=2\Omega$，所以该二端口网络为互易二端口网络，即不含受控源，只有三个参数独立，它的T形和π形等效电路如图9-13(a)和图9-13(b)所示。由方程式(9-7)容易得出

$$Z_1=9-2=7\Omega,\quad Z_3=2\Omega,\quad Z_2=6-4=2\Omega$$

由 Z 参数方程可得到 Y 参数方程为

$$\begin{cases}\dot{I}_1=\dfrac{3}{25}\dot{U}_1-\dfrac{1}{25}\dot{U}_2\\ \dot{I}_2=-\dfrac{1}{25}\dot{U}_1+\dfrac{9}{50}\dot{U}_2\end{cases}$$

由上式可得到 Y 参数为

$$Y_{11}=\frac{3}{25}\text{S},\quad Y_{12}=Y_{21}=-\frac{1}{25}\text{S},\quad Y_{22}=\frac{9}{50}\text{S}$$

由式(9-9)求出

$$Y_1=\frac{2}{25}\text{S},\quad Y_2=\frac{7}{50}\text{S},\quad Y_3=\frac{1}{25}\text{S}$$

9.4.2 非互易二端口网络等效电路

如果二端口网络内部含有受控源，则 $Y_{12}\neq Y_{21}$，$Z_{12}\neq Z_{21}$，二端口网络的四个参数将是相互独立的。由四个独立参数组成的二端口网络的等效电路会含有受控源。

若给定二端口网络的 Z 参数，则式(9-1)可改写成

$$\begin{cases}\dot{U}_1=Z_{11}\dot{I}_1+Z_{12}\dot{I}_2\\ \dot{U}_2=Z_{21}\dot{I}_1+Z_{22}\dot{I}_2=Z_{12}\dot{I}_1+Z_{22}\dot{I}_2+(Z_{21}-Z_{12})\dot{I}_1\end{cases}$$

其对应的T形等效电路如图9-14(a)所示。$(Z_{21}-Z_{12})\dot{I}_1$ 是一个电流控制的电压源，它出现在2-2′端口是因为改写的是第二个方程。当改变第一个方程时，相应的受控源将画在1-1′端口。同理，可得含受控源二端口网络的等效π形电路，如图9-14(b)所示。

【例 9-8】 已知某二端口网络的 Y 参数矩阵 $\boldsymbol{Y}=\begin{bmatrix}5 & -2\\0 & 3\end{bmatrix}$S，求此二端网络的π形和T形等效电路。

解：由于 $Y_{12}\neq Z_{21}$，故知其含有受控源，有

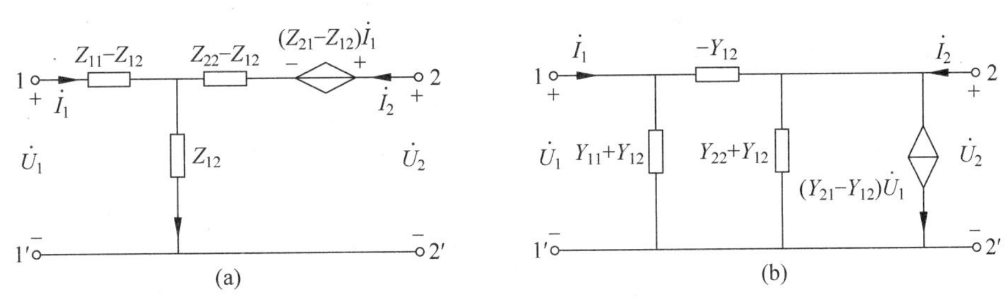

图 9-14　含受控源的二端口网络的等效电路

$$\begin{cases}\dot{I}_1=5\dot{U}_1-2\dot{U}_2\\ \dot{I}_2=0\dot{U}_1+3\dot{U}_2=-2\dot{U}_1+3\dot{U}_2+2\dot{U}_1\end{cases}$$

由式(9-9)求出

$Y_1=Y_{11}+Y_{12}=3\text{S}$，$Y_2=Y_{22}+Y_{12}=1\text{S}$，$Y_3=-Y_{12}=2\text{S}$，$Y_{21}-Y_{12}=2\text{S}$

等效 π 形电路如图 9-15(a)所示。

按表 9-1 求出二端口网络的 Z 参数：

$$\Delta_Y=Y_{11}Y_{22}-Y_{12}Y_{21}=15$$

$$Z_{11}=\frac{Y_{22}}{\Delta_Y}=\frac{3}{15}\Omega=\frac{1}{5}\Omega\qquad Z_{12}=\frac{-Y_{12}}{\Delta_Y}=\frac{2}{15}\Omega$$

$$Z_{21}=\frac{-Y_{21}}{\Delta_Y}=0\Omega\qquad Z_{22}=\frac{Y_{11}}{\Delta_Y}=\frac{5}{15}\Omega=\frac{1}{3}\Omega$$

等效 T 形电路，如图 9-15(b)所示。

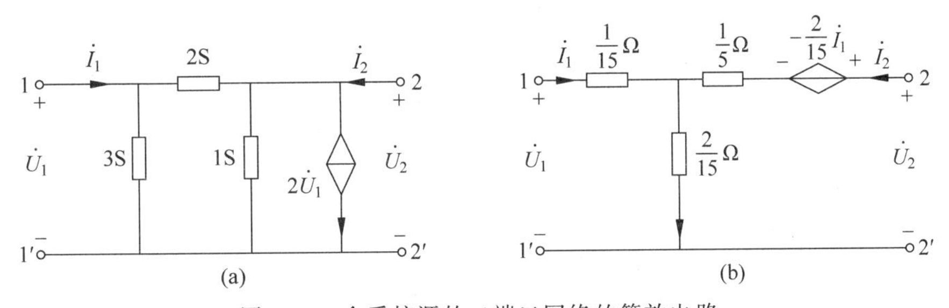

图 9-15　含受控源的二端口网络的等效电路

本章小结

(1) 在构成一个端口的一对端子中，满足任一瞬间流入一个端子的电流等于流出另一个端子的电流的四端网络是二端口网络。

(2) 对线性二端口网络的描述常用四种参数：Z 参数、Y 参数、T 参数和 H 参数。对应四种参数方程：Z 参数方程、Y 参数方程、T 参数方程和 H 参数方程，各参数之间存在着相互转换关系。但是对于某个二端口网络，并不是每种参数和方程都存在。

(3) 对于不含独立源和受控源的线性二端口网络，四个参数中只有三个是独立的，如 Z 参数中有 $Z_{12}=Z_{21}$；Y 参数中有 $Y_{12}=Y_{21}$；T 参数中有 $AD-BC=1$；H 参数中有 $H_{12}=$

$-H_{21}$ 关系成立。具有这种性质的二端口网络称为互易二端口网络。若对于互易二端口网络，在 Z 参数、Y 参数、T 参数和 H 参数中又分别满足关系：$Z_{11}=Z_{22}$；$Y_{11}=Y_{22}$；$A=D$；$H_{11}H_{22}-H_{12}H_{21}=1$，则该网络称为互易对称二端口网络。

(4) 二端口网络的参数可以根据给定的二端口网络从参数的定义求得，也可以先对二端口网络建立参数方程，再从参数方程中获得。

(5) 二端口网络最简单的等效电路是 T 形(星形)或 π 形(三角形)网络。等效电路为 T 形网络时，采用 Z 参数表示；等效电路是 π 形网络，采用 Y 参数表示。

习　题　9

9-1　求图 9-16 所示二端口网络的 Z 和 Y 参数矩阵。

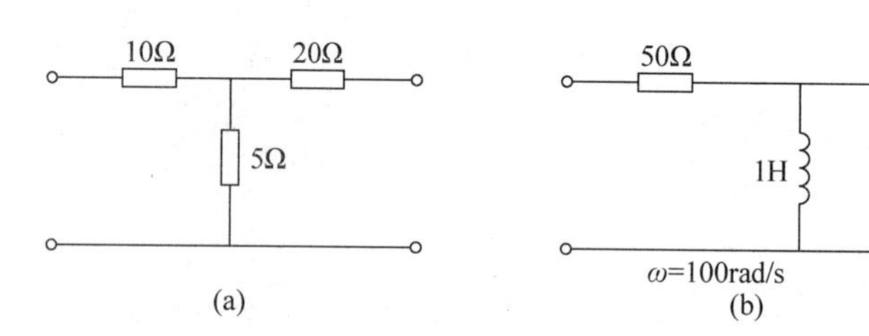

图 9-16　习题 9-1 图

9-2　求图 9-17 所示二端口网络的 Z 参数矩阵。

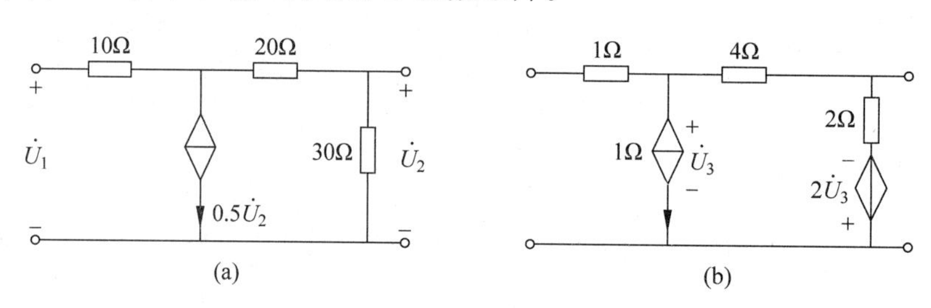

图 9-17　习题 9-2 图

9-3　如图 9-18 所示，求二端口网络的 Y 参数矩阵和 Z 参数矩阵。

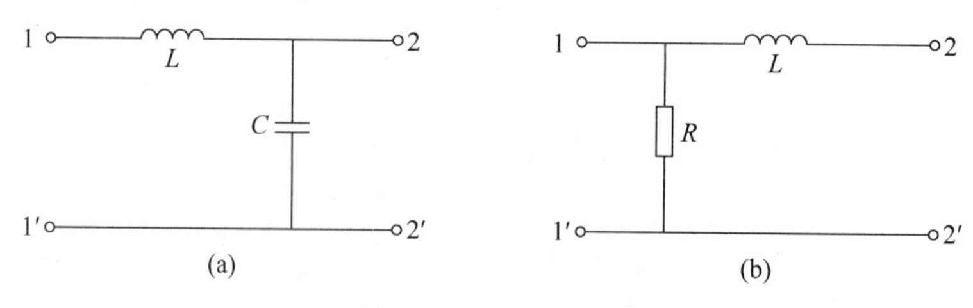

图 9-18　习题 9-3 图

9-4　如图 9-19 所示，已知 $R_1=1\Omega, R_2=2\Omega, R_3=3\Omega$，求二端口网络的 Y 参数和 Z 参数。

9-5　已知电阻二端口网络导纳参数矩阵 $\boldsymbol{Y}=\begin{bmatrix}0.5 & -0.2\\ -0.2 & 0.4\end{bmatrix}$S，设输入端电压 $U_1=12$V，输入端电流 $I_1=2$A，试求输出端电压 U_2、电流 I_2。

9-6　如图 9-20 所示，求二端口网络的 H 参数。

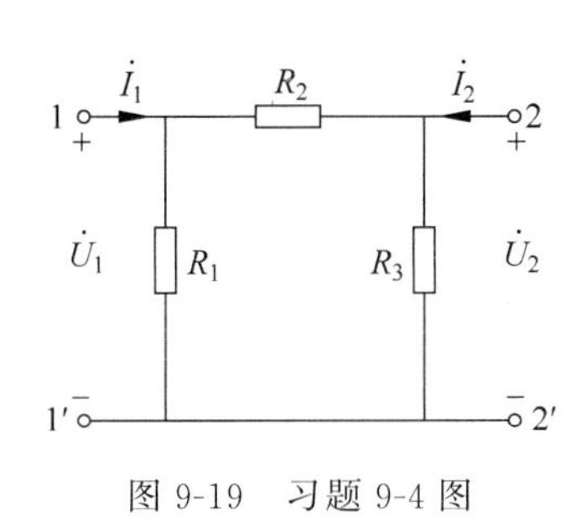

图 9-19　习题 9-4 图

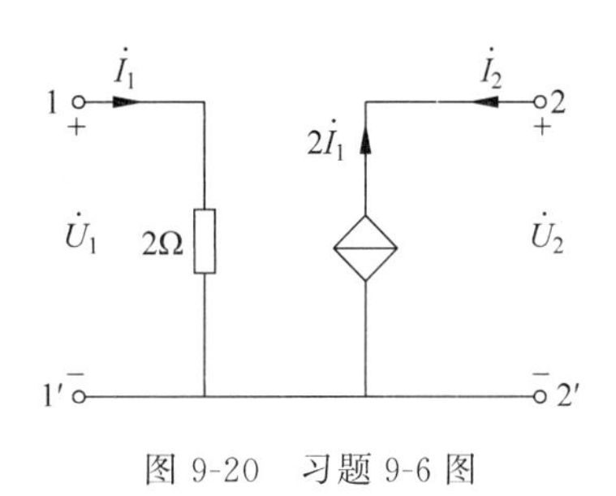

图 9-20　习题 9-6 图

9-7　如图 9-21 所示，求二端口网络的 T 参数矩阵。

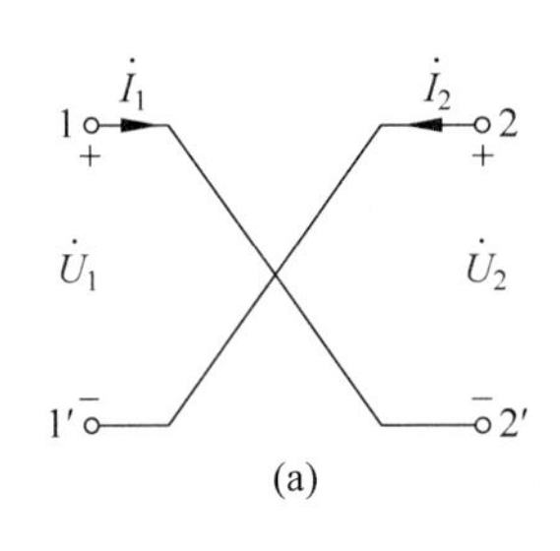

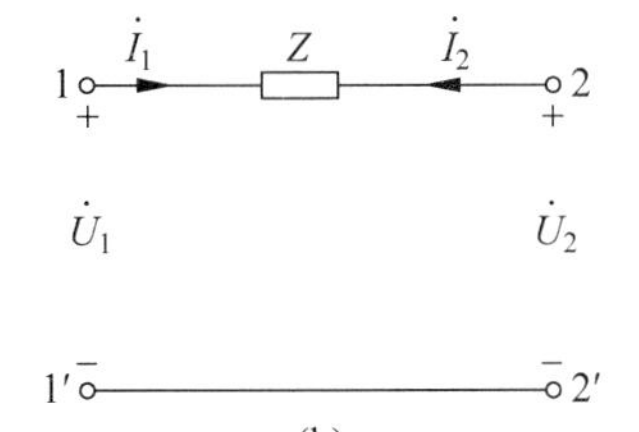

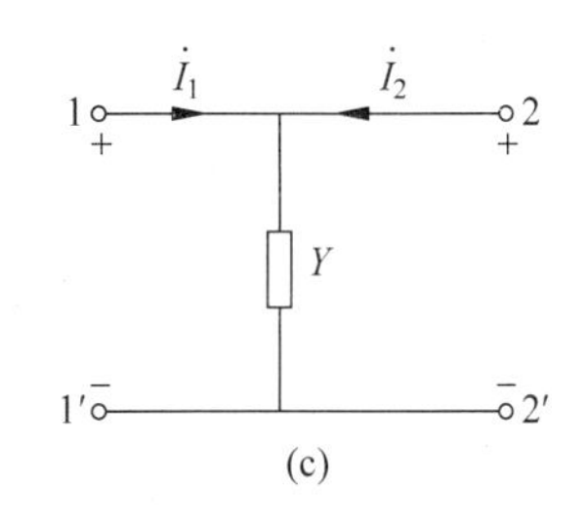

图 9-21　习题 9-7 图

9-8　如图 9-22 所示二端口的 Z 参数矩阵为 $\boldsymbol{Z}=\begin{bmatrix}10 & 8\\ 5 & 10\end{bmatrix}$，求 R_1、R_2、R_3 和 r 的值。

9-9　电路如图 9-23 所示，其中的二端口网络的 Z 参数为 $Z_{11}=5\Omega$，$Z_{12}=Z_{21}=3\Omega$，$Z_{22}=7\Omega$，求 I_1 和 U_2。

9-10　如图 9-24 所示，电路 N 的导纳参数矩阵 $\boldsymbol{Y}=\begin{bmatrix}0.4 & -0.2\\ -0.2 & 0.6\end{bmatrix}$S，若 $I_S=4$A，求 U_1。

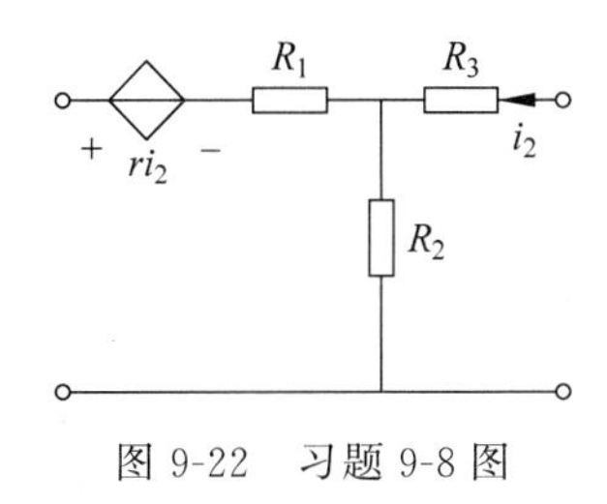

图 9-22　习题 9-8 图

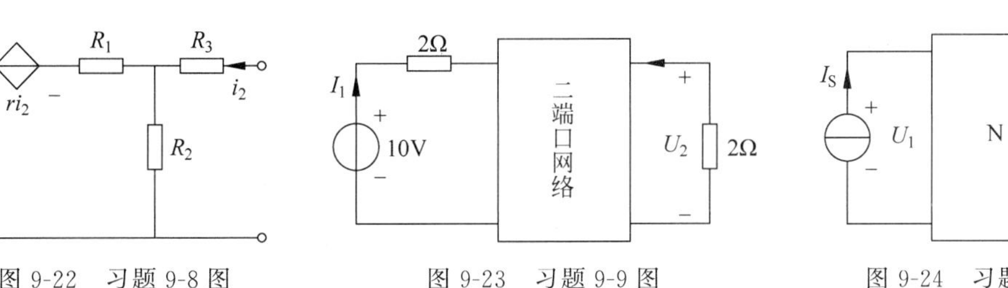

图 9-23　习题 9-9 图

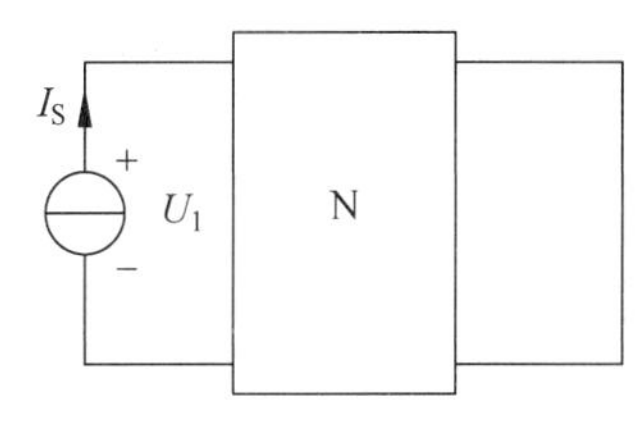

图 9-24　习题 9-10 图

9-11　已知二端口网络的 Z 参数矩阵为 $\boldsymbol{Z}=\begin{bmatrix}60 & 40\\ 40 & 100\end{bmatrix}\Omega$，求它的等效 T 形网络和等效 π 形网络。

9-12　已知某二端口网络的 Y 参数矩阵为 $\boldsymbol{Y}=\begin{bmatrix}5 & -2\\ 0 & 3\end{bmatrix}$S，求其等效的 π 形等效电路。

9-13　已知某二端口的 Z 参数矩阵为 $\boldsymbol{Z}=\begin{bmatrix}3 & 2\\ -4 & 4\end{bmatrix}\Omega$，求其等效的 T 形等效电路。

第10章

Multisim 仿真软件介绍

10.1 Multisim 概述

Multisim 14 是美国国家仪器(National Instruments)有限公司于 2015 年推出的用于电路设计和电子教学仿真的专用版本,其前身为加拿大图像交互技术(Interactive Image Technologies,IIT)公司于 20 世纪 80 年代末推出的一款专门用于电子线路仿真的虚拟电子工作平台(Electronics WorkBench,EWB)。EWB 软件可以实现电路原理图的绘制、电路分析、电路仿真、仿真仪器测试、射频分析等多种应用,且包含了数量众多的元器件库和标准化的仿真仪器库,操作简便,分析和仿真功能十分强大。20 世纪 90 年代初,EWB 软件进入我国,1996 年 IIT 公司推出 EWB 5.0 版本,由于其界面直观、操作方便、分析功能强大、易学易用等突出优点,在我国高等院校中得到了迅速推广,也受到了电子行业技术人员的青睐。

从 EWB 5.0 版本以后,IIT 公司对 EWB 进行了较大的改动,将专门用于电子电路仿真的模块改名为 Multisim。2001 年,IIT 公司推出了 Multisim 2001,重新验证了元器件库中所有元器件的信息和模型,提高了数字电路仿真速度。2003 年,IIT 公司又对 Multisim 2001 进行了较大的改进,并升级为 Multisim 7,其核心是基于带 XSPICE 扩展的 SPICE(由美国加州大学伯克利分校的电工和计算机科学系开发),它通过强大的工业标准引擎来加强数字仿真,提供了 19 种虚拟仪器,尤其是增加了 3D 元器件以及安捷伦的万用表、示波器、函数信号发生器等仿实物的虚拟仪表,将电路仿真分析增加到 19 种,元件增加到 13000 个。另外,它还提供了专门用于射频电路仿真的元器件模型库和仪表,提高了对射频电路仿真的准确性。此时,电路仿真软件 Multisim 7 已经非常成熟和稳定,是加拿大 IIT 公司在开拓电路仿真领域的一个里程碑。

2005 年,加拿大 IIT 公司被美国 NI 公司收购,并于 2005 年 12 月推出 Multisim 9,该版本与之前的版本有着本质的区别。它不仅拥有大容量的元器件库、强大的仿真分析能力、多种常用的虚拟仪器仪表,还与虚拟仪器软件完美结合,提高了模拟及测试性能。Multisim 9 继承了 LabVIEW8 图形开发环境软件和 SignalExpress 交互测量软件的功能。该系列组件包括 Ultiboatd 9 和 Ultiroute 9。

2007 年,NI Multisim 10 面世,名称在原来的基础上添加 NI,不仅在电子仿真方面有诸多提高,在 LabVIEW 技术应用、MultiMCU 单片机中的仿真、MultiVHDL 在 FPCA 和 CPLD 中的仿真应用、MultiVerilog 在 FPGA 和 CPLD 中的仿真应用、Commsim 在通信系统中的仿真应用等方面的功能也同样强大。

2010 年,NI Multisim 11 面世,它包含 NI Multisim 和 NI Ultiboard 产品,引入全新设

计的原理图网表系统，改进了虚拟接口以创建更明确的原理图；它通过更快地操作大型原理图，缩短了文件加载时间，并且节省了打开用户界面的时间，有助于操作者使用 NI Multisim 11 更快地完成工作；NI Multisim 捕捉和 NI Ultiboard 布局之间的设计同步化比以前更好，在为设计更改提供最佳透明度的同时，可以对更多属性进行注释。

2012 年，NI Multisim 12 面世，NI Multisim 12 与 LabVIEW 进行了前所未有的紧密集成，可实现模拟和数字系统的闭环仿真。使用该全新的设计方法，工程师可以在结束桌面仿真阶段之前验证模拟电路(例如用于功率应用)可编程门阵列(FPGA)数字控制逻辑。NI Multisim 专业版为满足布局布线和快速原型需求进行了优化，使其能够与 NI 硬件无缝集成。

2013 年，NI Multisim 13 面世，提供了针对模拟电子、数字电子及电力电子的全面电路分析工具。这一图形化互动环境可帮助教师巩固学生对电路理论的理解，将课堂学习与动手实验学习有效地衔接起来。NI Multisim 的这些高级分析功能也同样应用于各行各业帮助工程师通过混合模式仿真探索设计决策，优化电路行为。

2015 年，NI Multisim 14 面世，进一步增强了强大的仿真技术，可帮助教学、科研和设计人员分析模拟数字和电力电子场景。新增的功能包括全新的参数分析、新嵌入式硬件的集成以及通过用户可定义的模板简化设计。

10.2 Multisim 14 的主界面及菜单

10.2.1 Multisim 14 的主界面

Multisim 14 软件的主界面如图 10-1 所示。该界面中的各个工具栏可以被拖放到指定位置，也可以通过定制功能设定是否显示。

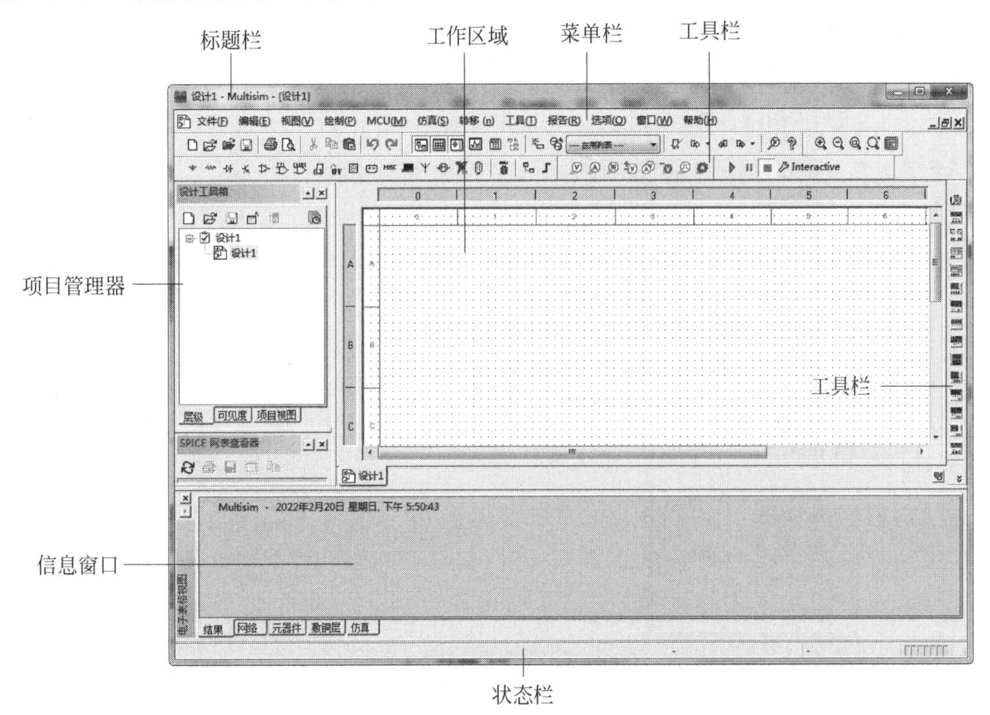

图 10-1 Multisim 14 主界面

标题栏：显示当前打开软件的名称及当前文件的路径、名称。

菜单栏：同所有的标准 Windows 应用软件一样，NI Multisim 采用的是标准下拉式菜单。

工具栏：在工具栏中收集了一些比较常用的功能，将它们图标化以方便用户操作使用。

项目管理器：在工作区域左侧显示的窗口统称为项目管理器，此窗口中只显示设计工具箱，可以根据需要打开和关闭，显示工程项目的层次结构。

工作区域：用于原理图绘制、编辑的区域。

信息窗口：在工作区域下方显示的窗口，也可称为“电子表格视图”，在该窗口中可以实时显示文件运行阶段的消息。

状态栏：在进行各种操作时，状态栏都会实时显示一些相关的信息，所以在设计过程中应及时查看状态栏。

10.2.2 菜单栏

菜单栏位于界面的上方，在设计过程中，对原理图的各种编辑操作都可以通过菜单栏中的相应命令来完成。菜单栏包括文件、编辑、视图、绘制、MCU（微控制器）、仿真、转移、工具、报告、选项、窗口和帮助 12 个菜单。

1. 文件

该菜单提供了文件的打开、新建、保存等操作，如图 10-2 所示。部分选项说明如下。

Export template：将当前文件保存为模板文件输出。

片断：将选中对象保存为片断，以便后期使用。

项目与打包：选择该命令，弹出如图 10-3 所示的子菜单，包含关于项目文件的新建、打开、保存、关闭、打包、解包、升级和版本控制。

图 10-2 “文件”菜单

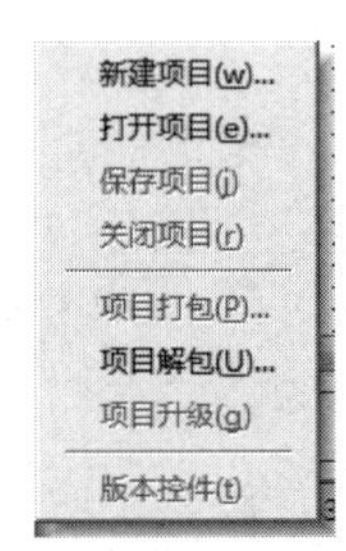

图 10-3 “项目与打包”子菜单

打印选项：包括“打印设置”和“打印电路工作区内的仪表”命令。

文件信息：显示当前文件的基本信息。选择该命令，弹出“文件信息”对话框，该对话框中可显示文件名称、软件名称、应用程序版本、创建日期、用户信息、设计内容等。如图 10-4 所示。

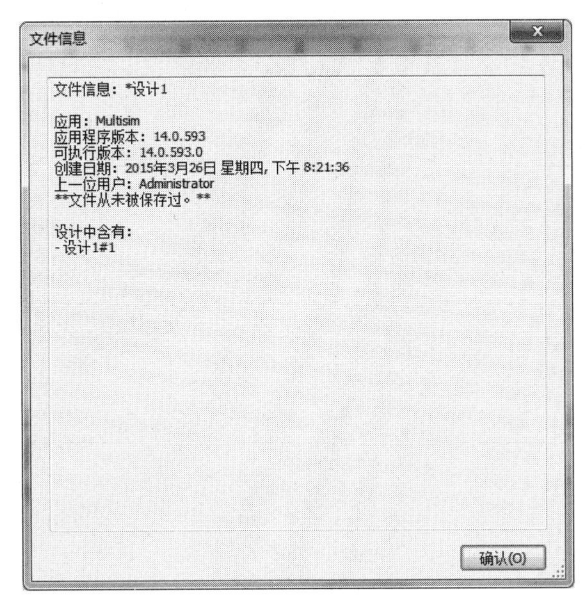

图 10-4 “文件信息”对话框

2. 编辑

该菜单在电路绘制过程中，提供对电路和元器件进行剪切、粘贴、旋转等操作命令，共 23 个命令，如图 10-5 所示。

3. 视图

该菜单用于控制仿真界面上显示的内容的操作命令，如图 10-6 所示。

4. 绘制

该菜单提供了在电路工作窗口内放置元器件、连接器、总线和文字等命令，如图 10-7 所示。

5. MCU（微控制器）

该菜单提供在电路工作窗口内 MCU 的调试操作命令，如图 10-8 所示。

6. 仿真

该菜单提供 18 个电路仿真设置与操作命令，如图 10-9 所示。

7. 转移

该菜单提供 6 个传输命令，如图 10-10 所示。

8. 工具

该菜单提供 18 个元器件和电路编辑或管理命令，如图 10-11 所示。

9. 报告

该菜单提供“材料单”等 6 个报告命令，如图 10-12 所示。

10. 选项

该菜单提供 4 个电路界面和电路某些功能的设定命令，如图 10-13 所示。

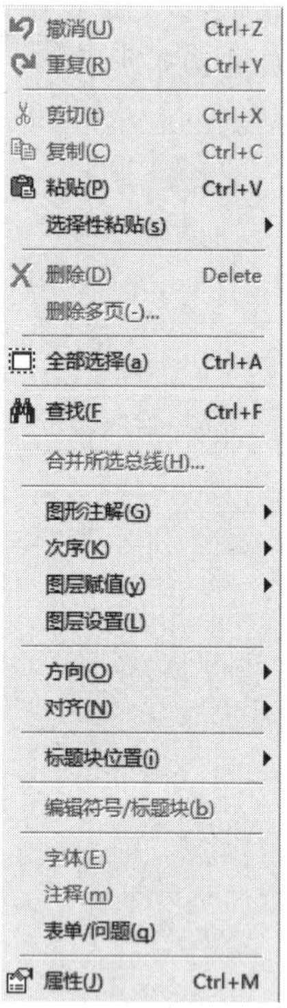

撤消(U) Ctrl+Z
重复(R) Ctrl+Y
剪切(t) Ctrl+X
复制(C) Ctrl+C
粘贴(P) Ctrl+V
选择性粘贴(s)
删除(D) Delete
删除多页(-)...
全部选择(a) Ctrl+A
查找(F Ctrl+F
合并所选总线(H)...
图形注解(G)
次序(K)
图层赋值(y)
图层设置(L)
方向(O)
对齐(N)
标题块位置(i)
编辑符号/标题块(b)
字体(E)
注释(m)
表单/问题(q)
属性(J) Ctrl+M

图 10-5 “编辑”菜单

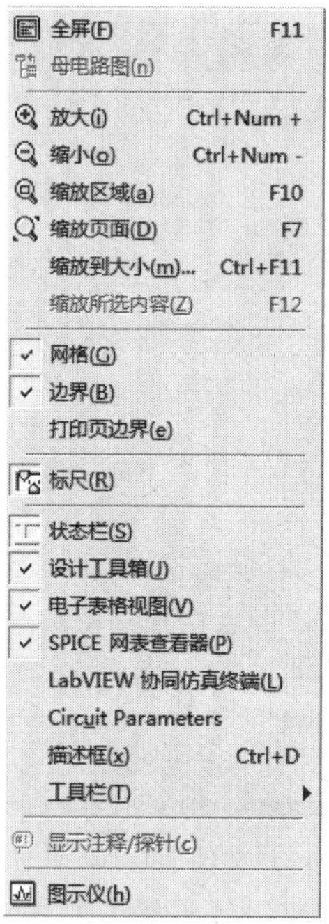

全屏(F) F11
母电路图(n)
放大(i) Ctrl+Num +
缩小(o) Ctrl+Num -
缩放区域(a) F10
缩放页面(D) F7
缩放到大小(m)... Ctrl+F11
缩放所选内容(Z) F12
网格(G)
边界(B)
打印页边界(e)
标尺(R)
状态栏(S)
设计工具箱(J)
电子表格视图(V)
SPICE 网表查看器(P)
LabVIEW 协同仿真终端(L)
Circuit Parameters
描述框(x) Ctrl+D
工具栏(T)
显示注释/探针(c)
图示仪(h)

图 10-6 “视图”菜单

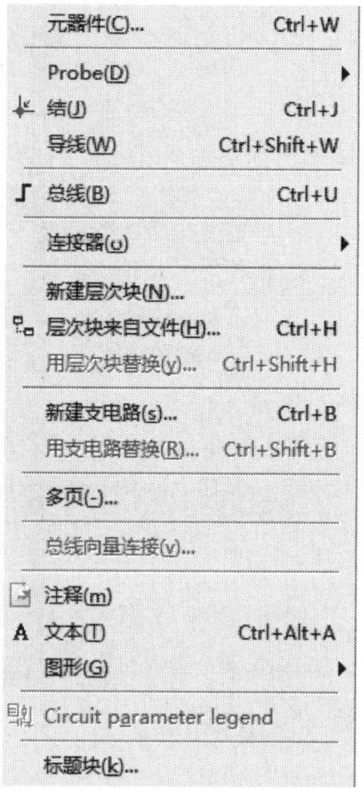

元器件(C)... Ctrl+W
Probe(D)
结(J) Ctrl+J
导线(W) Ctrl+Shift+W
总线(B) Ctrl+U
连接器(o)
新建层次块(N)...
层次块来自文件(H)... Ctrl+H
用层次块替换(y)... Ctrl+Shift+H
新建支电路(s)... Ctrl+B
用支电路替换(R)... Ctrl+Shift+B
多页(-)...
总线向量连接(v)...
注释(m)
A 文本(T) Ctrl+Alt+A
图形(G)
Circuit parameter legend
标题块(k)...

图 10-7 “绘制”菜单

未找到 MCU 元器件(A)
调试视图格式(D)
MCU 窗口(M)...
行号(L)
暂停(P)
步入(i)
步过(o)
步出(u)
运行到光标(c)
切换断点(b)
移除所有断点(R)

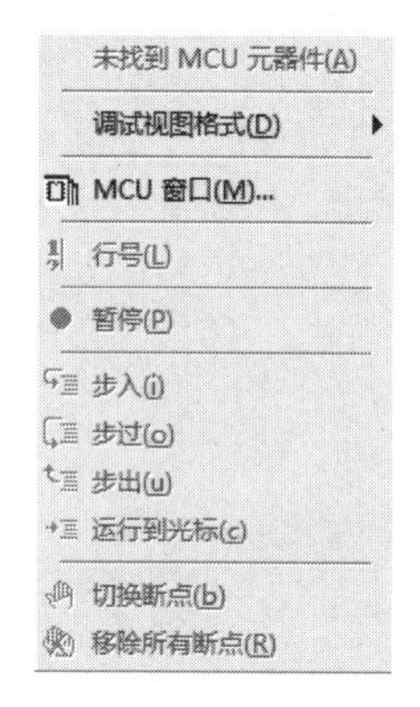

图 10-8 MCU 菜单

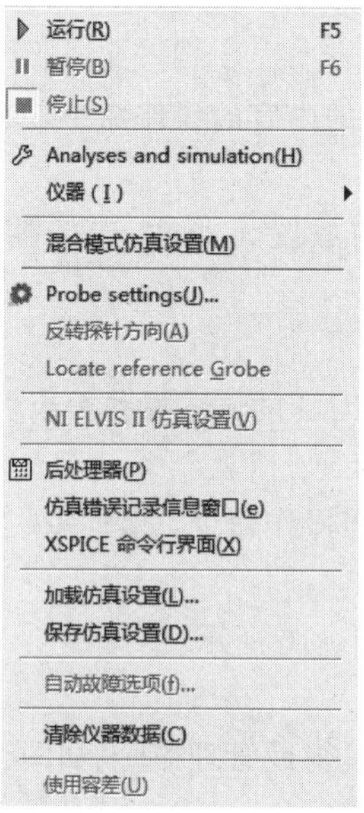

运行(R) F5
暂停(B) F6
停止(S)
Analyses and simulation(H)
仪器(I)
混合模式仿真设置(M)
Probe settings(J)...
反转探针方向(A)
Locate reference Grobe
NI ELVIS II 仿真设置(V)
后处理器(P)
仿真错误记录信息窗口(e)
XSPICE 命令行界面(X)
加载仿真设置(L)...
保存仿真设置(D)...
自动故障选项(f)...
清除仪器数据(C)
使用容差(U)

图 10-9 “仿真”菜单

转移到 Ultiboard(A)
正向注解到 Ultiboard(C)
从文件反向注解(B)...
导出到其他 PCB 布局文件(o)...
导出 SPICE 网表(n)...
高亮显示 Ultiboard 中的选择(H)

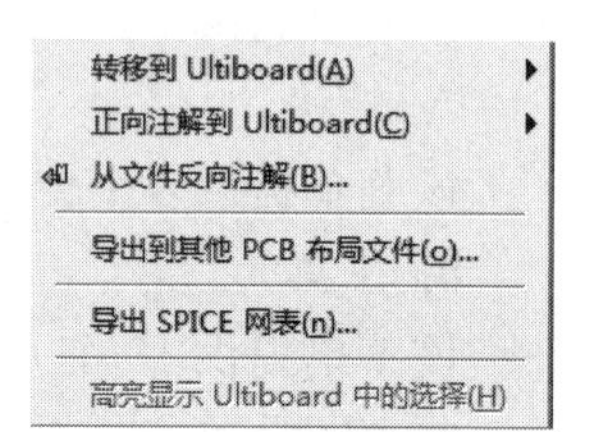

图 10-10 “转移”菜单

图 10-11 “工具”菜单

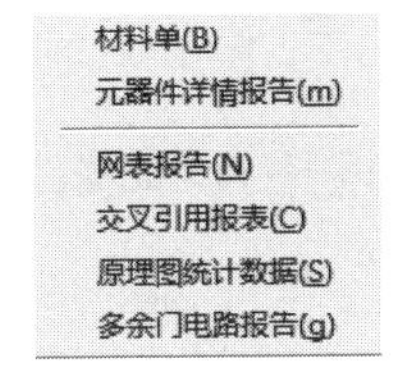

图 10-12 “报告”菜单

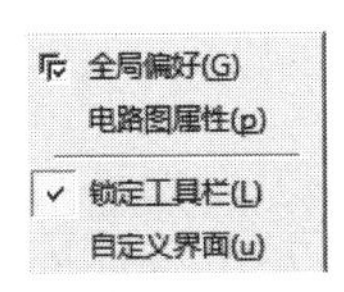

图 10-13 “选项”菜单

11. 窗口

该菜单用于对窗口进行纵向排列、横向排列、新建、层叠及关闭等操作，如图 10-14 所示。

12. 帮助

该菜单用于打开各种帮助信息，如图 10-15 所示。

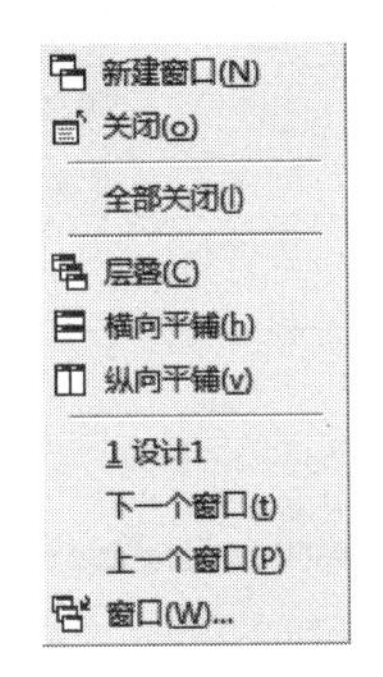

图 10-14 “窗口”菜单

图 10-15 “帮助”菜单

10.3 Multisim 14 的工具栏及元器件库

在绘制电路原理图的过程中，首先要在图纸上放置需要的元器件符号。Multisim 14 作为一个专业的电子电路计算机辅助设计软件，一般常用的电子元器件符号都可以在它的元器件库中找到，用户只需要在 Multisim 14 元器件库中查找所需的元器件符号，并将其放置在图纸中适当的位置即可。

10.3.1　元器件工具栏

元器件是电路组成的基本元素，电路仿真软件也离不开元器件。Multisim 14 提供了丰富的元器件库，元器件工具栏的图标和名称如图 10-16 所示。

单击元器件工具栏的任意一个图标即可打开该元器件库。元器件库中的各个图标所表示的元器件含义如图 10-16 所示。

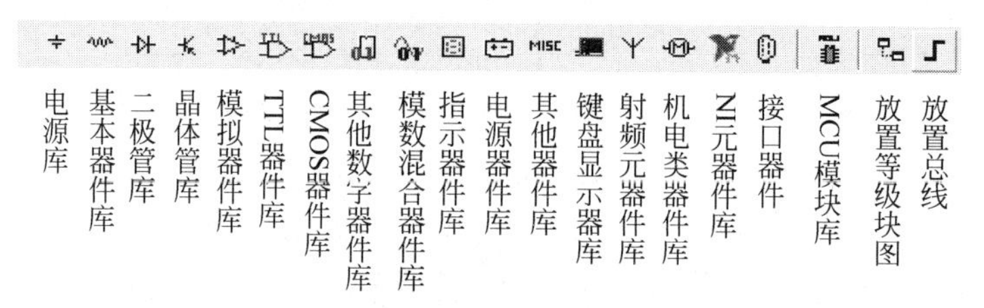

图 10-16　元器件工具栏

10.3.2　元器件库

Multisim 14 提供了一个庞大的元器件库，不仅包含了大量的实际元器件模型，还包含了丰富的虚拟元器件模型。执行菜单命令“绘制”→“元器件”（快捷键 Ctrl＋W）可以打开“选择一个元器件”对话框，如图 10-17 所示。

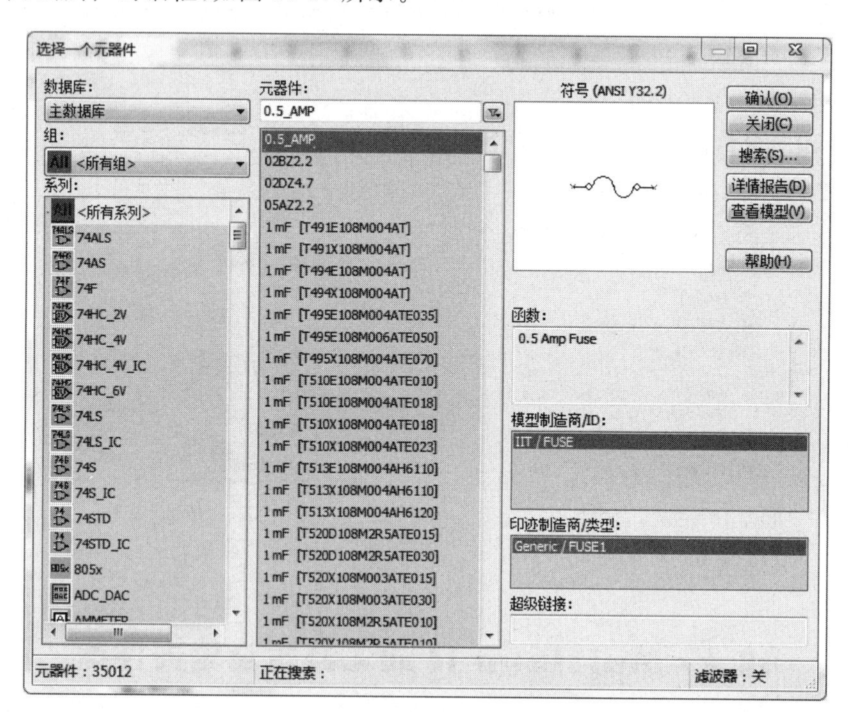

图 10-17　“选择一个元器件”对话框

通过该对话框可以浏览 Multisim 元器件库中的所有实际元器件模型和虚拟元器件模型，并进行选择使用。另外，在元器件工具栏中直接单击任一快捷按钮均可以打开元器件选择对话框。

Multisim 14 元器件库包含的元器件分组如图 10-18 所示。

1. 电源库

电源库的 Family 列表包含了各种交流电源、直流电源、接地端、受控源模块等元器件，是最常用的元器件库之一，如图 10-19 所示。

Sources	电源库
Basic	基本元器件库
Diodes	二极管库
Transistors	晶体管库
Analog	模拟器件库
TTL	TTL器件库
CMOS	CMOS器件库
MCU	MCU模块库
Advanced_Peripherals	高级外设模块
Misc Digital	其他数字元器件库
Mixed	数模混合元器件库
Indicators	指示器库
Power	电源模块库
Misc	杂项元件库
RF	射频元器件库
Electro_Mechanical	机电元器件库
Connectors	接口器件
NI_Components	NI元件库

图 10-18 元器件库包含的元器件分组

POWER_SOURCES	功率电源
SIGNAL_VOLTAGE_SOURCES	电压信号源
SIGNAL_CURRENT_SOURCES	电流信号源
CONTROLLED_VOLTAGE_SOURCES	受控电压源
CONTROLLED_CURRENT_SOURCES	受控电流源
CONTROL_FUNCTION_BLOCKS	控制函数功能模块
DIGITAL_SOURCES	数字电源

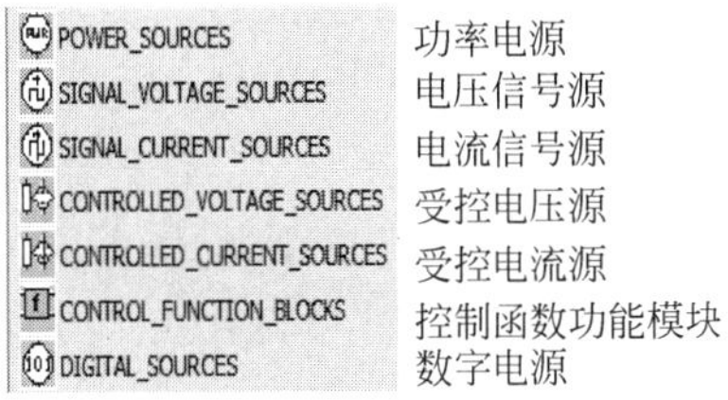

图 10-19 电源库的 Family 列表

功率电源(POWER_SOURCES)：包括常用的交直流电源、数字地、地线、星形或三角形连接的三相电源、VCC、VDD、VEE、VSS 电压源。

电压信号源(SIGNAL_VOLTAGE、SOURCES)：包括交流电压、时钟电压、脉冲电流、指数电压、FM、AM 等多种形式的电压信号。

电流信号源(SIGNAL_CURRENT、SOURCES)：包括交流电流、时钟电流、脉冲电流、指数电流、FM 等多种形式的电流源。

受控电压源(CONTROLLED_VOLTAGE、SOURCES)：包括电压控制电压源和电流控制电压源。

受控电流源(CONTROLLED_CURRENT、SOURCES)：包括电流控制电流源和电压控制电流源。

控制函数功能模块(CONTROL_FUNCTION_BLOOKS)：包括除法器(DIVIDER)、乘法器(MULTI_PLIER)、积分(VOLTAGE_INTEGRATOR)、微分(VOLTAGE_DIFFERENTIATOR)等多种形式的功能块。

数字电源(DIGITAL_SOURCES)：包括数字时钟(DIGITAL_CLOCK)、数字常数(DIGITAL_CONSTANT)等。

2. 基本元器件库

基本元器件库(Basic 库)中包括的器件如图 10-20 所示，部分器件介绍如下。

基本虚拟器件(BASIC_VIRTUAL)：包含一些常用的虚拟电阻、电容、电感、继电器、电位器、可调电阻、可调电容等。

额定虚拟器件(RATED_VIRTUAL)：包含额定电容、电阻、电感、晶体管、电机、继电器等。

排阻(RPACK)：相当于多个电阻并列封装在一个壳内，它们具有相同的阻值。

开关(SWITCH)：包括电流控制开关、单刀双掷开关(SPDT)、单刀单掷开关(SPST)、时间延时开关(TD_SW1)、电压控制开关。

变压器(TRANSFORMER)：包括线形变压器模型，变比 $N=U_1/U_2$，U_1 是一次线圈电压、U_2 是二次线圈电压，二次线圈中心抽头的电压是 U_2 的一半。这里的电压比不能直接改动，如果要变动，则需要修改变压器的模型。使用时要求变压器的两端都接地。

继电器(RELAY)：继电器的触点开合是由加在线圈两端的电压大小决定的。

插座/管座(SOCKETS)：与连接器类似，为一些标准形状的插件提供位置，以方便PCB设计。

电阻元件(RESISTOR)：该元器件栏中的电阻都是标称电阻，是根据真实电阻元器件设计的，其电阻值不能改变。

电容元件(CAPACITOR)：所有电容都是无极性的，不能改变参数，没有考虑误差，也未考虑耐压大小。

电感元件(INDUCTOR)：使用情况和电容、电阻类似。

电解电容(CAP_ELECTROLIT)：所有电容都是有极性的，"+"极性端子需要接直流高电位。

可变电容(VARIABLE_CAPACITOR)：电容量可在一定范围内调整，使用情况和电位器类似。

可变电感(VARIABLE_INDUCTOR)：使用方法和电位器类似。

电位器(POTENTIOMETER)：即可调电阻，可以通过键盘字母动态调节电阻，大写表示增加电阻值，小写表示减小电阻值，调节增量可以设置。

3. 二极管库

二极管库(Diodes 库)中包括的器件如图 10-21 所示，部分器件介绍如下。

BASIC_VIRTUAL	基本虚拟器件
RATED_VIRTUAL	额定虚拟器件
RPACK	排阻
SWITCH	开关
TRANSFORMER	变压器
NON_IDEAL_RLC	非理想RLC元件
RELAY	继电器
SOCKETS	插座/管座
SCHEMATIC_SYMBOLS	制版示意元件
RESISTOR	电阻元件
CAPACITOR	电容元件
INDUCTOR	电感元件
CAP_ELECTROLIT	电解电容
VARIABLE_RESISTOR	可变电阻
VARIABLE_CAPACITOR	可变电容
VARIABLE_INDUCTOR	可变电感
POTENTIOMETER	电位器
MANUFACTURER_CAPACITOR	制造商电容器

图 10-20　基本元器件库

DIODES_VIRTUAL	虚拟二极管
DIODE	二极管
ZENER	齐纳二极管
SWITCHING_DIODE	开关二极管
LED	发光二极管
PHOTODIODE	光电二极管
PROTECTION_DIODE	保护二极管
FWB	全波桥式整流器
SCHOTTKY_DIODE	肖特基二极管
SCR	晶闸管整流桥
DIAC	双向二极管开关
TRIAC	双向晶闸管开关
VARACTOR	变容二极管
TSPD	晶闸管浪涌保护装置
PIN_DIODE	PIN二极管

图 10-21　二极管库

虚拟二极管(DIODES_VIRTUAL)：相当于理想二极管，其 SPICE 模型是典型值。

二极管(DIODE)：包含众多产品型号。

齐纳二极管(ZENER)：即稳压二极管，包括众多产品型号。

发光二极管(LED)：含有六种不同颜色的发光二极管，当有正向电流流过时才可发光。

全波桥式整流器(FWB)：相当于使用四个二极管对输入的交流进行整流，其中的 2、3 端子接交流电压，1、4 端子作为输出直流端。

晶闸管整流桥(SCR)：只有当正向电压超过正向转折电压，并且有正向脉冲电流流进栅极 G 时 SCR 才能导通。

双向二极管开关(DIAC)：相当于两个肖特基二极管并联，是依赖于双向电压的双向开关。当电压超过开关电压时，才有电流流过二极管。

双向晶闸管开关(TRIAC)：相当于两个单相可控硅并联。

变容二极管(VARACTOR)：相当于一个电压控制电容器。本身是一种在反偏时具有相当大结电压的 PN 结二极管，结电容的大小受反偏电压的大小控制。

4. 晶体管库

晶体管库(Transistors 库)的"系列"栏包含以下几种器件，如图 10-22 所示。晶体管库包含了各种不同型号的晶体管及 MOS 管器件以便用户选择。

TRANSISTORS_VIRTUAL	虚拟晶体管
BJT_NPN	双极结型NPN晶体管
BJT_PNP	双极结型PNP晶体管
BJT_COMP	双极结型晶体管对管
DARLINGTON_NPN	达林顿NPN晶体管
DARLINGTON_PNP	达林顿PNP晶体管
BJT_NRES	内电阻偏置NPN晶体管
BJT_PRES	内电阻偏置PNP晶体管
BJT_CRES	内电阻偏置晶体管对管
IGBT	绝缘栅双击型晶体管阵列
MOS_DEPLETION	N沟道耗尽型金属氧化物半导体场效应晶体管
MOS_ENH_N	N沟道增强型金属氧化物半导体场效应晶体管
MOS_ENH_P	P沟道增强型金属氧化物半导体场效应晶体管
MOS_ENH_COMP	增强型金属氧化物半导体场效应管对晶体管
JFET_N	N沟道耗尽型结型场效应晶体管
JFET_P	P沟道耗尽型结型场效应晶体管
POWER_MOS_N	N沟道MOS功率晶体管
POWER_MOS_P	P沟道MOS功率晶体管
POWER_MOS_COMP	MOS功率对管
UJT	单结晶体管
THERMAL_MODELS	温度模型

图 10-22　晶体管库

5. 模拟元器件库

模拟元器件库(Analog 库)的"系列"栏包含的器件如图 10-23 所示，部分器件介绍如下。

模拟虚拟器件(ANALOG_VIRTUAL)：包括虚拟比较器、三端虚拟运放和五端虚拟运放。五端虚拟运放比三端虚拟运放多了正、负电源两个端子。

运算放大器(OPAMP)：包括五端、七端和八端运算放大器。

诺顿运算放大器(OPAMP_NORTON)：即电流差分放大器(CDA)，是一种基于电流

的器件，其输出电压与输入电流成比例。

比较器(COMPARATOR)：比较两个输入电压的大小和极性，并输出对应状态。

宽带放大器(WIDEBAND_AMPS)：单位增益带宽可超过10MHz，典型值为100MHz，主要用于要求带宽较宽的场合，如视频放大电路等。

特殊函数模块(SPECIAL_FUNCTION)：主要包括测试运放、视频运放、乘法器/除法器、前置放大器和有源滤波器。

6. TTL 元器件库

TTL 元器件库含有74系列的TTL数字集成逻辑器件，TTL库的“系列”栏如图10-24所示，部分器件介绍如下。

ANALOG_VIRTUAL	模拟虚拟器件
OPAMP	运算放大器
OPAMP_NORTON	诺顿运算放大器
COMPARATOR	比较器
DIFFERENTIAL_AMPLIFIERS	差分放大器
WIDEBAND_AMPS	宽带放大器
AUDIO_AMPLIFIER	音频放大器
CURRENT_SENSE_AMPLIFIERS	电流感应放大器
INSTRUMENTATION_AMPLIFIERS	仪用放大器
SPECIAL_FUNCTION	特殊函数模块

图10-23 模拟元器件库

74STD	74STD系列
74STD_IC	集成74STD系列
74S	74S系列
74S_IC	集成74S系列
74LS	74LS系列
74LS_IC	集成74LS系列
74F	74F系列
74ALS	74ALS系列
74AS	74AS系列

图10-24 TTL 元器件库

74STD系列(74STD)：标准型集成电路，型号范围为7400～7493。

74LS系列(74LS)：低功耗肖特基型集成电路，型号范围为74LS00N ～74LS93N。

注意：当对含有TTL或CMOS数字元器件的电路进行仿真时，电路中应含有数字电源和接地端，它们可以象征性地放在电路中，不进行任何电气连接，否则，启动仿真时Multisim将提示出错。

7. CMOS 元器件库

CMOS 元器件库含有74HC系列和4×××系列的CMOS数字集成逻辑器件，CMOS库的“系列”栏如图10-25所示。

CMOS_5V	CMOS工艺，5V供电40系列
CMOS_5V_IC	CMOS工艺，5V供电40系列，集成器件
CMOS_10V	CMOS工艺，10V供电40系列
CMOS_10V_IC	CMOS工艺，10V供电40系列，集成器件
CMOS_15V	CMOS工艺，15V供电40系列
74HC_2V	CMOS工艺，2V电压供电74HC系列
74HC_4V	4V，74HC系列
74HC_4V_IC	4V，74HC系列，集成器件
74HC_6V	6V，74HC系列
TinyLogic_2V	CMOS工艺，2V电压供电NC7S系列
TinyLogic_3V	3V，NC7S系列
TinyLogic_4V	4V，NC7S系列
TinyLogic_5V	5V，NC7S系列
TinyLogic_6V	6V，NC7S系列

图10-25 CMOS 元器件库

8. MCU 模块库

MCU 模块库如图 10-26 所示。

9. 高级外设模块库

高级外设模块如图 10-27 所示。

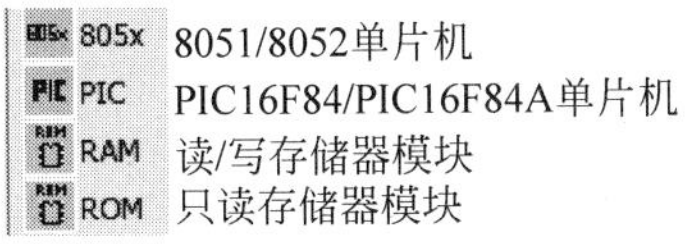

805x	8051/8052单片机
PIC	PIC16F84/PIC16F84A单片机
RAM	读/写存储器模块
ROM	只读存储器模块

图 10-26　MCU 模块库

KEYPADS	键盘组件
LCDS	LCD显示屏模块
TERMINALS	液晶屏模块
MISC_PERIPHERALS	杂项外设

图 10-27　高级外设模块库

10. 其他数字元器件库

TTL 和 CMOS 元器件库中的元器件都是按元器件的序号排列的，有时用户仅知道元器件的功能，而不知道具有该功能的元器件型号，就会给电路设计带来许多不便。而其他数字元器件库中的元器件则是按元器件功能进行分类排列的。

其他数字元器件库（Misc Digital 库）的“系列”栏如图 10-28 所示。

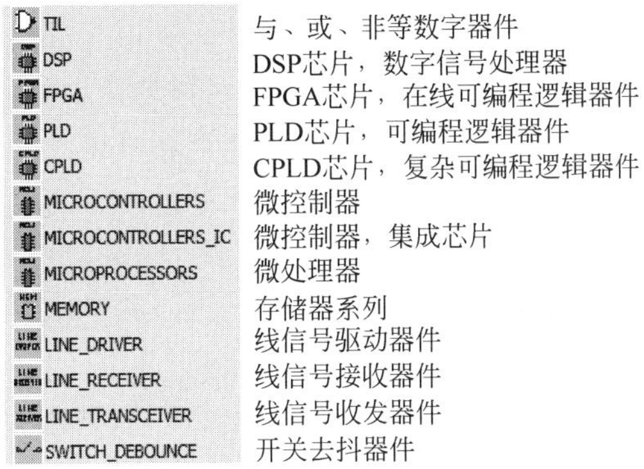

TIL	与、或、非等数字器件
DSP	DSP芯片，数字信号处理器
FPGA	FPGA芯片，在线可编程逻辑器件
PLD	PLD芯片，可编程逻辑器件
CPLD	CPLD芯片，复杂可编程逻辑器件
MICROCONTROLLERS	微控制器
MICROCONTROLLERS_IC	微控制器，集成芯片
MICROPROCESSORS	微处理器
MEMORY	存储器系列
LINE_DRIVER	线信号驱动器件
LINE_RECEIVER	线信号接收器件
LINE_TRANSCEIVER	线信号收发器件
SWITCH_DEBOUNCE	开关去抖器件

图 10-28　其他数字元器件库

TTL 系列（TTL）：包括与门、非门、异或门、同或门、RAM、三态门等。

VHDL 系列（VHDL）：存储用 VHDL 语言编写的若干常用的数字逻辑器件。

VERTLOG_HDL 系列（VERTLOG_HDL）：存储用 VERILOG_HDL 语言编写的若干常用的数字逻辑器件。

事实上，这是用 VHDL、Verilog_HDL 等高级语言编辑其模型的元器件。

11. 混合元器件库

混合元器件库的“系列”栏如图 10-29 所示，部分器件介绍如下。

混合虚拟器件（MIXED_VIRTUAL）：包括 555 定时器、单稳态触发器、模拟开关、锁相环。

模拟开关（ANALOG_SWITCH）：也称电子开关，其功能是通过控制信号控制开关的通断。

定时器（TIMER）：包括七种不同型号的 555 定时器。

模数-数模转换器（ADC_DAC）：包括一个 A/D 转换器和两个 D/A 转换器，其量化精度都是 8 位，都是虚拟元器件，只能作仿真用，没有封装信息。

12. 指示器元器件库

指示器元器件库包含可用来显示仿真结果的显示器件。对于指示器元器件库中的元器件，软件不允许从模型上进行修改，只能在其属性对话框中对某些参数进行设置。指示器元器件库的“系列”栏如图 10-30 所示。

MIXED_VIRTUAL 混合虚拟器件
ANALOG_SWITCH 模拟开关
ANALOG_SWITCH_IC 模拟开关，集成元件
TIMER 定时器
ADC_DAC 模数-数模转换器
MULTIVIBRATORS 多谐振荡器
SENSOR_INTERFACE 传感器接口

图 10-29 混合元器件库

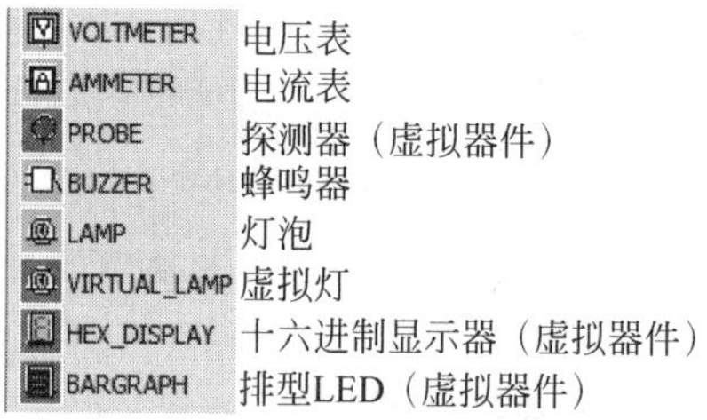

VOLTMETER 电压表
AMMETER 电流表
PROBE 探测器（虚拟器件）
BUZZER 蜂鸣器
LAMP 灯泡
VIRTUAL_LAMP 虚拟灯
HEX_DISPLAY 十六进制显示器（虚拟器件）
BARGRAPH 排型LED（虚拟器件）

图 10-30 指示器元器件库

电压表(VOLTMETER)：可测量交、直流电压。

电流表(AMMETER)：可测量交、直流电流。

探测器(PROBE)：相当于一个 LED，仅有一个端子，使用时将其与电路中的某点连接，当该点达到高电平时探测器就发光。

蜂鸣器(BUZZER)：该器件是用计算机自带的扬声器模拟理想的压电蜂鸣器，当加在端口上的电压超过设定电压值时，该蜂鸣器将按设定的频率响应。

灯泡(LAMP)：工作电压和功率不可设置，对于直流，该灯泡将发出稳定的光；对于交流，该灯泡将闪烁发光。

虚拟灯(VIRTUAL_LAMP)：相当于一个电阻元件，其工作电压和功率可调节，其余与现实灯泡原理相同。

十六进制显示器(HEX_DISPLAY)：包括三个元器件，其中 DCD_HEX 是带译码的 7 段数码显示器，有 4 条引线，从左到右分别对应 4 位二进制的最高位和最低位。其余两个是不带译码的 7 段数码显示器，显示十六进制时需要加译码电路。

排型 LED(BARCRAPH)：相当于 10 个 LED 同向排列，左侧是阳极，右侧是阴极。

13. 功率元器件库

本库中的器件主要是由复杂集成电路所构成的各种电源模块、开关器件等，如图 10-31 所示。

14. 多功能元器件库

Multisim 14 把不能划分为某一类型的元器件另归一类，称为多功能元器件库，多功能元器件库(Misc 库)的“系列”栏如图 10-32 所示，部分元器件介绍如下。

多功能虚拟元器件(MISC_VIRTUAL)：包括晶振、熔丝、电机、光耦等虚拟元器件。

传感器(TRANSDUCERS)：包括位置检测器、霍尔效应传感器、光敏晶体管、发光二极管、压力传感器等。

晶振(CRYSTAL)：包括多个振荡频率的现实晶振。

真空电子管(VACUUM_TUBE)：该元器件有三个电极，常作为放大器在音频电路中使用。

降压转换器(BUCK_CONVERTER)、升压转换器(BOOST_CONVERTER)、升降压转换器(BUCK_BOOST_CONVERTER)：用于对直流电压降压、升压、升降压变换。

POWER_CONTROLLERS	电源控制器
SWITCHES	开关器件
SWITCHING_CONTROLLER	开关电源控制器
HOT_SWAP_CONTROLLER	热交换控制器
BASSO_SMPS_CORE	数字开关电源核心模块
BASSO_SMPS_AUXILIARY	数字开关电源辅助模块
VOLTAGE_MONITOR	电压监控器
VOLTAGE_REFERENCE	基准电压管
VOLTAGE_REGULATOR	稳压管
VOLTAGE_SUPPRESSOR	瞬态电压抑制器
LED_DRIVER	LED照明驱动器
MOTOR_DRIVER	电机驱动器
RELAY_DRIVER	继电器电感负载驱动器
PROTECTION_ISOLATION	隔离保护模块
FUSE	熔断器
THERMAL_NETWORKS	热网络
MISCPOWER	杂项电源器件

图 10-31　功率元器件库

MISC_VIRTUAL	多功能虚拟元器件
TRANSDUCERS	传感器
OPTOCOUPLER	光电耦合器
CRYSTAL	晶振
VACUUM_TUBE	真空电子管
BUCK_CONVERTER	降压转换器
BOOST_CONVERTER	升压转换器
BUCK_BOOST_CONVERTER	升降压转换器
LOSSY_TRANSMISSION_LINE	有损耗传输线
LOSSLESS_LINE_TYPE1	无损耗线路_类型1
LOSSLESS_LINE_TYPE2	无损耗线路_类型2
FILTERS	滤波器
MOSFET_DRIVER	MOSFET驱动器
MISC	多功能元器件
NET	网络接口

图 10-32　多功能元器件库

有损耗传输线(LOSSY_TRANSMISSION_LINE)：相当于模拟有损耗媒质的二端口网络,它能模拟由特性阻抗和传输延迟导致的电阻损耗。如将其电阻和电导参数设置为 0 时,就成了无损耗传输线,用这种无损耗传输线进行仿真,其结果会更精确。

无损耗线路_类型 1(LOSSLESS_LINE_TYPE1)：模拟理想状态下传输线的特性阻抗和传输延迟等特性,无传输损耗,其特性阻抗是纯电阻性的。

无损耗线路_类型 2(LOSSLESS_LINE_TYPE2)：与类型 1 相比,不同之处在于传输延迟是通过在其属性对话框中设置传输信号频率和线路归一化长度来确定的。

多功能元器件(MISC)：只含一个元器件 MAX2740ECM,该元器件是集成 GPS 接收机。

网络接口(NET)：这是一个建立电路模型的模板,允许用户输入一个 2～20 个引脚的网络表,建立自己的模型。

15. 射频元器件库

当电路工作于射频状态时,由于电路的工作频率很高,将导致元器件模型的参数发生很多变化,在低频下的模型将不能适用于射频工作状态,因而 Multisim 14 提供了专门适合射频电路的元器件模型。射频元器件库的"系列"栏如图 10-33 所示。

16. 机电类元器件库

机电类元器件库(Electro_Mechanical 库)的"系列"栏如图 10-34 所示。

RF_CAPACITOR	射频电容
RF_INDUCTOR	射频电感
RF_BJT_NPN	射频双结型NPN晶体管
RF_BJT_PNP	射频双结型PNN晶体管
RF_MOS_3TDN	射频N沟道耗尽型MOS管
TUNNEL_DIODE	隧道二极管
STRIP_LINE	带状线
FERRITE_BEADS	铁养体磁珠

图 10-33　射频元器件库

MACHINES	电机模块
MOTION_CONTROLLERS	机电控制器
SENSORS	机电传感器
MECHANICAL_LOADS	机械负载模块
TIMED_CONTACTS	同步触点
COILS_RELAYS	线圈-继电器
SUPPLEMENTARY_SWITCHES	辅助开关
PROTECTION_DEVICES	保护装置

图 10-34　机电类元器件库

除了以上介绍的元件分组，Multisim 14 还提供了 NI_Components 以及 Connectors 两个元件分组。其中 NI_Components 包含了 NI 公司的各种产品模块，Connectors 包含了各种接口模块，在此不再赘述。

10.4 Multisim 虚拟仿真仪器

NI Multisim 14 的仪器库存储有多种虚拟仿真仪器，单击“仿真”→“仪器”按钮，可见 21 种虚拟仿真仪器，如图 10-35 所示。

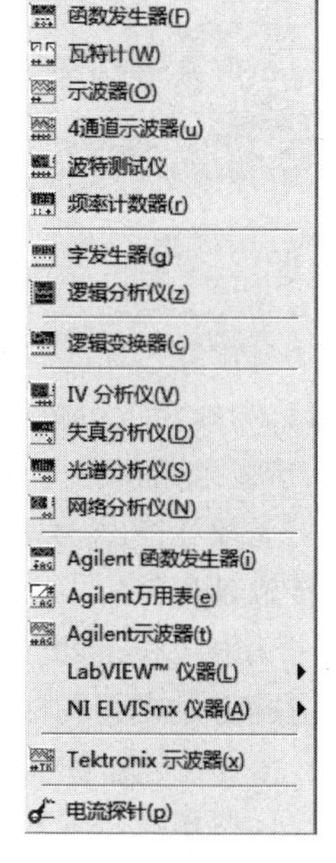

图 10-35 虚拟仿真仪器

10.4.1 万用表

数字万用表(Multimeter)是一种多用途的数字显示仪表，可以用于测量交/直流电压、交/直流电流、电阻值以及电路中两点之间的分贝损耗，可以自动调整量程。图 10-36(a)为万用表的图标。

选择菜单栏中的“仿真”→“仪器”→“万用表”命令，或单击“仪器”工具栏中的“万用表”按钮，光标上显示浮动的万用表虚影，在电路窗口的相应位置单击，完成万用表的放置。双击该图标得到数字万用表参数设置控制面板，如图 10-36(b)所示。该面板各个按钮的功能如下。

图 10-36(b)上面的黑色条形框用于测量数值的显示。下面为测量类型的选取栏。

A：测量对象为电流。

V：测量对象为电压。

Ω：测量对象为电阻。

dB：将万用表切换到分贝显示。

～：表示万用表的测量对象为交流参数。

—：表示万用表的测量对象为直流参数。

＋：对应万用表的正极。

－：对应万用表的负极。

设置：单击该按钮，可以设置数字万用表的各个参数，如图 10-37 所示的对话框。

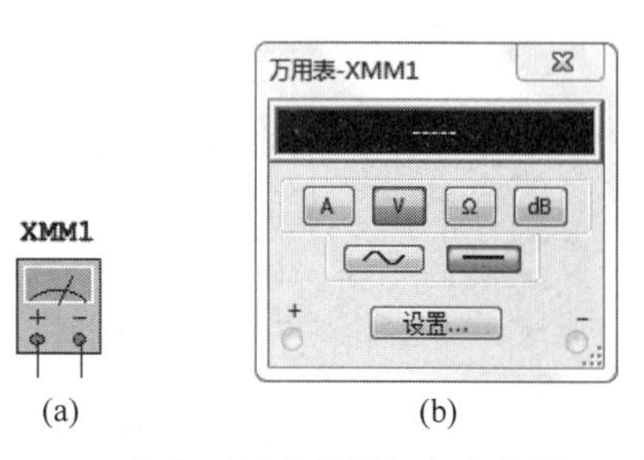

图 10-36 数字万用表的图标与参数设置面板

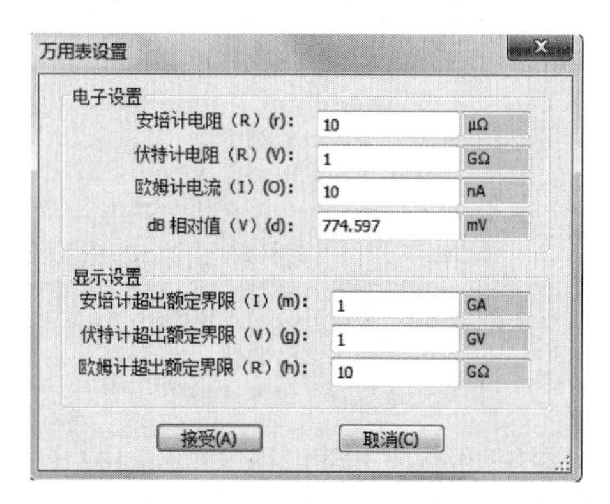

图 10-37 “万用表设置”对话框

10.4.2 函数信号发生器

函数信号发生器（function generation）作为一种常用的电压信号源，可以产生正弦波、三角波和方波电压信号。

双击图10-38(a)所示的函数信号发生器的图标，可以得到图10-38(b)所示的函数信号发生器面板。

从函数信号发生器的图标与面板均可看出，该仪器共有三个端子可与外电路相连接，即参考正极性端、公共端（COM）、参考负极性端。通常公共端接地，在参考正极性端与公共端之间输出一个最大值为振幅的正极性信号；在参考负极性端与公共端之间输出一个最大值为振幅的负极性信号。

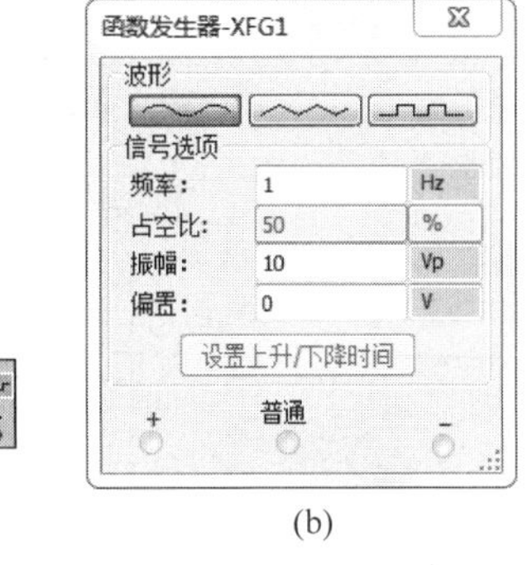

(a) (b)

图10-38 函数信号发生器的图标与参数设置面板

该对话框各个部分的功能如下。

(1)“波形”选项组下的三个按钮用于选择输出波形，分别为正弦波、三角波和方波。

(2)“信号选项”选项组的内容如下。

频率：设置输出信号的频率。

占空比：设置输出的方波和三角波电压信号的占空比。

振幅：设置输出信号幅度的峰值。

偏置：设置输出信号的偏置电压，即设置输出信号中直流成分的大小。

设置上升/下降时间：设置上升沿与下降沿的时间。仅对方波有效。

(3) +：表示波形电压信号的正极性输出端。

(4) -：表示波形电压信号的负极性输出端。

(5) 普通：表示公共接地端。

10.4.3 功率表

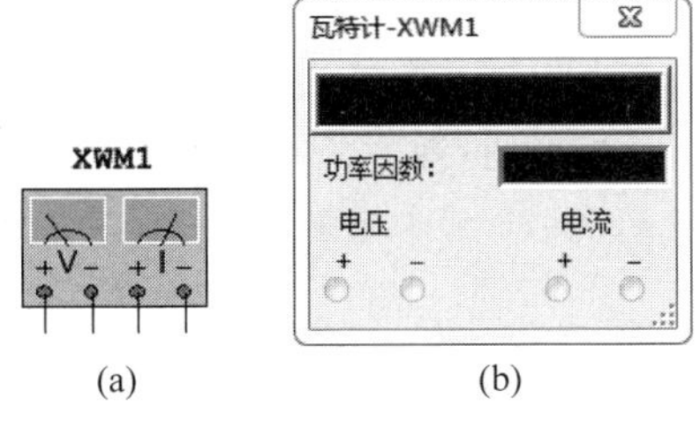

(a) (b)

图10-39 功率表的图标与参数设置面板

功率表（Wattmeter）又称为瓦特计或瓦特表，可以用来测量交流、直流电路的功率，其图标与控制面板如图10-39所示。与实际功率表类似，功率表图标中包括电压线圈的两个端子和电流线圈的两个端子。在使用时，电压线圈应与被测电路处于并联状态，电流线圈应与被测电路处于串联状态。一般电压线圈与电流线圈的参考正极性端应连接在一起。

10.4.4 示波器

示波器（oscilloscope）是用来显示电压信号波形的形状、大小、频率等参数的常用仪器之一。示波器的图标与控制面板如图10-40所示。

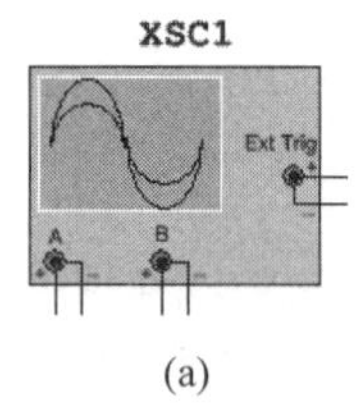

(a)

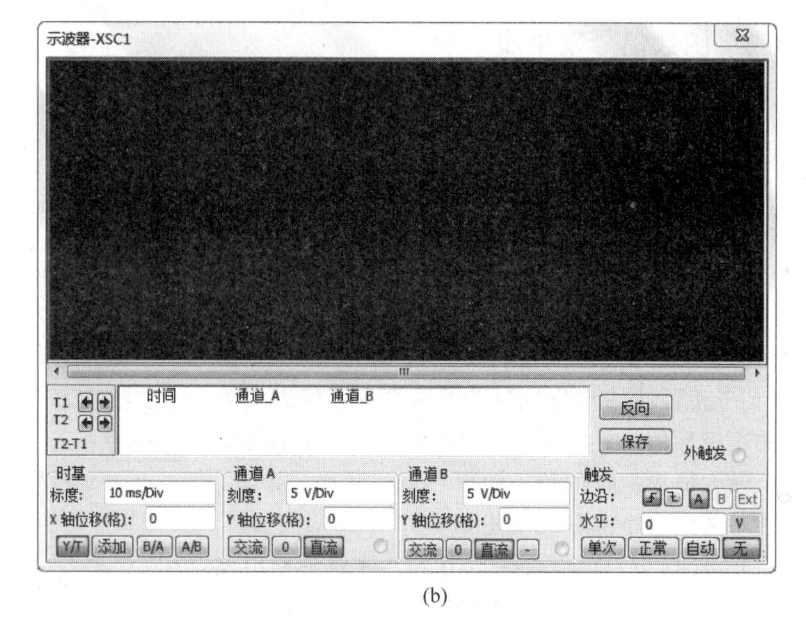

(b)

图 10-40　示波器的图标与参数设置面板

示波器有 A、B 两个测量通道，每个通道均具有差分测量模式，每个通道分别引出“+”“−”两个端子，每个通道各自测量一个电压信号并显示其波形。当同时测量两组电压信号时，为了避免在显示波形时因曲线颜色一致而导致辨别困难，通常应该将信号线设置为不同的颜色以利于区分。在需要改变颜色的连接线上右击，选择“区段颜色”，在弹出的色盘中选择需要改变的颜色，即可改变连线的颜色，示波器波形的颜色也会随之而变。

1. “时基”选项栏

用于设置 X 轴方向的扫描时基以及波形显示方式。

标度：X 轴方向每一格所代表的时间大小，即扫描时基。单击该栏后将出现由上、下箭头组成的可调按钮，单击上箭头或小箭头能够将扫描时基调大或调小，可以实时观测到信号波形在 X 轴方向被压缩或拉伸的情况。合适的扫描时基有利于波形的观测。

X 轴位移：设置或调整 X 轴起点位置。当值为 0 时，信号从显示区的左边缘开始，正值使起始点右移，负值使起始点左移。

Y/T 按钮：表示 Y 轴方向分别显示 A、B 通道的输入信号，X 轴方向显示扫描线，并按照设置的扫描时基进行扫描。该方式是示波器最为常用的方式，用于观测被测电压信号波形随时间变化的曲线。

添加：表示 Y 轴方向显示的是将 A、B 两个通道输入信号求和后的结果，X 轴方向按照设置的扫描时基进行扫描。

B/A：表示将 A 通道信号作为 X 轴扫描信号，将 B 通道信号作为 Y 轴扫描信号，建立关于 B/A 信号坐标系中的图像。

A/B：表示将 B 通道信号作为 X 轴扫描信号，将 A 通道信号作为 Y 轴扫描信号，建立关于 A/B 信号坐标系中的图像。

2. “通道 A”选项栏

用于设置 A 通道 Y 轴方向的刻度及测量方式。

刻度：表示 A 通道输入信号的 Y 轴方向每一格的电压值。单击该栏后将出现由上下箭头组成的可调按钮，单击上箭头或小箭头能够将该值调大或调小，从而可以实时观测到信号波形在 Y 轴方向被压缩或拉伸的情况。当观测到的波形幅值超出显示范围而形成顶部被截断的时候，应该调大该值。当观测到的波形波动很小，近似一条直线时，则应该调小该值。对刻度的合理设置有利于观测到完整的波形并进行分析。

Y 轴位移：设置或调整 A 通道扫描线在显示区中的上下位置，当其值非零时，所显示的波形为原有信号波形叠加了其值之后的结果。当其值为正值时，显示的信号波形将向上方抬升；当其值为负值时，显示的信号波形将向下方下降。

交流：表示采用交流耦合方式测量。用以测量待测信号中的交流分量，隔离待测信号中的直流分量，相当于在测量端加入了隔直电容。

直流：表示采用直接耦合方式测量。用以直接测量待测信号中的交、直流量。

0：表示此时显示 A 通道被测波形的基准线，即 Y 轴位移中设置的值。

3. "通道 B"选项栏

用于设置 B 通道 Y 轴方向的刻度及测量方式。

"通道 B"选项栏中的设置与"通道 A"选项栏中各项的设置意义上完全相似，只不过都是仅对 B 通道的待测信号起作用。B 通道中比 A 通道多了一个按钮"－"，其含义是在不改变电路及仪表连接的情况下对 B 通道测量信号取反。若按下按钮"－"且 Add 模式同时启用时，则可以实现 A－B 的效果。

4. "触发"选项栏

用于设置示波器的触发方式。

边沿：表示边沿触发方式的选择，可以选择上升沿或下降沿触发。

水平：用于选择触发电平的电压大小，即阈值电压。

单次：单次扫描方式按钮，按下该按钮后示波器处于单次扫描等待状态，触发信号来到后开始一次扫描。

正常：常态扫描方式按钮，有触发信号时才产生扫描，在没有信号和非同步状态下，则没有扫描线。

自动：自动扫描方式按钮，在有触发信号时，同 Normal 方式下的触发扫描，波形可稳定显示；在无信号输入时，可显示扫描线。一般情况下使用自动方式。

无：不设置触发方式按钮。

A：表示用 A 通道的输入信号作为同步 X 轴时基扫描的触发信号。

B：表示用 B 通道的输入信号作为同步 X 轴时基扫描的触发信号。

Ext：取加到外触发输入端的信号作为触发源，多用于特殊信号的触发。

5. 测量波形的参数

在波形显示区有 T1、T2 两条可以左右移动的读数指针，指针上方分别标有倒置的 1、2，移动这两条指针就可以读取到该指针与波形相交的点的具体电压值，该值被显示在面板下方的测量数据显示区。数据显示区显示 T1 时刻、T2 时刻、T2－T1 的数据差三组数据，每一组数据都包括时间值(Time)、通道 1 (Channel A)信号的幅值、通道 2(Channel B)信号的幅值。用户可以拖动读数指针左右移动，或通过单击数据显示区 T1、T2 右侧的向左或向右按钮移动指针线的方式读取数值。

通过以上操作，可以测量信号的周期、脉冲信号的宽度、上升时间以及下降时间、时间常数等参数。为了测量方便，在测量之前可以单击暂停按钮或者结束仿真使波形冻结，然后调整时基使待测波形的显示更有利于数据读取，再拖动读数指针进行测量。

6. 更改显示区背景颜色

波形显示区的默认背景色是黑色，用户可以单击面板上的反向按钮，将背景色改为白色。如果要改回黑色，只需要再次单击反向按钮即可。

7. 存储波形数据信息

单击面板中的"保存"按钮即可将仿真波形数据存储为文件，Multisim 14 提供了三种存储格式供用户选用。

除了前面介绍的常用于基本电路仿真与设计中的虚拟仪器仪表外，Multisim 14 还提供了更为丰富的虚拟仪器仪表，如数字信号发生器、逻辑分析仪、逻辑转换仪、失真分析仪、频谱分析仪、网络分析仪、伏安特性分析仪、频率计数器、四踪示波器、安捷伦仪器等，这些仪器仪表在模拟电子技术和数字电子技术中应用较多，本书不再进行介绍，读者如需进一步了解这些仪器仪表的使用方法，可以参考 Multisim 14 的帮助文档或相关参考书。

第11章

Multisim虚拟仿真实验

实验1　电路元件的伏安特性

1. 实验目的

(1) 学会识别常用电路元件的方法。

(2) 掌握线性电阻元件、非线性电阻元件伏安特性的逐点测试法。

2. 实验原理

任一二端元件，它的端电压 U 与通过该元件的电流 I 之间的函数关系，称为该元件的伏安特性。如果将这种关系表示在 I-U 平面上，则称为伏安特性曲线。通过一定的测量电路，用电压表、电流表可测定元件的伏安特性，由测得的伏安特性可了解该元件的性质。通过测量得到元件伏安特性的方法称为伏安测量法，简称伏安法。

1) 线性电阻元件的伏安特性

线性电阻元件的伏安特性满足欧姆定律，阻值是一个常数，其伏安特性曲线是一条通过坐标原点的直线，如图11-1所示的a曲线。电阻值可由直线的斜率的倒数确定，即 $R=\dfrac{U}{I}$。

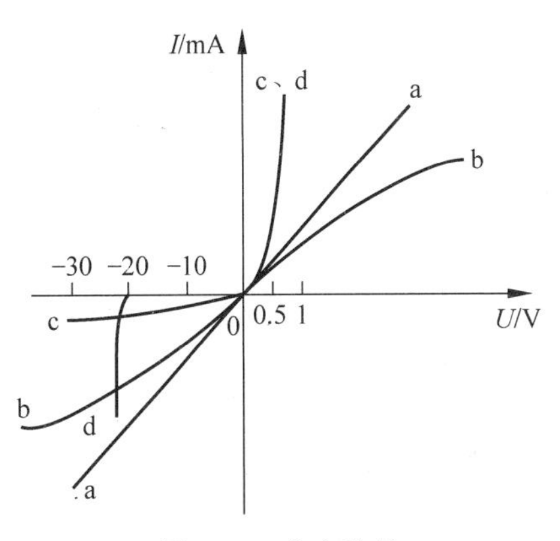

图11-1　伏安特性

2) 白炽灯的伏安特性

一般白炽灯在工作时灯丝处于高温状态，其灯丝电阻随着温度的升高而增大，通过白炽灯的电流越大，其温度越高，阻值也越大，一般灯泡的"冷电阻"与"热电阻"的阻值可相差几倍，它的伏安特性如图11-1所示的b曲线。

3) 一般半导体二极管的伏安特性

一般半导体二极管是一个不满足欧姆定律的非线性电阻元件，阻值不是一个常数，其伏安特性是一条过坐标原点的曲线，如图11-1所示的c曲线。由图可见，半导体二极管的正向电压很小，正向电流随正向电压的升高而急剧上升，因而电阻值很小；反之，电阻值很大。可见，二极管具有单向导电性，但如果反向电压加得过高，当超过管子的极限值时，则会导致管子击穿损坏。

4）稳压二极管的伏安特性

稳压二极管是一种特殊的半导体二极管，其正向特性与普通二极管类似，但其反向特性特别，如图 11-1 所示的 d 曲线。在反向电压开始增加时，其反向电流几乎为零，但当反向电压增加到某一数值时(称为管子的稳压值，有各种不同稳压值的稳压管)，电流将突然增加，以后它的端电压将维持恒定，不再随外加的反向电压升高而增大。

3. 实验仿真

1）测定线性电阻器的伏安特性

实验电路如图 11-2(a)所示。从元件库中选择电压源、电阻、二极管创建元件伏安特性电路，如图 11-2(b)所示。同时接万用表 XMM1，测量电阻两端的电压，接万用表 XMM2，测量流经电阻的电流，分别如图 11-2(c)和(d)所示。

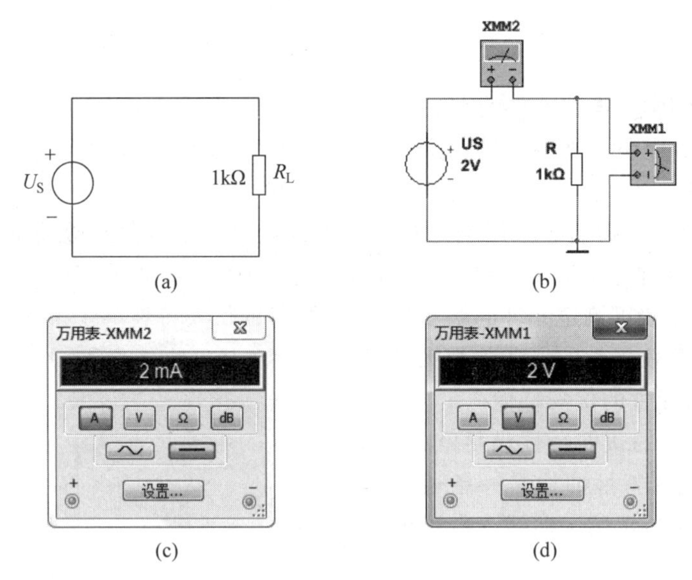

图 11-2　线性电阻器的伏安特性仿真

调节直流稳压电源的输出电压 U_S，使电压表读数分别为表格中所列数值，运行仿真，将测量所得对应的电流值记录于表 11-1 中。

表 11-1　线性电阻器的伏安特性仿真数据

U/V	0	2	4	6	8	10
I/mA						

2）测定非线性白炽灯泡的伏安特性

将图 11-2(a)中的 R_L 换成一只 12V 的小灯泡，创建的仿真电路如图 11-3(a)所示，重复 1)的步骤。U_L 为灯泡的端电压，仿真运行，将图 11-3(b)、(c)所示的电压表和电流表的示数记入表 11-2 中。

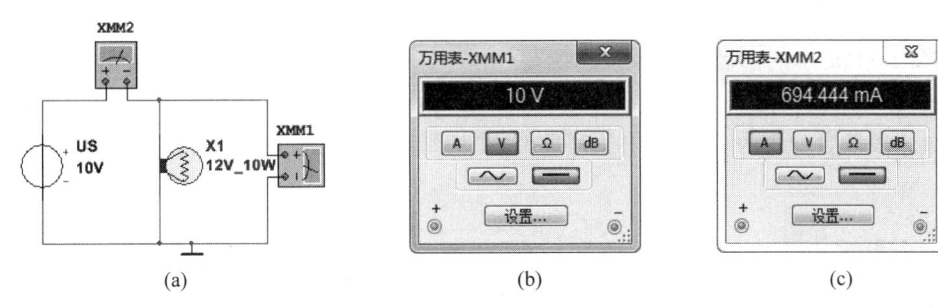

(a) (b) (c)

图 11-3 非线性白炽灯泡的伏安特性仿真

表 11-2 非线性白炽灯泡的伏安特性仿真数据

U_L/V	0	2	4	6	8	10
I/mA						

3）测定半导体二极管的伏安特性

（1）正向特性

实验电路如图 11-4(a)所示。创建仿真电路，如图 11-4(b)所示。二极管 D 的正向电流不得超过 25mA，R 为限流电阻，用以保护二极管。运行仿真，调节直流稳压电源的输出电压 U_S，使电压表读数分别为表 11-3 中所列数值，特别是在 0.5～0.75V 之间应多取几个测量点。对于每一个电压值测量出对应的电流值，记入表 11-3 中。

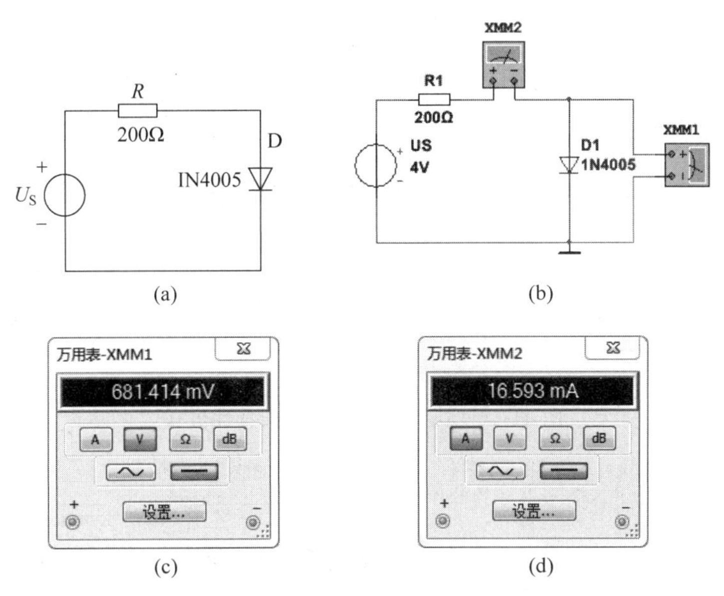

(a) (b)

(c) (d)

图 11-4 二极管正向伏安特性仿真

表 11-3 二极管正向伏安特性仿真数据

U/V	0	0.2	0.4	0.5	0.55	0.60	0.65	0.70	0.75
I/mA									

(2) 反向特性

将图 11-4(a)中的二极管 D 反接连线，万用表 XMM1 的正极性端接二极管的阳极，负极性端接二极管的阴极。仿真电路如图 11-5(a)所示，运行仿真，调节直流稳压电源的输出电压 U_S，使电压表读数分别为表 11-4 中所列数值，并将测量所得相应的电流值记入表 11-4 中。

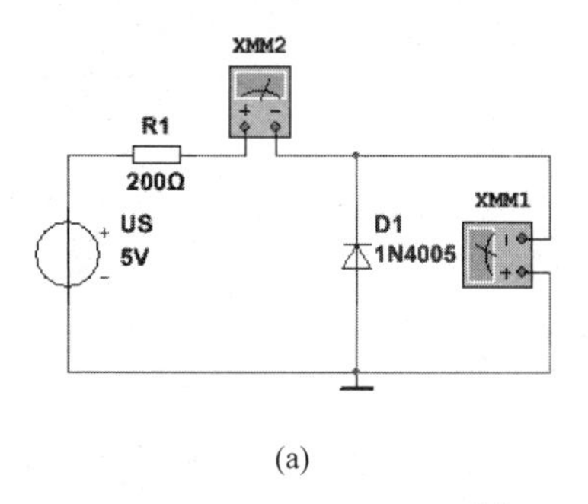

(a)

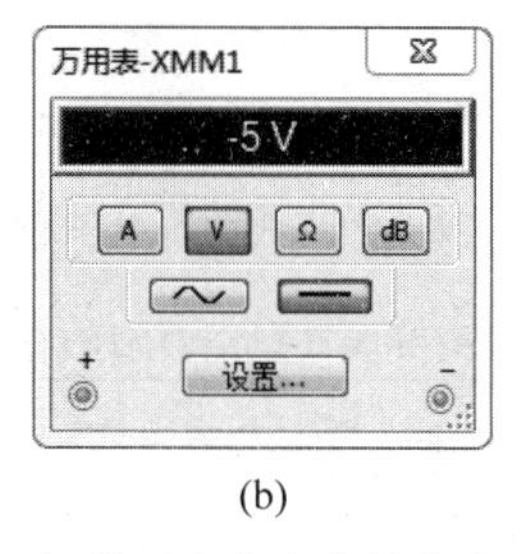

(b)

(c)

图 11-5　二极管反向伏安特性仿真

表 11-4　二极管反向伏安特性仿真数据

U/V	0	−5	−10	−15	−20	−25	−30
I/mA							

4) 测定稳压二极管的伏安特性

只要将图 11-4(b)和图 11-5(a)中的二极管换成稳压二极管 1N4742A(最大电流为 20mA)，创建仿真电路分别如图 11-6(a)和图 11-7(a)所示，重复实验内容 3)的测量。运行仿真，将正向特性实验数据和反向特性实验数据分别填入表 11-5 和表 11-6 中。

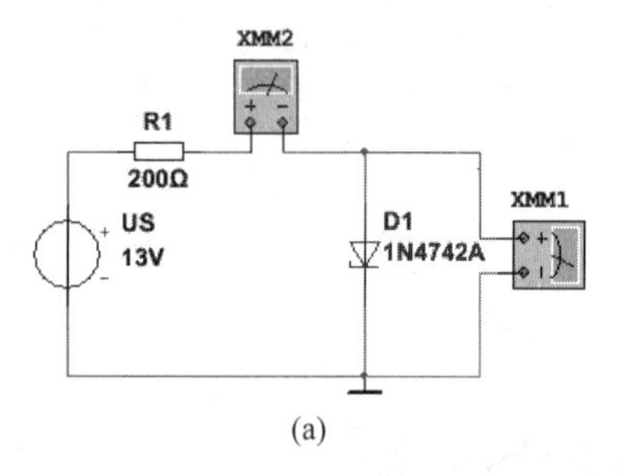

(a)

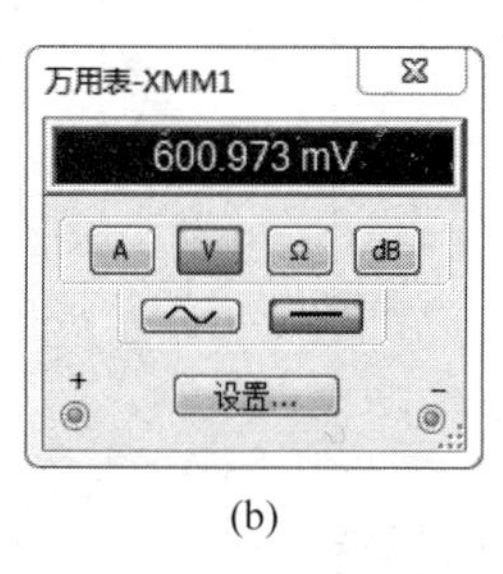

(b)

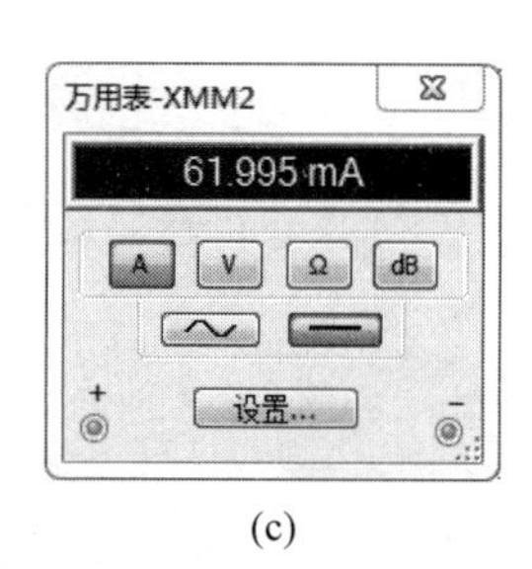

(c)

图 11-6　稳压二极管正向伏安特性仿真

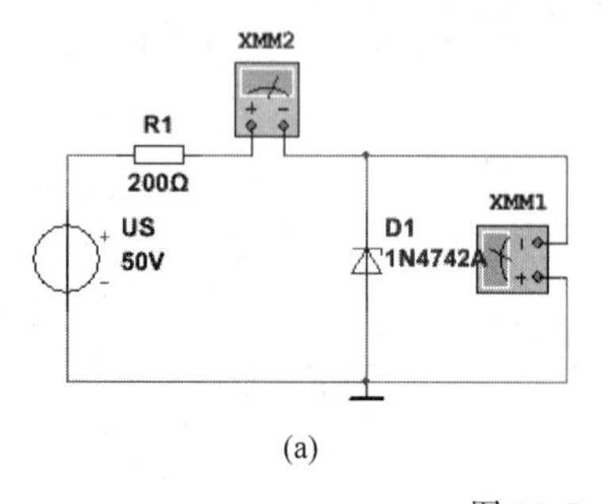

(a)

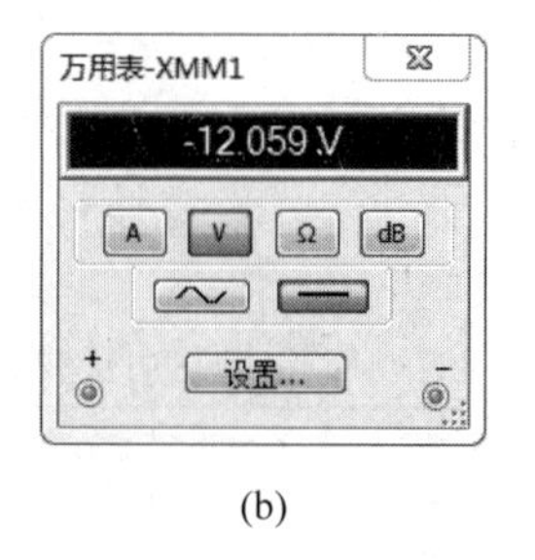

(b)

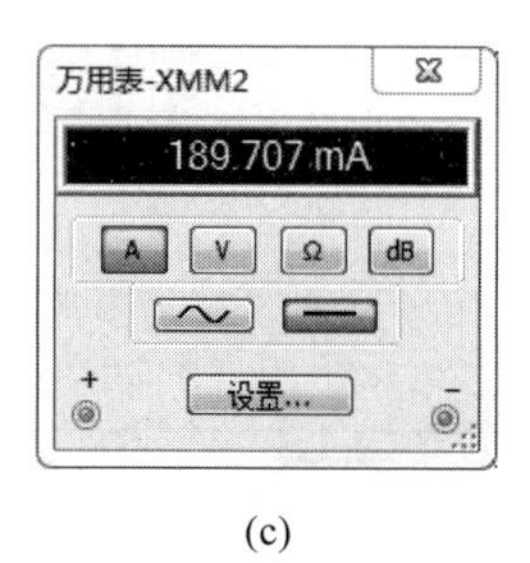

(c)

图 11-7　稳压二极管反向伏安特性仿真

表 11-5　稳压二极管正向伏安特性仿真数据

U/V	0	0.2	0.4	0.5	0.55	0.60	0.65	01.70	0.75
I/mA									

表 11-6　稳压二极管反向伏安特性仿真数据

U/V	0	−5	−10	−15	−20	−25	−30
I/mA							

根据各实验结果数据，可分别在坐标纸上绘制出各元器件的伏安特性曲线。

实验 2　叠加定理的仿真测试

1. 实验目的

(1) 验证线性电路叠加定理的正确性。

(2) 加深对线性电路叠加定理的认识和理解。

2. 实验原理

叠加定理指出：在有几个电源共同作用下的线性电路中，通过每一个元件的电流或其两端的电压，可以看成是由每一个电源单独作用时在该元件上所产生的电流或电压的代数和。

3. 叠加定理的验证仿真

实验电路如图 11-8 所示，图中的电源 I_S 为 15mA，恒压源 U_S 为 +12V。

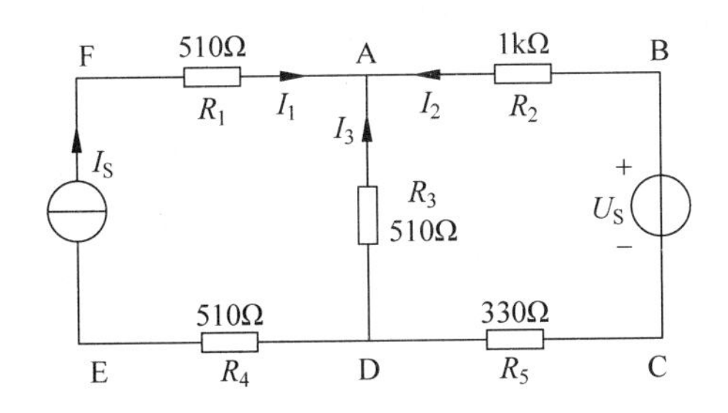

图 11-8　叠加定理实验电路

(1) 创建电路。从元件库中选择电压源、电流源、电阻创建叠加定理仿真电路。如图 11-9(a)所示。用万用表 XMM1 测得 I_2 = 2.364mA，如图 11-9(b)所示。同理测出电流源和电压源共同作用时其他元件的电压和电流，填入表 11-7 中。

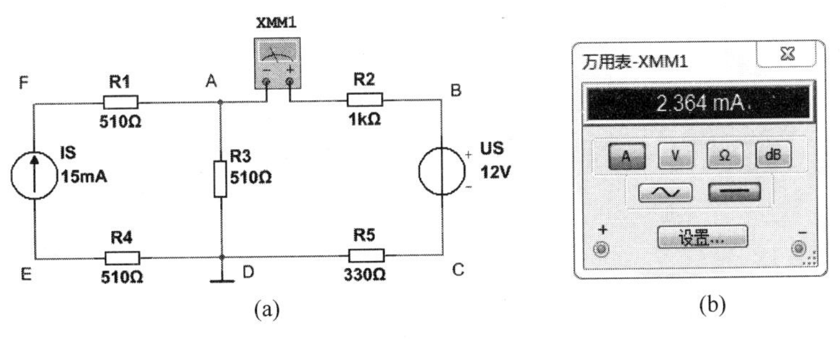

图 11-9　电压源和电流源共同作用时的仿真电路

表 11-7　叠加定理实验及仿真数据

实验内容	测量项目									
	I_S/mA	U_S/V	I_1/mA	I_2/mA	I_3/mA	U_{AB}/V	U_{CD}/V	U_{AD}/V	U_{DE}/V	U_{FA}/V
仿真 I_S 单独作用	15	0								
仿真 U_S 单独作用	0	12								
仿真共同作用	15	12								

(2) 让 $I_S=15$mA 电流源单独作用，$U_S=12$V 电压源短路，用万用表 XMM1 测得 $I_2'=-4.158$mA。仿真电路和万用表的示数分别如图 11-10(a)和(b)所示，同理测出电流源单独作用时其他元件的电压，电流填入表 11-7 中。

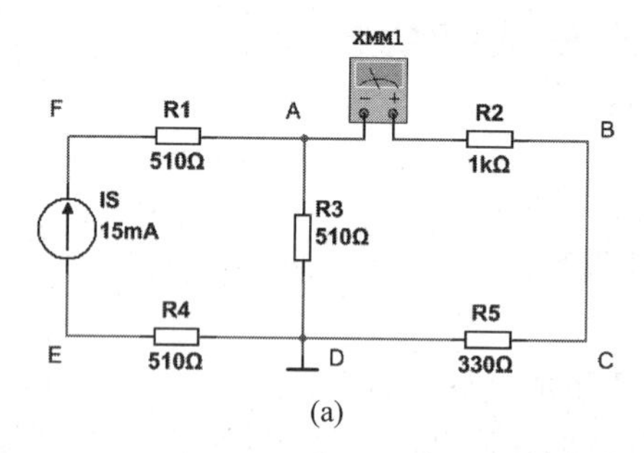

(a)

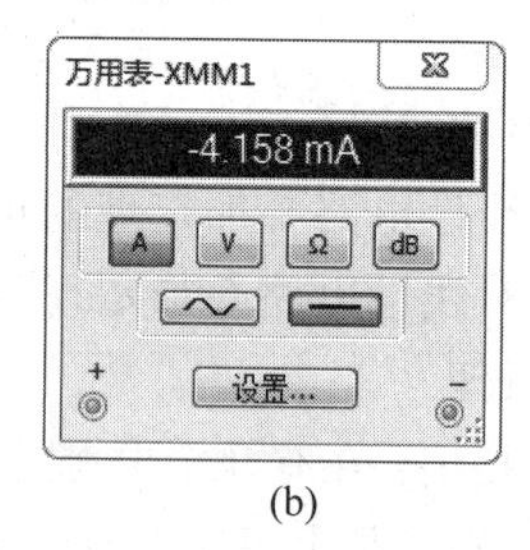

(b)

图 11-10　电流源单独作用时的仿真电路

(3) 让 $U_S=12$V 电压源单独作用，$I_S=15$mA 电流源开路，用万用表 XMM1 测得 $I_2''=6.522$A。仿真电路和万用表的示数分别如图 11-11(a)、(b)所示，同理测出电压源单独作用时其他元件的电压电流，电流填入表 11-7 中。

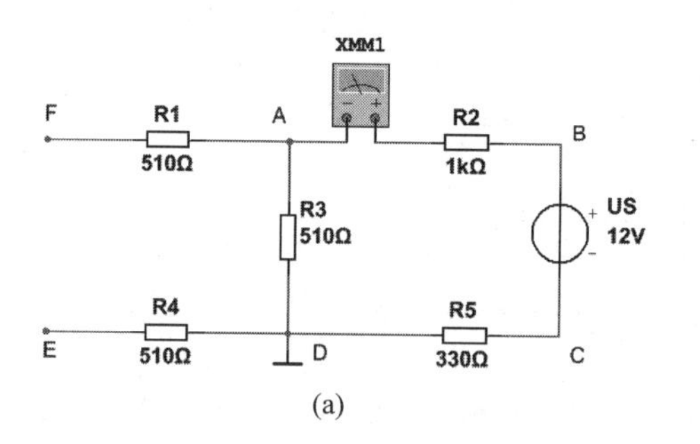

(a)

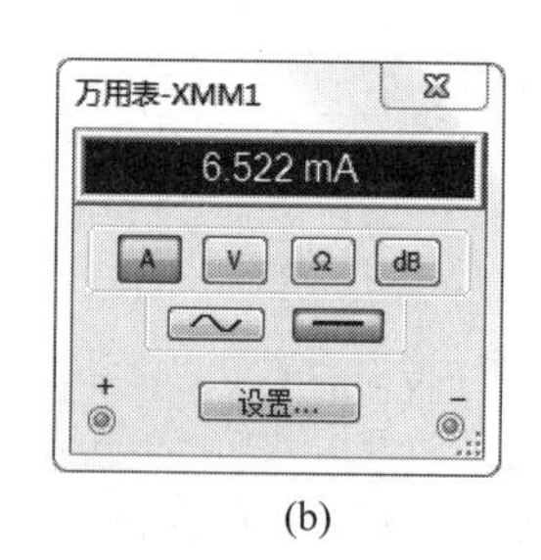

(b)

图 11-11　电压源单独作用时的仿真电路

根据表 11-7 实验数据，通过求各支路电流和各电阻元件两端电压，验证线性电路的叠加性。

实验 3　戴维南定理的验证及仿真测试

1. 实验目的

(1) 验证戴维南定理的正确性，加深对该定理的理解。

(2) 掌握测量有源二端网络等效参数的一般方法。

2. 实验原理

1）戴维南定理

戴维南定理指出：任何一个线性有源网络，总可以用一个等效电压源模型代替，该电压源模型的电动势 U_S 等于这个有源二端网络的开路电压 U_{OC}，其等效内阻 R_{eq} 等于该网络中所有独立源均置零（理想电压源视为短接，理想电流源视为开路）时的等效电阻，U_S 和 R_{eq} 称为有源二端网络的等效参数。

2）开路电压、短路电流法测 R_{eq}

在有源二端网络输出端开路时，用内阻较大的电压表直接测其输出端的开路电压 U_{OC}；将二端网络的输出端短路，用电流表测其短路电流 I_{SC}，则内阻为

$$R_{eq}=\frac{U_{OC}}{I_{SC}}$$

若二端网络的内阻值很低时，则不宜测其短路电流。

3. 戴维南定理的验证仿真

被测有源二端网络如图 11-12(a)所示。线路接入恒压源 $U_S=12V$ 和恒流源 $I_S=20mA$ 及可变电阻 R_L，其戴维南等效电路如图 11-12(b)所示。

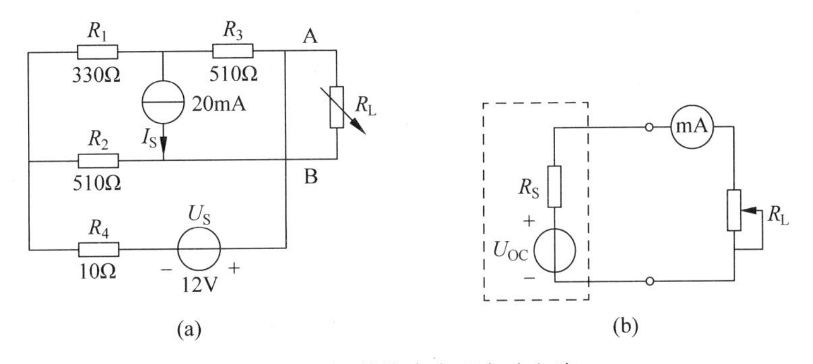

图 11-12 戴维南定理实验电路

1）测试开路电压 U_{OC} 和短路电流 I_{SC}

创建电路，将 AB 端开路，利用万用表 XMM1 测出开路电压 U_{OC} 和短路电流 I_{SC}，如图 11-13(a)所示，仿真结果如图 11-13(b)、(c)所示，将结果填入表 11-8 中。由开路短路法可计算，$R_{eq}=U_{OC}/I_{SC}$。

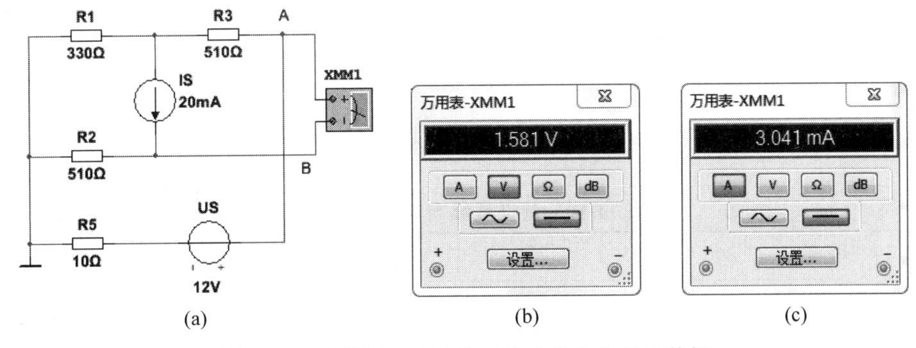

图 11-13 开路电压、短路电流法仿真电流及数据

表 11-8　开路电压、短路电流法实验数据

U_{OC}/V	I_{SC}/mA	计算 $R_{eq}=U_{OC}/I_{SC}$

2）负载实验

在 AB 端接入负载 R_L，使其阻值在 900～100Ω 之间变化，利用万用表 XMM1 测出负载两端的电压及流过负载的电流，仿真电路如图 11-14 所示。将仿真结果填入表 11-9 中。

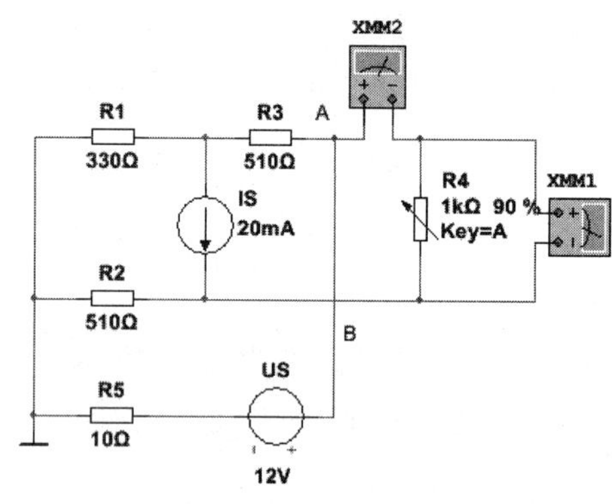

图 11-14　负载实验仿真电路

表 11-9　负载实验数据

R_L/Ω	900	800	700	600	500	400	300	200	100
U/V									
I/mA									

3）验证戴维南定理

根据开路电压和等效电阻，画出戴维南定理等效电路的仿真电路，如图 11-15 所示。将仿真结果填入表 11-10 中。

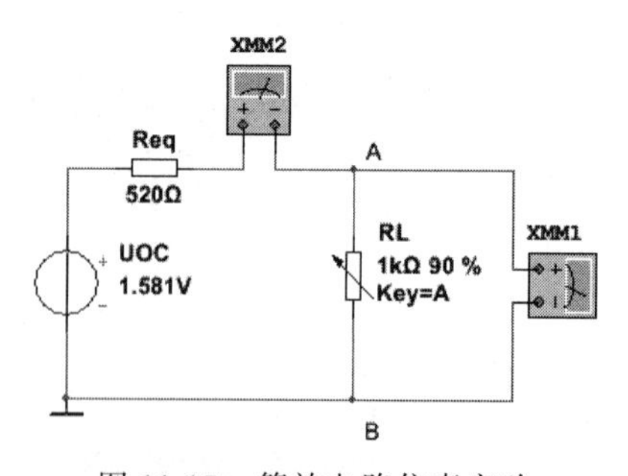

图 11-15　等效电路仿真实验

表 11-10　验证戴维南定理实验数据

R_L/Ω	900	800	700	600	500	400	300	200	100
U/V									
I/mA									

根据表11-9绘出外特性曲线，根据表11-9和表11-10的数据，可验证戴维南定理的正确性。

实验4 电压源与电流源的等效变换

1. 实验目的

(1) 掌握建立电源模型的方法。

(2) 掌握电源外特性的测试方法。

(3) 加深对电压源和电流源特性的理解。

(4) 验证电压源与电流源等效变换的条件。

2. 实验原理

1) 电压源和电流源

电压源具有端电压保持恒定不变，而输出电流的大小由负载决定的特性。其外特性，即端电压U与输出电流I的关系$U=f(I)$是一条平行于I轴的直线。

电流源具有输出电流保持恒定不变，而端电压的大小由负载决定的特性。其外特性，即输出电流I与端电压U的关系$I=f(U)$是一条平行于U轴的直线。

2) 实际电压源和实际电流源

实际上任何电源内部都存在电阻，通常称为内阻。因此，实际电压源可以用一个内阻R_S和电压源U_S串联表示，其端电压U随输出电流I的增大而降低。在实验中，可以用一个小阻值的电阻与恒压源串联来模拟一个实际电压源。

实际电流源是用一个内阻R_S和电流源I_S并联表示，其输出电流I随端电压U增大而减小。在实验中，可以用一个大阻值的电阻与恒流源并联来模拟一个实际电流源。

3) 实际电压源和实际电流源的等效互换

一个实际的电源，就其外部特性而言，既可以看成是一个电压源，又可以看成是一个电流源。若视为电压源，则可用一个电压源U_S与一个电阻R_S串联表示；若视为电流源，则可用一个电流源I_S与一个电阻R_S并联表示。若它们向同样大小的负载供出同样大小的电流和端电压，则称这两个电源是等效的，即具有相同的外特性。

实际电压源与实际电流源等效变换的条件如下。

(1) 取实际电压源与实际电流源的内阻均为R_S。

(2) 已知实际电压源的参数为U_S和R_S，则实际电流源的参数为$I_S=\dfrac{U_S}{R_S}$和R_S，若已知实际电流源的参数为I_S和R_S，则实际电压源的参数为$U_S=I_SR_S$和R_S。

3. 电压源与电流源等效变换的仿真

1) 测定理想电压源与实际电压源的外特性

实验电路如图11-16所示，图中U_S为恒压源，调节其输出为+6V，R_L为可调电阻，调节R_L阻值，记录图11-16(a)中电压表和电流表读数，测出理想电压源的特性。记录图11-16(b)中电压表和电流表读数，测出实际电压源的外特性。

创建仿真电路，如图11-17所示。调节电位器R_L，令其阻值由大至小变化，将电流表、电压表的读数记入表11-11中，由测量数据可得理想电压源的恒压特性。

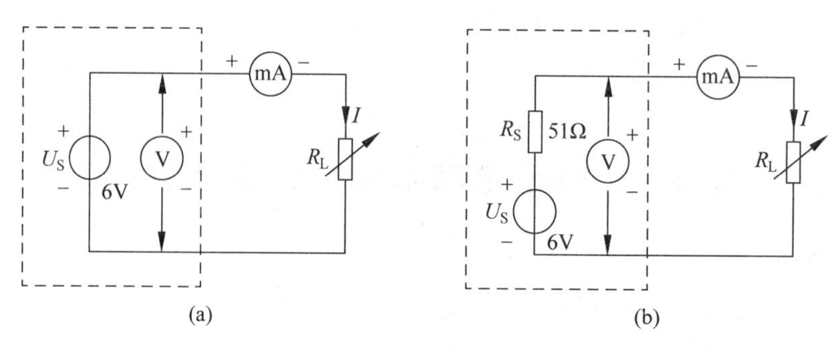

图 11-16　理想电压源和实际电压源的外特性测试电路

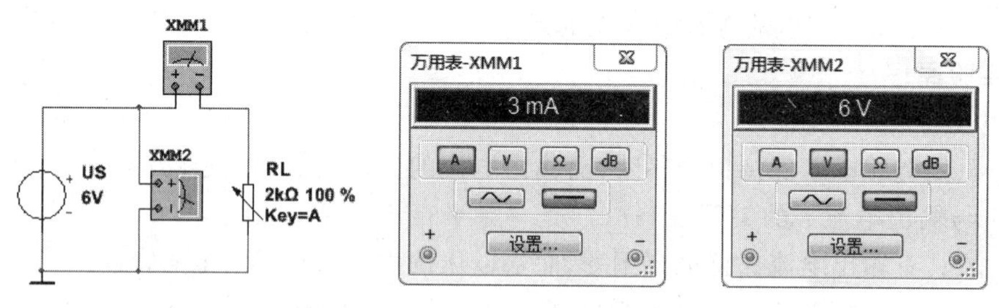

图 11-17　理想电压源的测试电路

表 11-11　理想电压源的测试数据

R_L/Ω	∞	2000	1500	1000	800	500	300	200
U/V								
I/mA								

在图 11-17 所示电路中，将电压源改成实际电压源，如图 11-18 所示，图中内阻 R_S 取 51Ω 的固定电阻，调节电位器 R_L，令其阻值由大至小变化，将电流表、电压表的读数记入表 11-12 中。

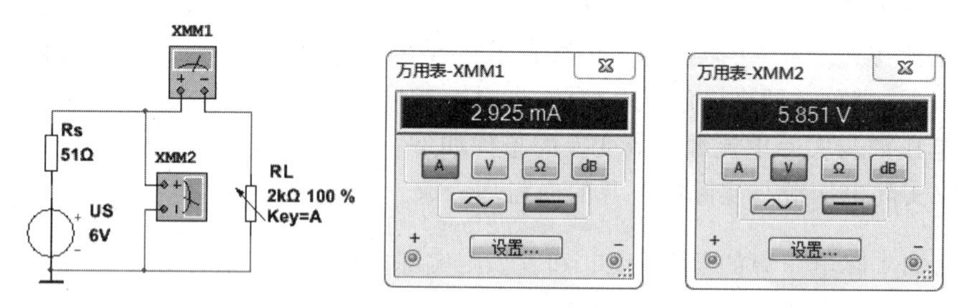

图 11-18　实际电压源的测试电路

表 11-12　实际电压源的测试数据

R_L/Ω	∞	2000	1500	1000	800	500	300	200
U/V								
I/mA								

2）测定理想电流源与实际电流源的外特性

将图 11-16(a)中的电压源改为 5mA 的电流源，调节电位器 R_L，记录电压表和电流表读数，可测出理想电流源的特性。在图 11-19 所示电路中，I_S 为 5mA 恒流源，在 R_S 为 1kΩ 和∞的情况下，调节电位器 R_L，令其阻值由大至小变化，将电流表、电压表的读数记入自拟的数据表格中，可测出实际电流源的外特性。

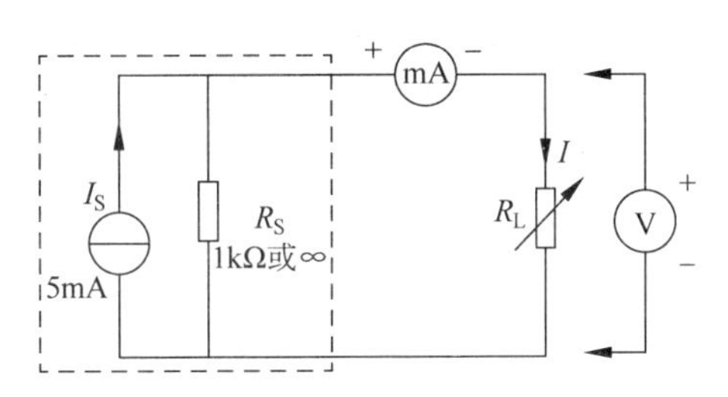

图 11-19　理想电流源和实际电流源的外特性测试电路

创建仿真电路如图 11-20 所示。调节电位器 R_L，令其阻值由大至小变化，将电流表、电压表的读数记入表 11-13 中，由测量数据可得理想电流源的恒压特性。

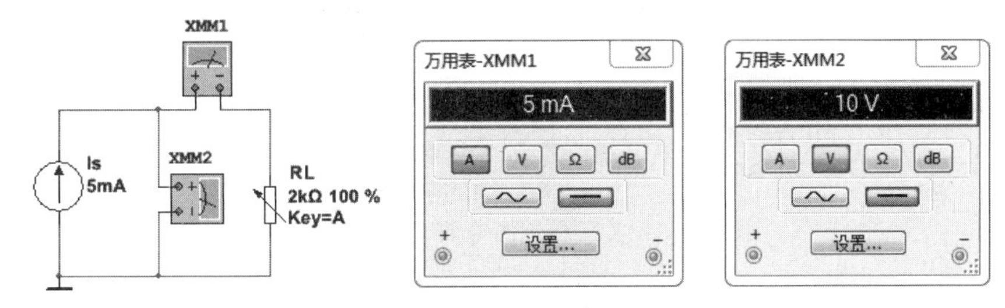

图 11-20　理想电流源的测试电路

表 11-13　理想电流源的测试数据

R_L/Ω	∞	2000	1500	1000	800	500	300	200
U/V								
I/mA								

3）研究电源等效变换的条件

按图 11-21 电路接线，其中(a)、(b)图中的内阻 R_S 均为 51Ω，负载电阻 R_L 均为 200Ω。

在图 11-21(a)电路中，将 U_S 调到＋6V，记录电流表、电压表的读数。调节图 11-21(b)电路中的恒流源 I_S，令两表的读数与图 11-21(a)的数值相等，记录 I_S 的值，验证等效变换条件的正确性。

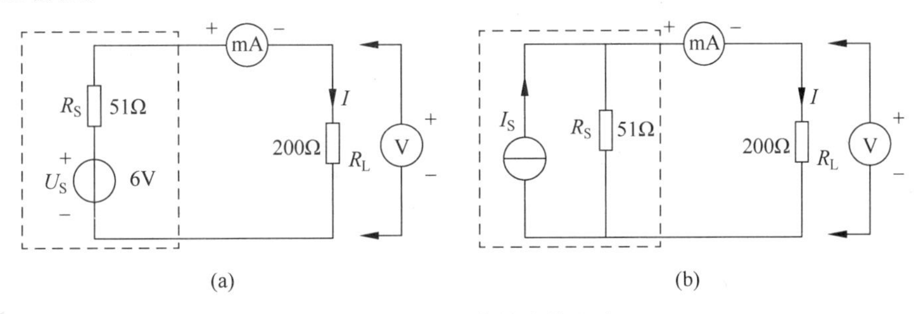

图 11-21　电源等效变换电路

创建仿真电路如图 11-22 和图 11-23 所示。从仿真数据可得实际电压源和实际电流源相互转换的条件。

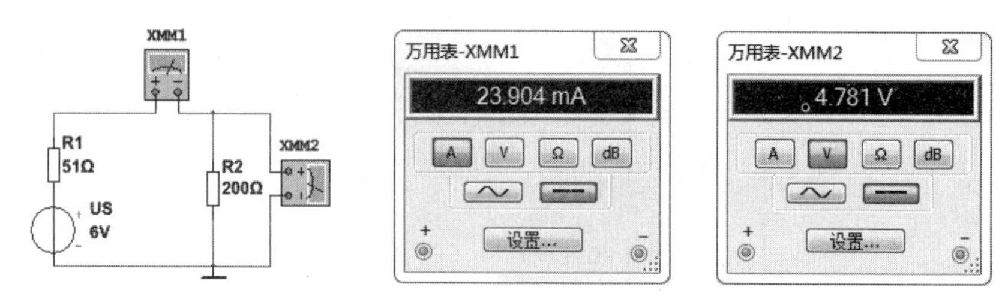

图 11-22　实际电压源等效变换仿真电路

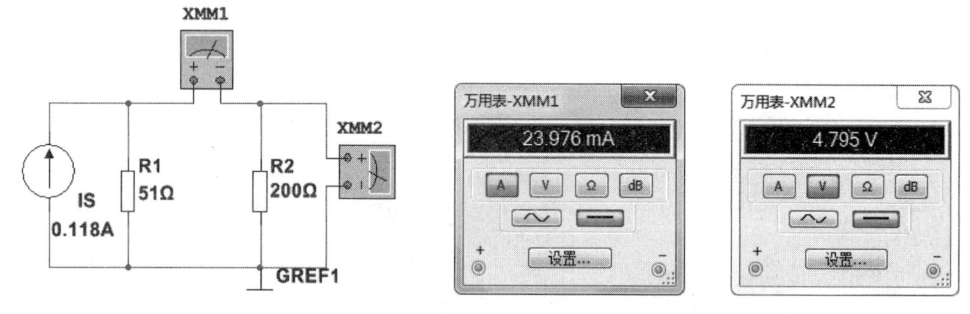

图 11-23　实际电流源等效变换仿真电路

实验 5　电阻温度计的设计与实现

1. 实验目的

(1) 了解非电量转为电量的一种实现方法。

(2) 掌握电桥测量电路的基本设计。

(3) 熟悉利用 Multisim 14 进行电路仿真设计的方法。

(4) 训练自行设计、制作、调试电路的技能。

2. 实验原理

电桥测量电路如图 11-24 所示。图中安倍表 A 两端的电压为

$$u_{\mathrm{bd}}=u_{\mathrm{bc}}+u_{\mathrm{cd}}=\frac{R_2}{R_1+R_2}U_{\mathrm{S}}-\frac{R_3}{R_{\mathrm{x}}+R_3}U_{\mathrm{S}}=\frac{R_2R_{\mathrm{x}}-R_1R_3}{(R_1+R_2)(R_{\mathrm{x}}+R_3)}U_{\mathrm{S}}$$

当 $R_2R_{\mathrm{x}}=R_1R_3$ 时，电桥达到平衡，安倍表 A 的指示为零，此时令 $R_{\mathrm{x}}=R_{\mathrm{x0}}$。则当 $R_{\mathrm{x}}\neq R_{\mathrm{x0}}$ 时，电桥平衡条件被破坏，就会有电流流过检流计，且电流的大小随电阻阻值 R_{x} 而变化。

利用电桥这一特性可制成各种仪器设备，如要制作电阻温度计，取 R_{x} 为热敏电阻，其阻值随温度的变化而变化，随着阻值的变化，流过检流计的电流也随之变化，从而将温度 T 这一非电量转变为电流 I 这一电量。同理，如果当 R_{x} 分别为压敏电阻、湿敏电阻、光敏电阻时，则可以相应地制作成压力计、湿度计、照度计等测量仪器。

3. 电阻温度计的设计仿真

制作电阻温度计时，R_x 应选用热敏电阻 R_T。

(1) 选择合适的电阻及电源参数，利用 Multisim 虚拟实验台设计如图 11-25 所示的电桥测量仿真电路，其中万用表设置成电流表，调整电阻 R_1 的阻值，测量电流表的读数 I。

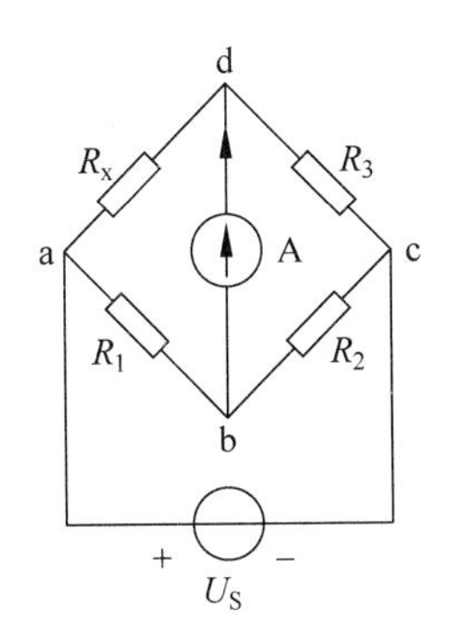

图 11-24 电桥测量电路

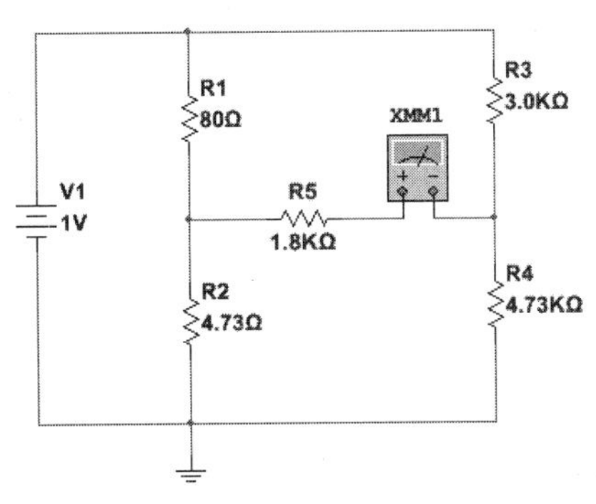

图 11-25 电桥测量电路

(2) 利用步骤(1)设计出的电路进行实际测量，记录仿真数据并与表 11-14 所示的理论计算数据进行比较。

表 11-14 理论计算数据

R_4	I
3.000E+03	−3.638E−20
1.850E+03	2.154E−05
1.180E+03	4.114E−05
8.000E+02	5.635E−05
5.500E+02	6.878E−05
3.500E+02	8.057E−05
2.400E+02	8.794E−05
1.800E+02	9.226E−05
1.400E+02	9.528E−05
1.100E+02	9.761E−05
8.000E+01	1.000E−04

(3) 利用设计的电路图及计算测量的数据，标定温度表刻度，制作出电阻温度计。

(4) 用水银温度计作标准，以一杯开水逐渐冷却的温度作测试对象，对自制的温度计误差进行调试。

实验 6 RLC 无源单口网络的设计与参数的测定

1. 实验目的

(1) 掌握交流电压表、电流表、双线圈仪表的使用方法，强化基本技能的实际训练。

(2) 掌握测试(间接测试)交流参数的方法。

(3) 初步掌握非工频电路元件各项参数的测试与计算方法。

2. 实验原理

1) 三表法

交流电路中常用的实际无源元件有电阻器、电感器和电容器。在工频情况下,常需要测定电阻器的电阻参数、电容器的电容参数和电感器的电阻参数与电感参数。测量电路交流参数的方法主要分为两类。一类是应用电压表和电流表及功率表等测量有关的电压、电流和功率,根据测得的电路量计算出待测电路参数,属于仪表间接测量法。另一类是应用专用仪表,如各种类型的电桥,直接测量电阻、电感和电容等。本实验采用仪表间接测量法,又称三表法。下面对这一方法做简要介绍。

正弦交流激励下的元件值或阻抗值,可以用交流电压表、交流电流表及功率表分别测量出元件两端的电压 U,流过该元件的电流 I 和它所消耗的功率 P,然后通过计算得到所求的各值,这种方法即为三表法,是测量 50Hz 交流电路参数的基本方法。

计算的基本公式如下。

串联电路复阻抗的模 $|Z|=\dfrac{U}{I}$;阻抗角 $\varphi=\arctg\dfrac{X}{R}$。

等效电阻 $R=|Z|\cos\varphi$ 或 $R=\dfrac{P}{I^2}$;等效电抗 $X=|Z|\sin\varphi$ 或 $X=\sqrt{|Z|^2-R^2}$。

$X=X_L=2\pi fL$ 或 $X=X_C=\dfrac{1}{2\pi fC}$。

2) 功率表的结构、接线与使用

功率表(又称为瓦特表)是一种线圈式仪表,其电流线圈与负载串联(两个电流线圈可串联或并联,因而可得两个电流量限),其电压线圈与负载并联,有三个量限,电压线圈可以与电源并联使用,也可以和负载并联使用,此即为并联电压线圈的前接法与后接法之分,后接法测量会使读数产生较大的误差,因并联电压线圈所消耗的功率也计入了功率表的读数之中。图 11-26 是功率表并联电压线圈前接法的外部连接线路。

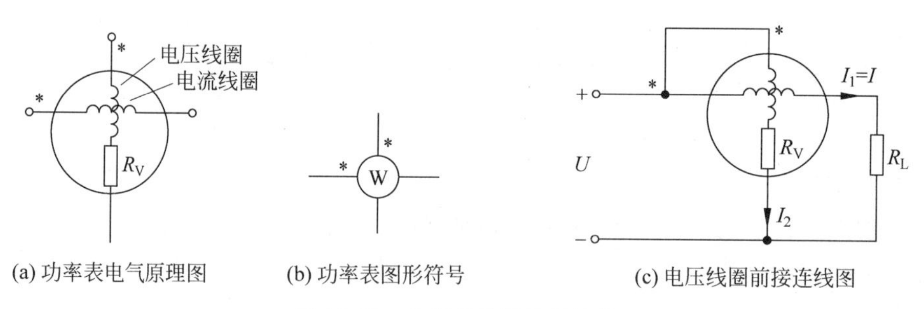

图 11-26　功率表的结构及连接

3. 测量 RLC 构成的电路等效参数的仿真

设计一电路,同时含有 R、L、C 元件,连接方式不限,测量负载电压、电流、功率以及功率因数并计算电路等效参数。这里设计一电路如图 11-27 所示,其中,电阻元件用 600Ω 电阻器,电感值为 1.2H,电容元件用 400V/1μF 的电容器构成。

从元件库中选择交流电压源、电阻、电感、电容,创建仿真电路如图 11-28 所示。同时接万用表 XMM1、XMM2,功率表 XWM1,分别选择交流电流挡、交流电压挡,可得总电压为

219.996V,电路总电流为278.066mA,电路的有功功率为57.408W,如图11-29所示。将实验数据填入表11-15中。

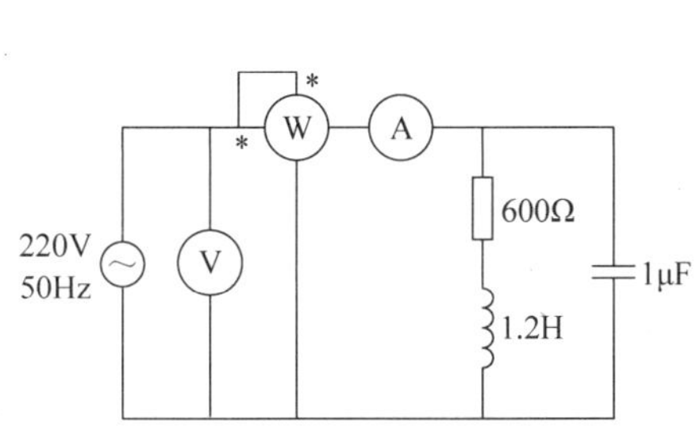

图 11-27 RLC 网络参数测试

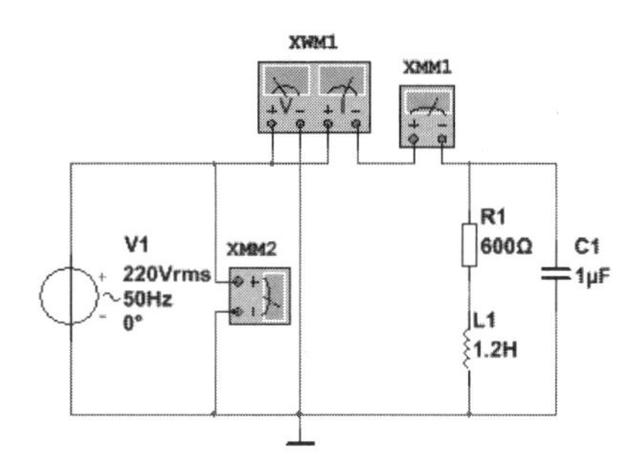

图 11-28 RLC 网络参数测试仿真电路

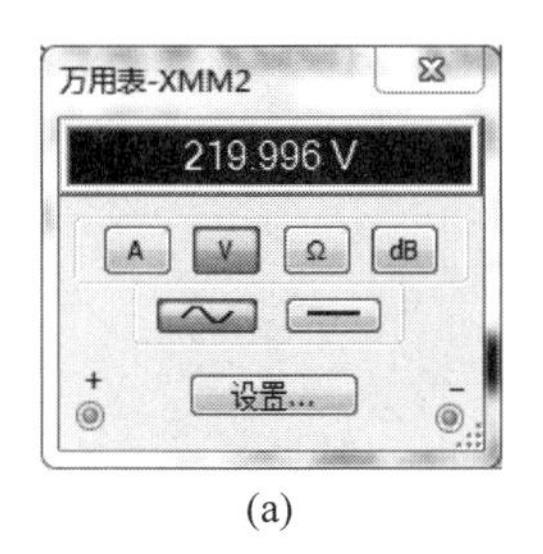

(a)

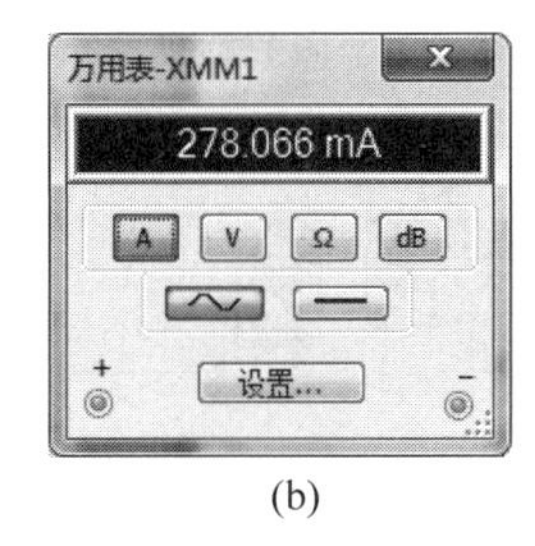

(b)

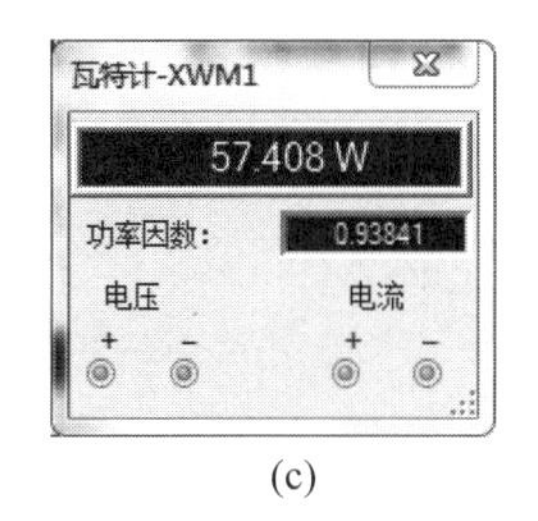

(c)

图 11-29 电压表、电流表和有功功率表的示数

表 11-15 测量数据表格

测 量 值			计 算 值		电路等效参数		
U/V	I/A	P/W	$\|z\|$/Ω	$\cos\varphi$	R/Ω	L/mH	C/μF

根据实验测量数据,计算出电路的等效参数。

实验 7 功率因数的提高

1. 实验目的

(1) 研究并联于感性负载的电容器提高功率因数的作用,通过实验进一步体会提高功率因数的实际意义。

(2) 掌握瓦特表的正确使用方法。

2. 实验原理

电力系统的主要用户是工厂,工厂的负载如感应电动机、变压器、感应炉等都是感性的,它们的功率因数一般都较低,低功率因数的负载对电力系统的运行有以下影响。

(1) 不能充分利用电源的容量。一定容量的电源只能供给较少的功率,或者,对于一定功率的负载需要较大容量的电源。

(2) 对于一定的负载功率需要较大的电流,从而增加了输电线路的功率损耗,降低了传输效率。

由于以上原因,往往需要在感性负载端并联电容器或同步补偿器以提高功率因数。

3. 功率因数的提高实验仿真

实验电路如图 11-30 所示，其中 300Ω 电阻和 0.8H 电感串联为日光灯的等效电路。从元件库中选择交流电压源、电阻、电感、电容、电压表、电流表和功率表，创建仿真电路如图 11-31 所示。

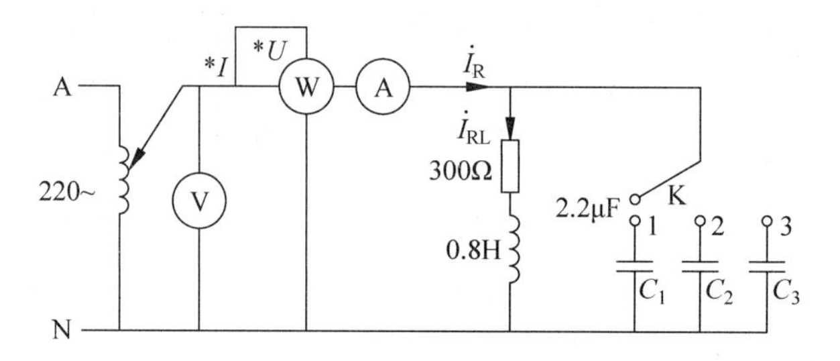

图 11-30 功率因数的提高实验电路

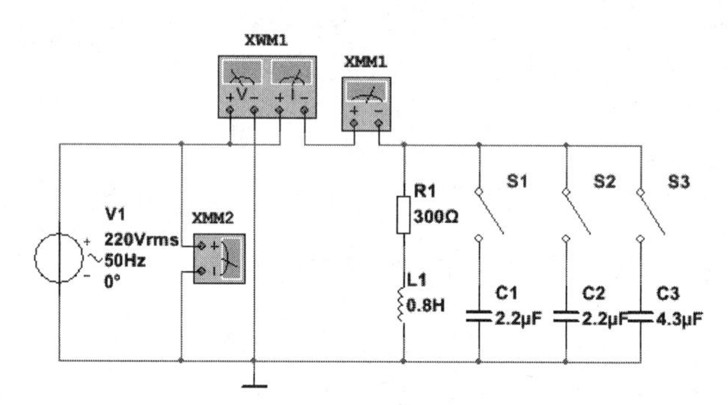

图 11-31 功率因数提高仿真电路

在交流电源电压为 220V 时，分别测量在未接入电容和接入 2.2μF、4.4μF、6.5μF 电容时的功率因数、电路中的电流、R_1 和 L_1 上的电压。图 11-32 所示为未接入电容、接入 2.2μF、4.4μF、6.5μF 电容时电路总的有功功率、功率因数及电路的电流，记录于表 11-16。通过测量数据，计算电路的等效电阻、日光灯的功率及电路的等效电感。

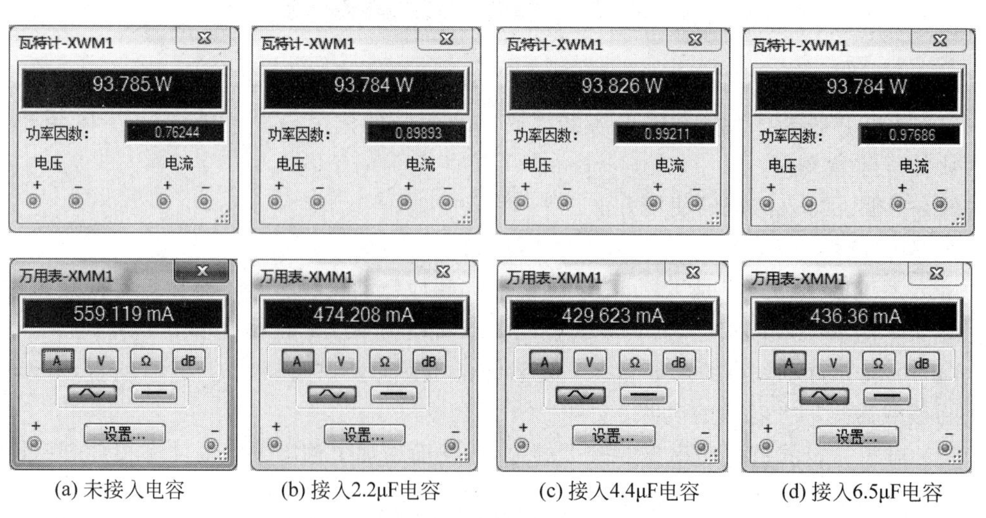

(a) 未接入电容　(b) 接入2.2μF电容　(c) 接入4.4μF电容　(d) 接入6.5μF电容

图 11-32 功率因数提高电路仿真结果

表 11-16 实验数据表格

实验内容	测量数值						计算值		
	P/W	I/A	U_1/V	U_R	U_L	$\cos\varphi$	等效电阻 R	$P_{灯}$	L
不接电容时									
2.2μF			—				—	—	—
4.4μF			—				—	—	—
6.5μF			—				—	—	—

请你通过表 11-16 仿真数据回答以下问题得出一般性结论。

(1) 并联电容后,电路的功率因数如何变化?

(2) 功率因数提高后,电路总的电流如何变化?

(3) 并联电容提高功率因数过程中,电路总的有功功率如何变化?

实验 8 三相电路电压、电流的测量

1. 实验目的

(1) 研究三相负载作星形(Y形)或三角形(△形)联结时,在对称和不对称情况下线电压与相电压(或线电流和相电流)的关系。

(2) 比较三相供电方式中三线制和四线制的特点。

(3) 了解非对称负载作星形联结时,中线的作用。

2. 实验原理

电源用三相四线制向负载供电,三相负载可接成星形或三角形。

1) 三相对称负载

作Y形联结时,线电压 U_L 是相电压 U_P 的$\sqrt{3}$倍,线电流 I_L 等于相电流 I_P,流过中线的电流 $I_N=0$;作△形联结时,线电压 U_L 等于相电压 U_P,线电流 I_L 是相电流 I_P 的$\sqrt{3}$倍。

2) 不对称三相负载

作Y形联结时,必须采用Y_0 接法,中线必须牢固联结,以保证三相不对称负载的每相电压等于电源的相电压(三相对称电压)。若中线断开,会导致三相负载电压的不对称,致使负载轻的那一相的相电压过高,使负载遭受损坏,负载重的一相相电压又过低,使负载不能正常工作。

不对称负载作△形联结时,$I_L \neq I_P$,但只要电源的线电压 U_L 对称,加在三相负载上的电压仍是对称的,对各相负载工作没有影响。

在本实验中,用三相调压器调压输出作为三相交流电源,用三组白炽灯作为三相负载,线电流、相电流、中线电流用电流插头和插座测量。

3. 三相电压、电流测量的仿真

(1) 创建三相对称负载Y形联结等效电路如图 11-33 所示。其中 X1~X3 为 220V、25W 的灯泡。U、V、W 为有效值同为 220V、频率同为 50Hz、相位互差 120°的对称三相电压源。XMM1~XMM3 为交流电流表,测量线电流 I_A、I_B、I_C。XMM5~XMM7 测量三个相电压。XMM4 既可以测量中线电流,又可以测量中点电压。由图 11-33 可测出表 11-17 的

前两行数据，即三相负载对称有中线时各相电流、中线电流和各相电压，三相负载对称无中线时各相电流、各相电压、电源中性点和负载中性点之间的电压。

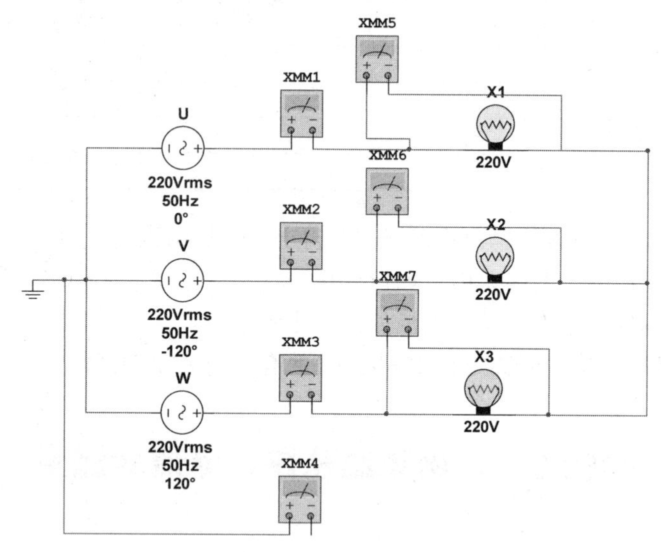

图 11-33　三相对称负载Y形联结时的仿真电路

表 11-17　Y形联结实验测量数据表格

实验内容（负载情况）	测量数据												
	开灯组数			线电流/A			线电压/V			相电压/V			中性电流	中点电压
	A 相	B 相	C 相	I_A	I_B	I_C	U_{AB}	U_{BC}	U_{CA}	$U_{AN'}$	$U_{BN'}$	$U_{CN'}$	I_0/A	$U_{N'N}$/V
Y_0 形联结对称负载	1	1	1											—
Y形联结对称负载	1	1	1										—	
Y_0 形联结不对称负载	1	2	1											—
Y形联结不对称负载	1	2	1										—	
Y_0 形联结 B 相断开	1	0	1											—
Y形联结 B 相断开	1	0	1											

在图 11-33 所示三相对称负载的基础上，在 V 相再串联一个 220V、25W 的灯泡，可得三相不对称电路，重复刚才的过程，可测出表 11-17 的第 3、4 行数据。

在图 11-33 所示电路中，将 X2 等去掉，可得 V 相负载断路时的仿真，可测出表 11-17 的第 5、6 行数据。

将表 11-17 中的仿真数据进行比较，得出一般性结论。

① 当三相电源对称，三相负载对称做Y形联结时，线电压和相电压的关系。

② 当三相电源对称，三相负载对称做Y形联结时，中线电流的大小。

③ 当三相电源对称，三相负载不对称做Y形联结时，中点电压的大小。

（2）按照图 11-34 创建三相对称负载△形联结等效电路。其中 XMM1～XMM6 为交流电流表，XMM1～XMM3 测量线电流 I_A、I_B、I_C；XMM4～XMM6 测量相电流 I_{AB}、I_{BC}、I_{CA}。再利用三块电压表可以测出 U_{AB}、U_{BC}、U_{CA} 的值。由图 11-34 可测出表 11-18 的第一行数据。

在图 11-34 所示三相对称负载的基础上，在 V 相再串联一个 220V、25W 的灯泡，可得三相不对称电路，重复刚才的过程，可测出表 11-18 的第 2 行数据。

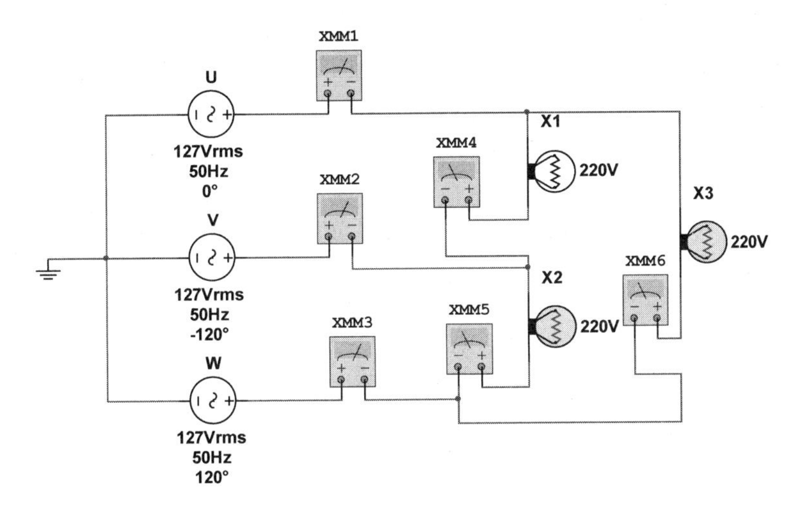

图 11-34　三相对称负载△形联结仿真电路

表 11-18　△形联结实验数据表格

测量数据 负载情况	开灯组数			线电压/V			线电流/A			相电流/A		
	AB 相	BC 相	CA 相	U_{AB}	U_{BC}	U_{CA}	I_A	I_B	I_C	I_{AB}	I_{BC}	I_{CA}
三相对称	1	1	1									
三相不对称	1	2	1									

将表 11-18 中的仿真数据进行比较，得出一般性结论。

① 当三相电源对称，三相负载对称做△形联结时，线电流和相电流的关系。

② 当三相电源对称，三相负载不对称做△形联结时，线电流和相电流的关系。

实验 9　三相电路功率的测量及相序指示器

1. 实验目的

(1) 学会用功率表测量三相电路功率的方法。

(2) 掌握功率表的接线和使用方法。

(3) 掌握判定相序的方法。

2. 实验原理

1) 三相有功功率的测量

三相负载对称Y形联结时，可以采用一表法进行测量。三相负载Y形联结不对称时，可以采用三表法进行测量。三相三线制时，可以采用两表法进行测量。

2) 三相电源相序的测定

三相电源的相序可根据中点位移的原理用实验的方法来测定。实验所用的无中线星形不对称负载(相序器)如图 11-35 所示。负载的一相是电容器，另外两相是瓦数相同的白炽灯。适当选择电容器 C 的值,可使两个灯泡的亮度有明显的差别。根据理论分析可知,灯泡较亮的一相相位超前于灯泡较暗的一相,而滞后于接电容的一相。

3. 三相功率测量的仿真

1) 三相四线制供电,测量负载星形联结(即Y_0 接法)的三相功率

(1) 用一表法测定三相对称负载的三相功率,实验电路如图 11-36 所示。创建电路,从元件库中选择电压源 V1、V2、V3,设定电压有效值为 220V,相位分别为 0°、−120°、120°,频率为 50Hz;选择三相对称负载为额定电压 220V、额定功率 25W 的白炽灯;选择虚拟瓦特表 XWM1、XWM2、XWM3,用三表法测量,仿真电路如图 11-37(a)所示。三块功率表的示数如图 11-37(b)所示。

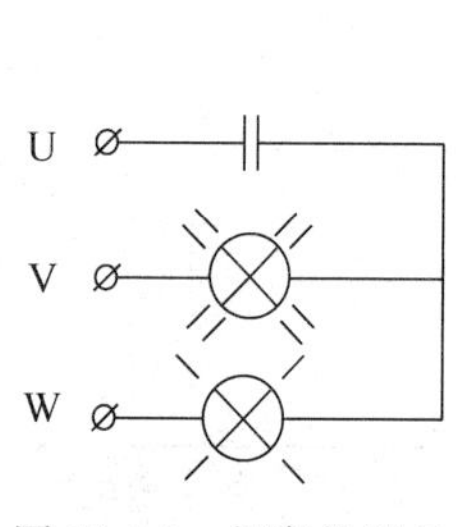

图 11-35　相序的测量

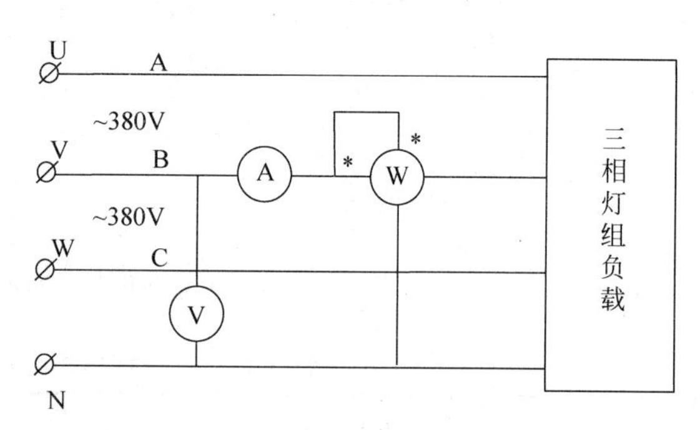

图 11-36　一表法测量三相电路的功率

(2) 将图 11-37(a)中,每次保留一块功率表,测量三次,即一表法。可仿真得出表 11-19 的第 1 行数据。

(3) 将图 11-37(a)中的 B 相灯泡再串联一个 220V、25W 灯泡,可仿真出表 11-19 的第 2 行数据。

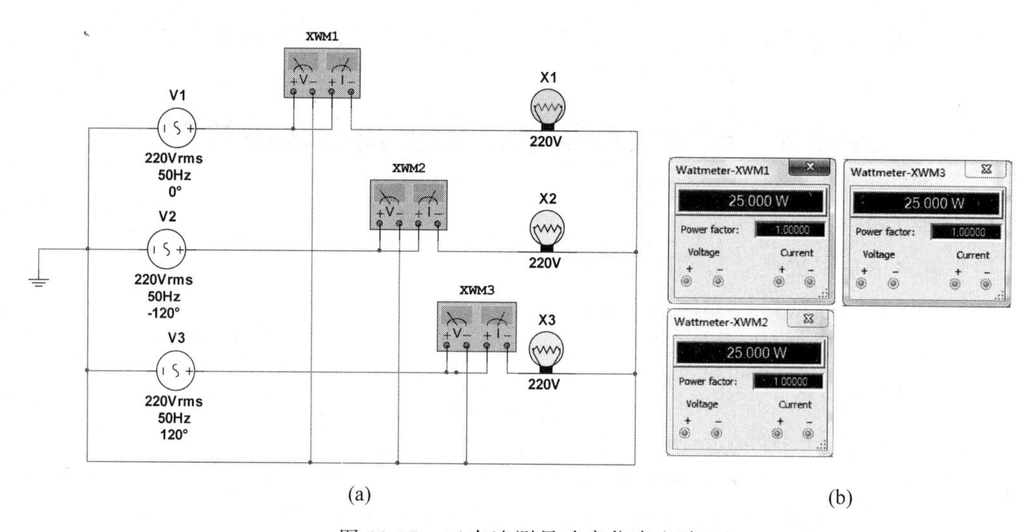

图 11-37　三表法测量功率仿真电路

表 11-19　一表法测量三相电路功率的数据表格

负载情况	开灯组数			测量数据			计算值
	A相	B相	C相	P_A/W	P_B/W	P_C/W	$\sum P$/W
Y_0形联结对称负载	1	1	1				
Y_0形联结不对称负载	1	2	1				

2）三相三线制供电，测量三相负载功率

（1）用二瓦计表法测量三相负载Y形联结的三相功率，实验电路如图11-38所示。创建二表法的仿真电路。如图11-39(a)所示。可仿真得出表11-20中的第1行数据。两块功率表的示数如图11-39(b)所示。

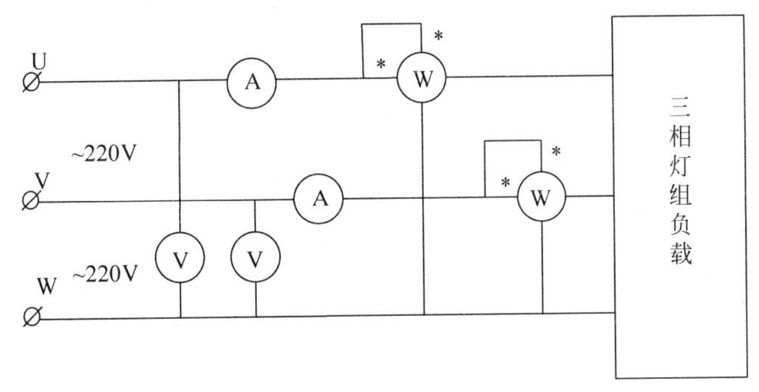

图11-38　二表法测量三相电路的功率

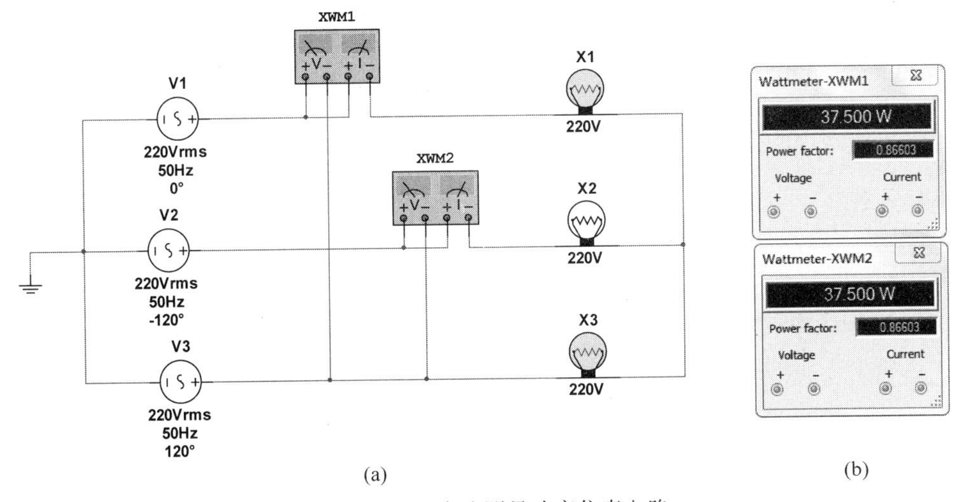

(a)　　(b)

图11-39　二表法测量功率仿真电路

（2）将B相再接入一个220V、25W灯泡，可仿真出表11-20中的第2行数据。

（3）将三相灯组负载改成△形联结，创建仿真电路，可仿真出表11-20中的第3行和第4行的数据。

将两块功率表的示数相加，即为三相电路总的有功功率。

3）三相相序的测量

按图11-35连线，C为45μF/4500V，R_1、R_2为220V、20W灯泡，电容接入U相，则V相灯泡比W相灯泡亮。

表 11-20　二表法测量三相电路的功率

负载情况	开灯组数			测量数据		计算值
	A 相	B 相	C 相	P_1/W	P_2/W	$\sum P/W$
Y形联结平衡负载	1	1	1			
Y形联结不平衡负载	1	2	1			
△形联结不平衡负载	1	2	1			
△形联结平衡负载	1	1	1			

实验 10　谐振电路的仿真

1. 实验目的

(1) 测定 RLC 串联谐振电路的频率特性曲线。

(2) 观察串联谐振现象，了解电路参数对谐振特性的影响。

2. 实验原理

1) 谐振频率

在图 11-40 所示的 RLC 串联电路中，电路复阻抗 $Z=R+\mathrm{j}\left(\omega L-\frac{1}{\omega C}\right)$是电源角频率 ω 的函数。

当 $\omega L=\frac{1}{\omega C}$时，$Z=R$，$\dot{U}$ 与 $\dot{I}$ 同相，电路处于串联谐振状态，谐振角频率为

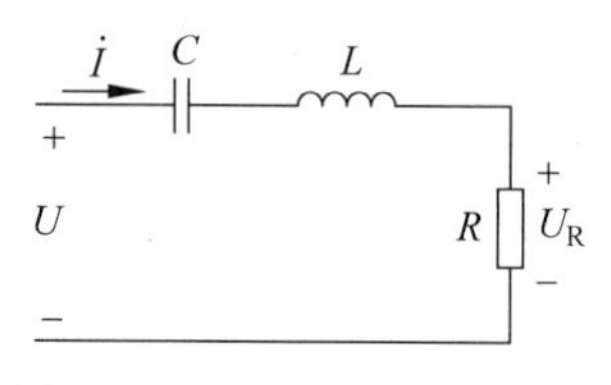

图 11-40　RLC 串联谐振电路

$$\omega_0=\frac{1}{\sqrt{LC}}$$

谐振频率为

$$f_0=\frac{1}{2\pi\sqrt{LC}}$$

显然，谐振频率仅与 L、C 的数值有关，而与电阻 R 和激励电源的角频率 ω 无关。

2) 电路谐振时的特性

(1) 由于回路总电抗 $X_0=\omega_0 L-\frac{1}{\omega_0 C}=0$，因此，回路阻抗 Z_0 为最小值，整个电路相当于纯电阻电路，激励源的电压与回路的响应电流同相位。

(2) 由于感抗 $\omega_0 L$ 与容抗$\frac{1}{\omega_0 C}$相等，所以，电感上的电压 U_L 与电容上的电压 U_C 数值相等，相位相差 180°。电感上的电压(或电容上的电压)与激励电压之比称为品质因数 Q，即

$$Q=\frac{U_\mathrm{L}}{U}=\frac{U_\mathrm{C}}{U}=\frac{\omega_0 L}{R}=\frac{\frac{1}{\omega_0 C}}{R}=\frac{\sqrt{\frac{L}{C}}}{R}$$

在 L 和 C 为定值的条件下，Q 值仅仅取决于回路电阻 R 的大小。

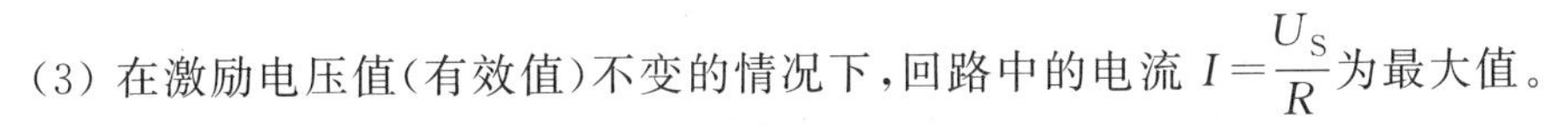

(3) 在激励电压值(有效值)不变的情况下,回路中的电流 $I=\dfrac{U_S}{R}$ 为最大值。

3. 串联谐振电路的仿真

1) 创建电路

从元器件库中选择电压源、电阻、电容、电感,接成串联电路,电压源的频率 $f_0=156\text{Hz}$,电感 $L_1=1\text{mH}$,电容 $C_1=1\text{mF}$,满足串联电路发生谐振的条件 $f_0=\dfrac{1}{2\pi\sqrt{LC}}$,如图 11-41 所示。选择双综示波器观察串联谐振电路外加电压与谐振电流的波形,选择波特图仪测定频率特性。

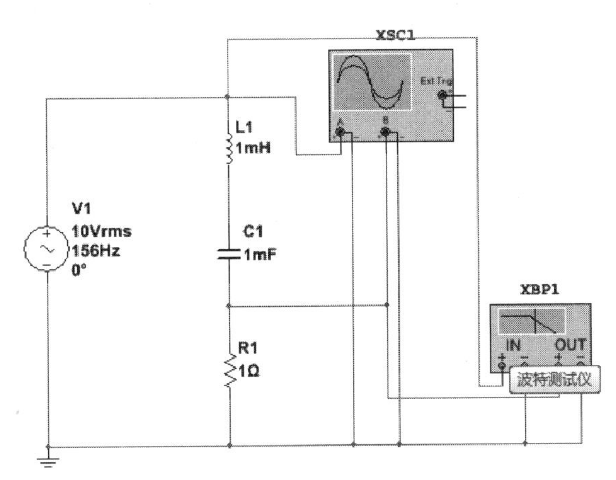

图 11-41 串联谐振电路

2) 串联谐振电路的电压、电流波形

单击"运行"按钮,双击双综示波器的图标,可看出当 $f_0=156\text{Hz}$ 电路发生谐振时,电路呈纯阻性,外加电压与谐振电流同相位,其波形如图 11-42 所示。

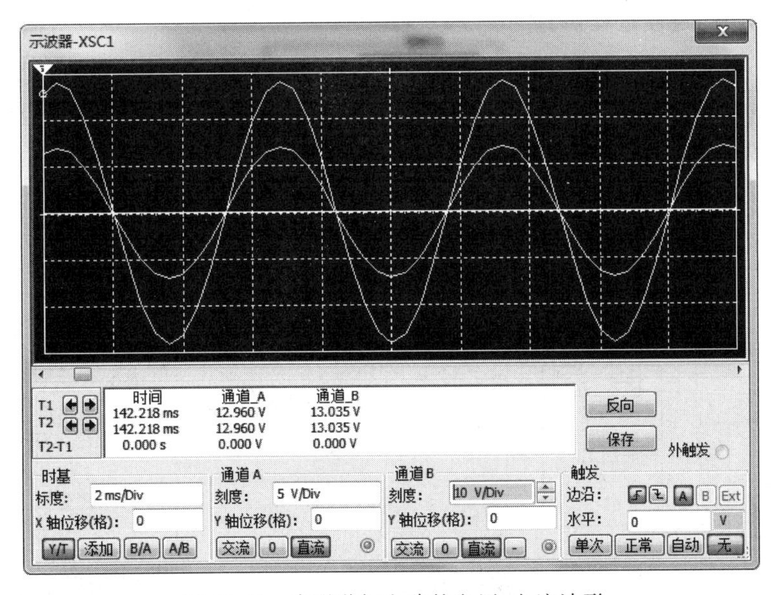

图 11-42 串联谐振电路的电压、电流波形

实验 11　一阶电路的过渡过程

1. 实验目的

(1) 测定一阶 RC 电路的零输入响应、零状态响应及全响应，加深对暂态过程的理解。

(2) 学习用示波器测定 RC 电路时间常数的方法。

(3) 学习用示波器观察和分析电路响应的方法。

2. 实验原理

为了用普通示波器观察电路的暂态过程，需采用图 11-43 所示的周期性方波 u_S 作为电路的激励信号，方波信号的周期为 T，只要满足 $\frac{T}{2} \geqslant 5\tau$，便可在示波器的荧光屏上形成稳定的响应波形。

电阻 R、电容 C 串联与方波发生器的输出端连接，用双踪示波器观察电容电压 u_C，便可观察到稳定的指数曲线，如图 11-44 所示，在荧光屏上测得电容电压最大值 $U_{Cm}=a$(cm)，取 $b=0.632a$(cm)，与指数曲线交点对应时间 t 轴 x 点，则根据示波器设定的时间 t 轴的挡位，可计算出该电路的时间常数 $\tau = x \times t$ 轴挡位。

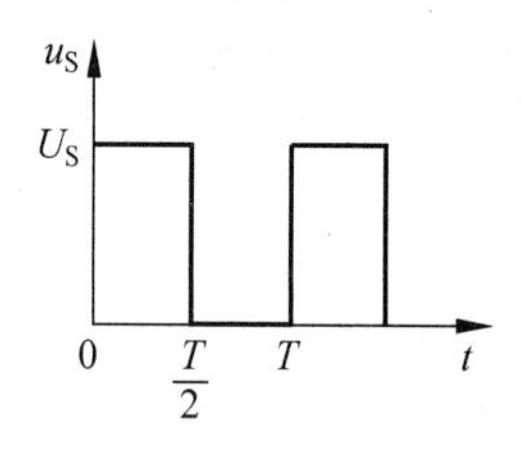

图 11-43　方波信号

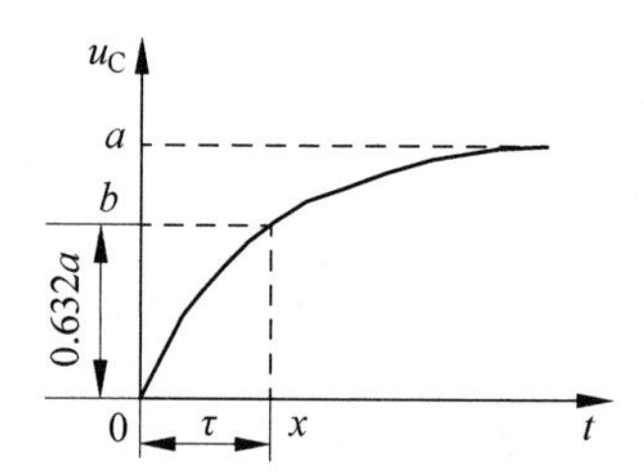

图 11-44　时间常数的测量

3. 一阶电路的过渡过程仿真

测量一阶 RC 电路充、放电过程的电路如图 11-45 所示，令 $R=10\text{k}\Omega$，$C=0.01\mu\text{F}$，用示波器观察激励 u_S 与响应 u_C 的变化规律，测量并记录时间常数 τ。根据要求创建仿真电路如图 11-46 所示。

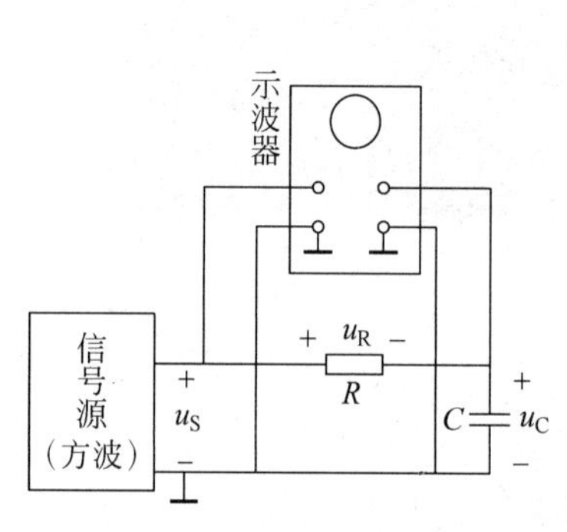

图 11-45　一阶电路的过渡过程的实验电路

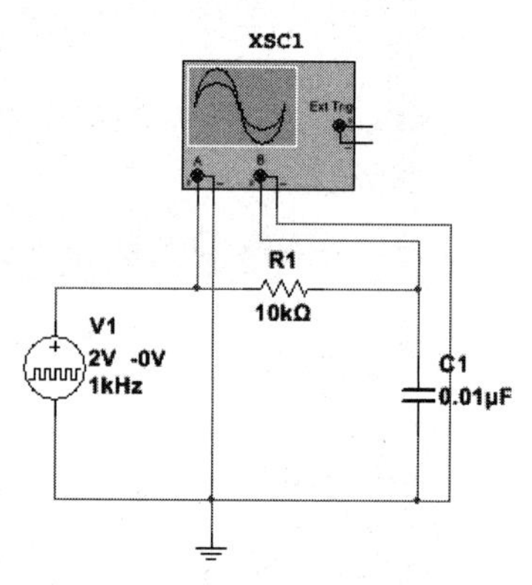

图 11-46　一阶电路仿真电路

用示波器观察输入、输出波形，读出充、放电的时间常数 τ，如图 11-47 所示。

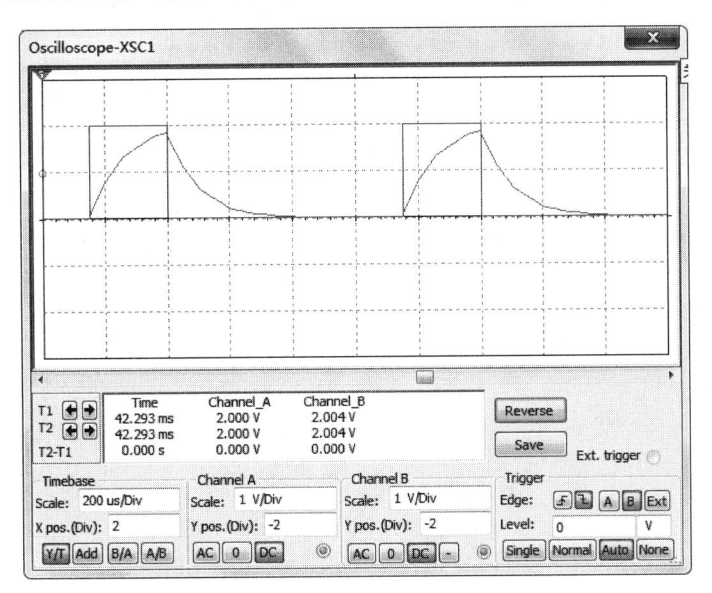

图 11-47　示波器显示输入、输出波形

观察时间常数 τ（即电路参数 R、C）对暂态过程的影响：继续增大 C（取 0.01μF～0.1μF）或增大 R（取 10kΩ、30kΩ），定性地观察它们对响应的影响。

根据实验观测结果，绘出 RC 一阶电路充、放电时 u_C 与激励信号对应的变化曲线，由曲线测得 τ 值，并与参数值的理论计算结果作比较，分析误差原因。

实验 12　二阶动态电路响应分析

1. 实验目的

(1) 研究 RLC 二阶电路零输入响应、零状态响应的规律和特点，了解电路参数对响应的影响。

(2) 学习二阶电路衰减系数、振荡频率的测量方法，了解电路参数对它们的影响。

(3) 观察、分析二阶电路响应的三种变化曲线及其特点，加深对二阶电路响应的认识与理解。

2. 实验原理

1) 零状态响应

在图 11-48 所示 RLC 电路中，$u_C(0-)=0$，在 $t=0$ 时开关 S 闭合，电压方程为

$$LC\frac{d^2u_C}{dt}+RC\frac{du_C}{dt}+u_C=U$$

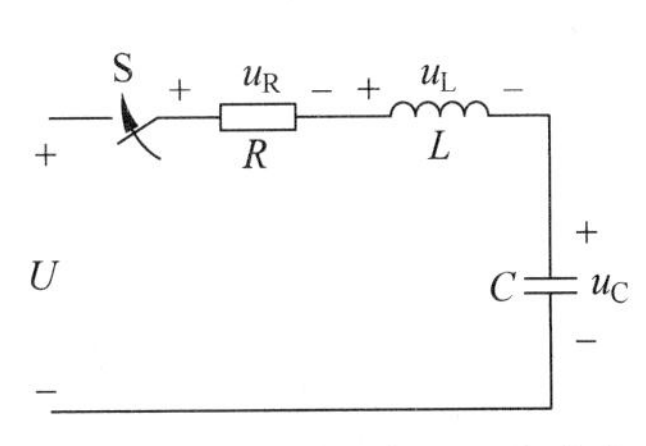

图 11-48　二阶电路零状态响应

这是一个二阶常系数非齐次微分方程，该电路称为二阶电路，电源电压 U 为激励信号，电容两端电压 u_C 为响应信号。根据微分方程理论，u_C 包含两个分量：暂态分量 u''_C 和

稳态分量 u'_C，即 $u_C=u''_C+u'_C$，具体解与电路参数 R、L、C 有关。

当满足 $R<2\sqrt{\frac{L}{C}}$ 时，有

$$u_C(t)=u''_C+u'_C=Ae^{-\delta t}\sin(\omega t+\varphi)+U$$

其中，衰减系数 $\delta=\frac{R}{2L}$；衰减时间常数 $\tau=\frac{1}{\delta}=\frac{2L}{R}$；振荡频率 $\omega=\sqrt{\frac{1}{LC}-\left(\frac{R}{2L}\right)^2}$；振荡周期 $T=\frac{1}{f}=\frac{2\pi}{\omega}$。

变化曲线如图 11-49(a)所示，u_C 的变化处在衰减振荡状态，由于电阻 R 比较小，称为欠阻尼状态。

当满足 $R>2\sqrt{\frac{L}{C}}$ 时，u_C 的变化处在过阻尼状态，由于电阻 R 比较大，电路中的能量被电阻很快消耗掉，u_C 无法振荡，变化曲线如图 11-49(b)所示。

当满足 $R=2\sqrt{\frac{L}{C}}$ 时，u_C 的变化处在临界阻尼状态，变化曲线如图 3-47(c)所示。

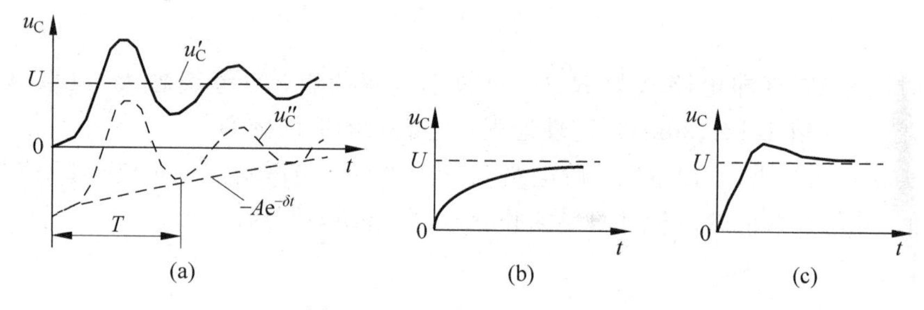

图 11-49　电容电压变化曲线

2）零输入响应

在图 11-50 所示电路中，开关 S 与 1 端闭合，电路处于稳定状态，$u_C(0-)=U$，在 $t=0$ 时开关 S 与 2 闭合，输入激励为零，电压方程为

$$LC\frac{d^2u_C}{dt}+RC\frac{du_C}{dt}+u_C=0$$

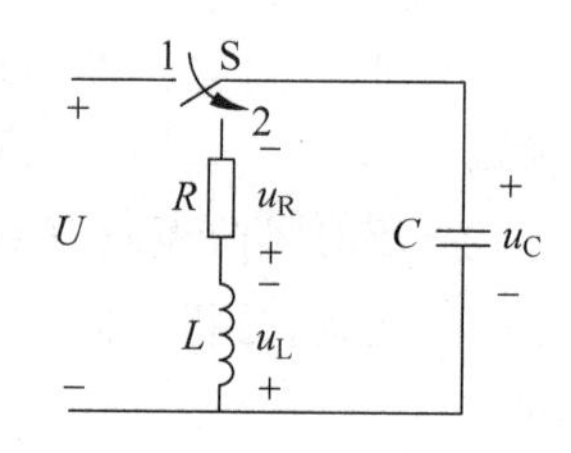

图 11-50　二阶电路零输入响应

这是一个二阶常系数齐次微分方程，根据微分方程理论，u_C 只包含暂态分量 u''_C，稳态分量 u'_C 为零。和零状态响应一样，根据 R 与 $2\sqrt{\frac{L}{C}}$ 的大小关系，u_C 的变化规律分为衰减振荡(欠阻尼)、过阻尼和临界阻尼三种状态，它们的变化曲线与图 11-49 中的暂态分量 u''_C 类似，衰减系数、衰减时间常数、振荡频率与零状态响应完全一样。

本实验对 RCL 并联电路进行研究，激励采用方波脉冲，二阶电路在方波正、负阶跃信号的激励下，可获得零状态与零输入响应，响应的规律与 RLC 串联电路相同。测量 u_C 衰减振荡的参数，如图 11-49(a)所示，用示波器测出振荡周期 T，便可计算出振荡频率 ω，按照衰减轨迹曲线，测量−0.368A 对应的时间 τ，便可计算出衰减系数 δ。

3. 二阶动态电路的仿真

建立图 11-51 所示的 RLC 串联电路，为了方便观测，选用频率为 500Hz、占空比为 50% 的方波信号作为激励源，选用满量程为 10kΩ 的电位器 R_1，并将其属性对话框中 Value 选项卡的 Increment 值改为 1。单击“仿真”按钮，通过自定义按键 A 小幅调节电位器阻值，可观察过阻尼、临界阻尼、欠阻尼以及无阻尼时的 U1、U3 曲线，如图 11-52 所示。

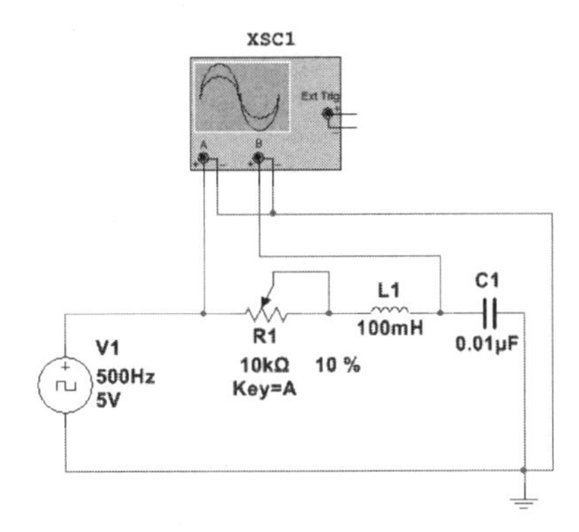

图 11-51 RLC 串联仿真电路

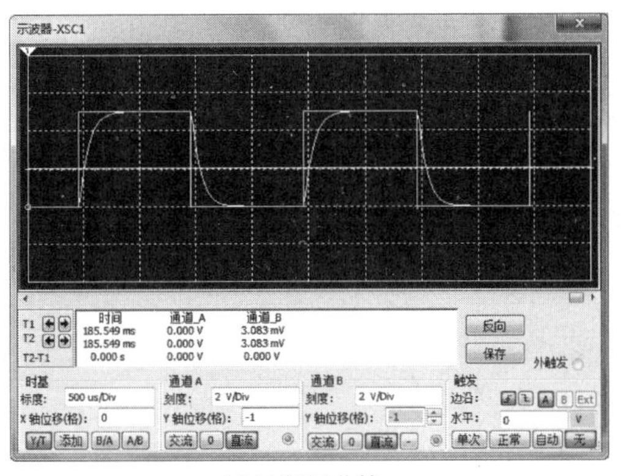

(a) 过阻尼曲线

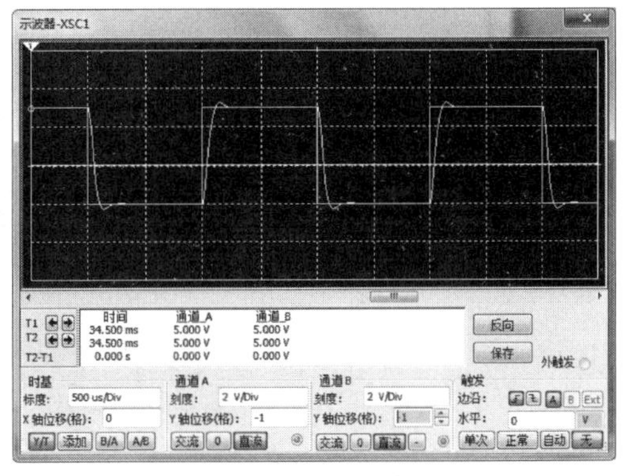

(b) 临界阻尼曲线

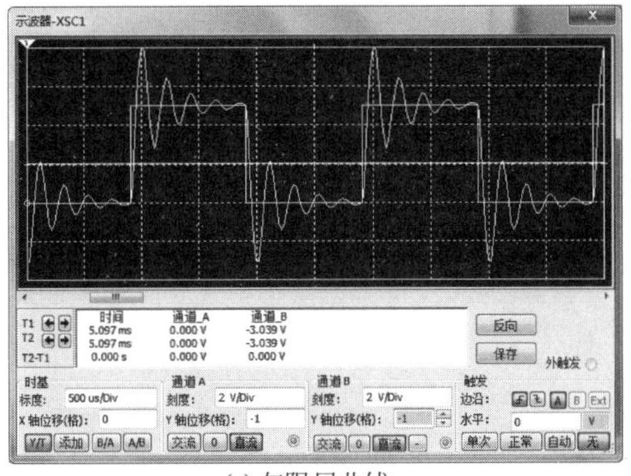

(c) 欠阻尼曲线

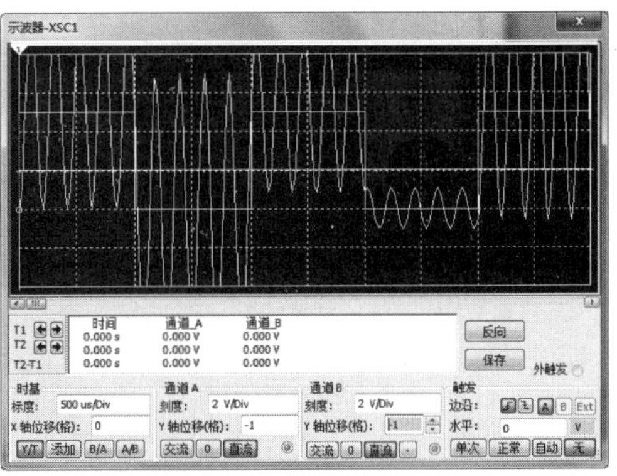

(d) 无阻尼曲线

图 11-52 二阶动态电路曲线分析

参考文献

[1] 邱关源,罗先觉.电路[M].5版.北京:高等教育出版社,2006.
[2] 燕庆明.电路分析教程[M].3版.北京:高等教育出版社,2012.
[3] 王燕锋,于宝琦,于桂君.电路分析[M].北京:化学工业出版社,2021.
[4] 吕波.Multisim 14 电路设计与仿真[M].北京:机械工业出版社,2016.
[5] 陈晓平.电路实验与 Multisim 仿真设计[M].北京:机械工业出版社,2015.
[6] 贺洪江,王振涛.电路基础[M].2版.北京:高等教育出版社,2011.
[7] 孙雨耕.电路基础理论[M].北京:高等教育出版社,2011.
[8] 石生.电路分析基础[M].2版.北京:高等教育出版社,2003.
[9] 朱伟兴.电路与电子技术[M].北京:高等教育出版社,2011.
[10] 王德强,许宏吉,吴晓娟,等.电路分析基础[M].北京:国防工业出版社,2013.
[11] 巨辉,周蓉.电路分析基础[M].北京:高等教育出版社,2012.
[12] 刘景夏,胡冰新,张兆东,等.电路分析基础[M].北京:清华大学出版社,2012.
[13] 刘子健.电工技术[M].北京:中国水利水电出版社,2014.
[14] 邱关源.电路[M].北京:高等教育出版社,2019.
[15] 贺洪江,王振涛.电路基础[M].2版.北京:高等教育出版社,2011.
[16] 周围.电路分析基础[M].2版.北京:人民邮电出版社,2019.
[17] 王俊鹊.电路基础[M].4版.北京:人民邮电出版社,2015.

质检5